农民培训教材

农村种养新技术

白 朴 主编

U0239232

中国农业出版社

前　言

　　农民的知识化对促进我国农业和农村的全面发展具有重大意义，农业结构调整、农业产业化、农业科学技术的运用、农业的可持续发展、农村劳动力的转移、农民生活质量的提高均迫切呼唤农民知识化。然而，由于历史和地域等诸多原因，目前我国农民的知识化水平还很低。开展各种形式的农民培训活动，提高农民的科技文化水平和整体素质是"三农"工作的重要内容。

　　温州市政府重视农民的知识化工作，近年组织实施百万农村劳动力素质培训工程，已取得一些成效。随着培训工作的开展，编写一套适用于农民培训使用的教材显得非常迫切。为了满足这种需求，温州市农业科学研究院、温州市科技职业学院（筹）及时组织相关科技人员编写了此教材。该书初稿完成后，经过农民培训班的试用，得到学员和教师的好评和充分肯定。编写人员吸取了本书试用过程中的意见和建议对试用教材进行了修改和完善。

　　本书编写工作得到各级领导的重视，温州市原副市长冯志礼、市委副秘书长兼市农培办主任江海滨、市政府副秘书长陈光元、温州市农业科学研究院党委书记兼院长徐和昆等领导非常关心书稿的编写工作，多次提出一些建设性的指示和建议。现承蒙中国农业出版社的大力支持，将其出版成书，向全国公开发行。在此一并致谢。

本书第一篇（水稻）由白朴、李道品、周吉忠编写，第二篇（蔬菜）由徐坚、许方程编写，第三篇（果树）由吴振旺编写，第四篇（家禽养殖）和第五篇（家畜养殖）由金俊杰、刘素贞、涂宜强编写，王元辉、杨捷负责全书初稿的编辑校对工作。本书尽管篇幅不长，但涉及我国南方地区主要农作物的种植新技术和主要畜禽的养殖新技术。本书文字简练、通俗易懂、技术先进实用，可作农民培训教材使用，也可作科技下乡用书。本书适用于基层农技人员和农民阅读。

书中缺点和不足之处，殷切希望广大读者批评指正。

编　者

2007 年 5 月

目 录

前言

第一篇 水 稻

第二篇 蔬 菜

第三篇　果　　树

第四篇　家禽养殖

第五篇 家畜养殖

第一篇
水　稻

　　水稻是我国的主要粮食作物，稳定水稻的播种面积，提高水稻的产量，改善稻米的品质，对增加农民的生产效益和确保我国的粮食安全均具有重大意义。

第一节　水稻高产高效栽培技术

一、中晚稻高产高效栽培

（一）培育壮秧

　　1. 适期播种　单季稻栽培的播期视当地气温条件和前作确定；连作晚稻的播期主要根据早稻的收割期和所选用晚稻组合的生育期、光温敏感性、安全齐穗期、秧龄弹性等确定。如温州市山区的单季稻一般 5 月初播种，采取半旱稀播育秧，秧龄 20～30 天左右，10 月初成熟收割；平原地区单季稻的播种期一般为 5 月底至 6 月初，视大田的前茬收获时间确定秧龄和移栽时间，前作是空白田的秧龄 25 天左右，其他田块秧龄不超过 30 天，使其在 8 月底至 9 月上旬始穗、10 月中下旬收获，既可以充分利用季节，又可以使前茬有充足的时间种植经济作物。

　　注：亩为非法定计量单位，为便于读者应用，本书暂保留。1 亩≈667 米^2。

南方稻区晚稻育秧期正值高温、强光气候，秧苗生长快，易造成秧苗生长过高过大和移栽后出现败苗现象。目前一些新推广的组合如两优培九、中浙优 1 号等组合作连作晚稻栽培的生育期偏长，其播种时间比普通杂交稻提早，早播导致秧田期延长，加剧了培育晚稻壮秧的难度。通过稀播、合理肥水管理和结合化学调控技术，可以培育出适龄的壮秧。

2. 精播稀播 采用稀播是培育壮秧的关键，晚稻秧田亩播种量 5～7 千克，单季稻的播量控制在 7.5～12 千克/亩。秧龄长时播稀一些，反之则密一些。播前用烯效唑 50～100 毫克/升药液浸种，或在秧苗 2 叶 1 心时，选晴天每亩秧田用多效唑 300 毫克/升药液 100 千克喷施，控制苗高和促进秧田分蘖，培育带蘖壮秧。苗床基肥应控制氮肥施用，增施磷、钾肥。秧田前期一般不施氮肥，移栽前 3 天施少量送嫁肥。试验和示范表明：通过这些措施培育的壮秧，株高显著矮于普通秧苗，秧苗幼嫩，移栽后返青快，不败苗，发棵早，分蘖质量提高，为水稻本田期的早发和秧田蘖成大穗创造了条件。要精作秧板，秧板上软下松，秧田亩施基肥尿素 5 千克，过磷酸钙 20 千克，氯化钾 5 千克。

3. 秧田管理 育秧期以湿润灌溉为主，防止秧苗窜高旺长。出苗后还应删密补稀。1～2 叶期施断奶肥，晚稻秧田一般不施接力肥，送嫁肥在移栽前 3 天施。施送嫁肥的同时喷施 25％三环唑可湿性粉剂每亩 100 克，加水 25 千克，带药下田。育秧期应做好稻螟蛉、稻飞虱、稻蓟马等虫害的防治工作。

（二）合理密植

优质群体的培育是水稻高产的必备条件，合理密植确定了群体的起点，将影响水稻本田期群体的发展动态，因此非常重要。落田苗的确定应根据组合的移栽时间的迟早、品种分蘖强弱、秧苗素质和土壤肥力水平等条件确定。目前推广的重（大）穗型杂交组合穗大粒多，实现目标产量所需的有效穗数相应减少，所以与 20 世纪 90 年代推广的一些组合相比，落田苗数可减少一些。目前单季稻栽培，亩插 1.1 万～1.2 万丛左右，基本苗 4 万～5 万/亩。移栽期较早、土壤肥力好的田块可插稀些，落田苗数较少，反之则插植密度、落田苗数较多。插植密度过稀导致有效穗数的下降，产量下降。过密则引起群体过大和苗峰过高，无效分蘖增多，个体细弱，田间湿度增大，病虫害易发生。而且用种量增加，秧田面积增大，造成秧田成本增加而不利于高效。连作晚稻本田期缩短，又由于季节矛盾，秧龄往往较长，基本群体要适当增大，一般亩插 1.4 万丛左右，基本苗 5 万～6 万。

适时早栽是中晚稻高产栽培的另一个关键，尤其是对于连作晚稻更加重要。早栽可以使秧龄相应缩短，也使本田营养生长期增长，有利于本田期发棵和营养生长。早播还使生育期有所提前，根据试验，一般在相同播期的情况下水稻移栽期每提早 5 天，齐穗期提前 1 天。所以早稻应选用早、中熟组合，并及时收获，不误农时，尽可能早地移栽晚稻。

（三）精量施肥

秧、密、水、肥是杂交水稻高产栽培的最主要技术环节。然而前两项措施在插秧完毕即已确定，而后两项则贯穿水稻整个生育期的生长发育。合理的肥水调节措施的目标是达到对水稻促与控的结合、地上部和地下部的协调，群体发展的平稳，最终使穗粒重诸因子乘积的最大化，从而实现预定的高产、高效之目标。

栽培试验证明，高产栽培中单季稻和晚稻的需肥量较大，前者需纯氮 13～15 千克，后者需纯氮 12～14 千克左右，如两优培九作连作晚稻栽培的施肥量每亩需 14 千克纯氮。为了提高施肥效率和减少对环境的污染，强调精量施肥和减少单质肥料的施用，提倡施用复合肥、有机肥和水稻专用肥。从氮素的施肥比例上以基肥：分蘖肥：保花肥通常为 70%：20%：10%。土壤保肥性好的田块（如黏性土），总施肥量小一些，其前期的施肥比例大一些，后期的施肥比例小一些；土壤保肥性差的田块（如沙性土），总施肥量大一些，提倡多次施用，其前期的施肥比例小一些，后期的施肥比例大一些。

研究表明，磷在水稻植体内能反复再利用，且水稻对磷吸收量最多的时期是分蘖至幼穗分化期，所以生产上采用基面肥一次性施用的办法，一般生产上施用纯磷6～7千克。水稻对钾肥的吸收，主要是穗分化至抽穗开花期，其次是分蘖至穗分化期，通常钾肥分为基面肥和保花肥施用，中晚稻保花肥的施钾效果明显，可促进后期碳水化合物的合成和向籽粒转运，解决籽粒源供应不够的矛盾，增加结实率和充实度。尤其是土壤含钾量少的山区水稻田，效果更为理想。

在具体施用方法上，生产上常采用的施肥措施是基面肥重施水稻专用肥，确保水稻本田期的氮磷钾供应，分蘖期施3～5千克的纯氮促蘖，到减数分裂期施保花肥，保花肥以钾肥为主。一般亩施5千克氯化钾，配施纯氮不超过1.5千克，中晚稻品种具有灌浆成熟期长的特点，为确保后期的根系和叶片活力，施穗粒肥是重穗型水稻高产的关键。穗肥可以防止颖花退化，增加重穗型水稻的库容。破口期或齐穗期叶面喷施磷酸二氢钾也能起到延长叶片的寿命与功能，达到增强光合作用，降低空秕率，提高结实率的目的。

（四）水调群体

水稻是湿生作物，水稻的生长、发育离不开水，高产栽培更离不开水。在栽培上通过水分的调节来改变土壤的氧化还原状况和养分状况，实现促与控的有机结合、地上部与地下部的协调发展。中晚稻群体质量的优劣与水浆管理的好坏息息相关。高产稳产的水浆管理技术应在培育壮秧、栽插适宜基本苗的基础上，有利于前期促进早发，分蘖中期控制无效分蘖，拔节后注重改善根系生长环境，使地上部分和地下部分都能健壮生长，为形成高光效群体创造条件。高光效群体的特征是个体和群体协调，灌浆成熟期各叶层透光率高，冠层倒三叶配置合理，消光系数低，粒叶比高，光合效率和灌浆期的净同化率高，使结实率提高、籽粒充实饱满；同时稻株个体健壮，基部节间缩短、增粗、充实度提高，抗倒伏；群体内部通风透光，田间湿度小，光合产物消耗小，病虫为害轻。研究表明：早发是壮秆形成的基础，早发分蘖的分蘖节位低，能长到足量的根系和光合叶面积，一般都能形成粗壮的茎秆，从而为形成大穗创造条件，因此本田期的管理策略是通过早管早发促壮秆，提高平均单穗重来提高产量。中晚稻通过加大本田前期的氮肥用量来促进分蘖前期的早发，又通过超前搁田措施实现对无效分蘖的控制和降低苗峰，建立高光效的群体和冠层结构。其技术核心是实施好气灌溉，增加土壤含氧量，改善土壤生长环境，促进根系生长和深扎，提高根系活力。生产上中晚稻常用浅水插秧，插秧后灌 3 厘米水层护苗，活水发棵返青，分蘖初期浅水勤灌，亩苗数达计划穗数的 65%～80%时排水搁田，视搁田效果和苗情在叶龄余数 2.9～1.9 时复水，单季稻搁田程度轻些、时间长些，孕穗期浅水勤灌，齐穗期露田，成熟期干干湿湿的技术措施。近年推广应用的一些重（大）穗型杂交稻组合，结实率和千粒重的提高对其产量潜力的发挥至关重要，栽培上后期切忌断水过早。

二、早稻高产高效栽培技术

（一）壮秧培育

培育壮秧是早稻高产的基础。用于绿肥田或空白田早稻栽培的秧田，宜在 3 月底 4 月初播种，采用塑料薄膜覆盖或温室塑盘育秧，秧龄 20～30 天，若旱育秧，可适当提前播种；作油（麦）田早稻，宜在 4 月 10 日左右播种，秧田播种量 525～600 千克/

公顷，秧龄 25～30 天，育成带蘖壮秧；作直播栽培，宜在 4 月
5～10 日播种。播种前选晴天翻晒种子 1～2 次，用"402" 3 000
倍液间歇浸种 24 小时，洗净后再清水间歇浸种 24～30 小时。种
子处理可有效防治稻瘟病、白叶枯病等种子带菌病害。一般催芽
播种，亩播量 30～40 千克左右。早稻因育秧期间气温较低，而
且早春气温不稳定，常有春寒或倒春寒发生，常采用普通农膜覆
盖育秧，可有效增加地温，防止春寒和倒春寒的危害。通常盖膜
10～15 天，注意做好防大风、防积水、防高温的"三防"工作。
一叶一心后，晴天中午气温上升到 20℃，膜内温度超过 30℃时，
要及时两头揭膜通风降温。秧田燥耕燥作，使秧田上软下松，透
水透气。秧田亩施基面肥：人粪尿 750 千克，过磷酸钙 20 千克，
氯化钾 10 千克。1～2 叶期施"断奶肥"，一般以速效化肥或腐
熟的人畜水粪为好，每亩用 8～10 千克硫酸铵或水粪 150～250
千克。施用化肥时，秧田灌薄层水；若施水粪，则在秧板湿润状
况时效果为好。在断奶肥和送嫁肥之间可施一次接力肥（或称催
蘖肥），一般在 3.5～4 叶施，可亩用尿素 5 千克。接力肥的施
用因秧苗的长势长相而定，一般只用于肥力明显脱节、叶色淡、
长势差或生长不匀的秧苗。早稻的气温、土温较低，秧根吸收能
力较弱，肥料见效慢，所以送嫁肥（或称起身肥）应早施，一般
在拔秧前 5～6 天施用。送嫁肥可用硫酸铵，一般亩用 10～11 千
克。秧田的水浆管理，在三叶期前以沟灌、沟排为主，保持秧板
湿润；三叶期后浅水勤灌，间歇脱水；揭膜时，应注意先灌水后
揭膜。灌水时，注意水层不宜过深，一般 1～2 厘米，秧板不宜
长时间淹水，因为淹水可能使土壤中氧气不足和积累有害物质，
影响秧苗的根系发育。久雨放晴时要适当排水，但不可一次性排
干。秧田期还需注意病、虫、草、鼠的综合防治工作。

（二）合理密植

优良的群体是水稻高产的必备条件，落田苗是群体发展的起

点，自始至终影响本田期群体的发展。密植程度应根据组合的分蘖强弱、秧苗素质和土壤肥力水平等条件确定。绿肥田或空白田，早稻宜于4月中下旬抛秧、移栽，油（麦）田前作收后应抢时移栽。插秧密度，常规稻品种移栽田每亩插2.5万丛左右，每丛4～5本，亩基本苗10万～15万；抛秧栽培应抛足亩基本苗10万～12万。穗形大或分蘖力强的品种、肥力高的田块，落田苗少些，反之基本苗多些。每亩最高苗数控制在33万～38万，成穗率65%以上，充分发挥个体优势有利增产。根据不同插植密度试验，插植密度过稀导致有效穗数的下降，产量下降。过密则引起群体过大，亩峰过高造成田间郁闭，无效分蘖增多，个体细弱，田间湿度增大，病虫害易发生。同时插植丛数过多也使用种量增加，秧田面积增大，秧田成本增加而不利于高效。插植的行向确定也要因地制宜，东西行向受光好；但从通风透光来看，如果夏季多东南风，则以南北行向为好。

（三）合理施肥

科学施肥可以适时适量地提供水稻生长发育所必需的养分，是早稻高产的关键性技术之一。根据各种土壤的供肥特性和早稻生产发育对肥料的需求，确定氮、磷、钾肥的施用数量以及不同时期的施肥比例是高产栽培中必须妥善解决的问题。施肥原则是做到基肥足、蘖肥早、穗肥巧，以达到前期促蘖争足穗、中期壮株孕大穗、后期保粒增重。一般亩用纯氮12～13千克，按基面肥、分蘖肥、保花肥为7:2:1的比例施入，分蘖肥在栽后7～10天与除草剂一起施用，保花肥在倒二叶露尖时施用。基面肥每亩施用20千克过磷酸钙等量的磷肥和5千克氯化钾等量的钾肥，保花肥每亩施用3千克尿素和5千克氯化钾。

（四）科学管水

水稻的生长、发育离不开水。在水稻高产栽培中，合理的水浆管理措施是与肥料运筹并驾齐驱的两大重要栽培措施。通过以水调肥可以实现对水稻促与控的有机结合；地上部、地下部的协调发展。早稻前期应浅水促分蘖，亩苗数达计划穗数的80％左右时排水搁田，叶龄余数1.9前后复水，孕穗期复水后浅水勤灌，后期干干湿湿，提高根系活力，避免断水过早，提高穗茎部籽粒充实度。前期浅水灌溉促分蘖早发；中期适时适度拷搁田。抛秧、直播田块，应挖通丰产沟，采取多次拷搁田，控制群体，提高成穗率，严防倒伏；后期干干湿湿，以湿为主，养根保叶增加籽粒重，防止断水过早引起早衰。尤其是像嘉育253等株型相对高大、繁茂的品种，其蒸腾作用较强，灌浆时间长，加之早稻灌浆成熟期正值高温天气，后期要保持田间湿润，切忌断水过早。稻田的水分来源一是自然降雨，二是人工灌溉。通过以上的水浆管理办法即满足的杂交稻对水分的需求，又较好地解决了土壤的物质转换和保持其适宜的氧化还原状态及养分供应状态，减少土壤对高产的障碍因子。同时又通过水分调节来有效地促进高产群体的形成。

第二节　水稻病虫草害的综合防治

病虫害是导致水稻减产的主要原因，如不及时防治常导致严重减产或颗粒无收。水稻的主要病害是稻瘟病、纹枯病、白叶枯病（俗称三病），其次是细条病、菌核病、矮缩病等。主要虫害是螟虫、稻纵卷叶螟、稻飞虱（俗称三虫），其次还有稻蓟马、稻苞虫、稻螟蛉、稻秆潜叶蝇、稻象甲等。

一、病害的防治

（一）稻瘟病

1. 农业防治　选用两优培九、协优9308等抗病品种（组合）。稻瘟病发生与否与气候栽培等环境条件密切相关，稻田湿度大，稻株生长细弱、偏施氮肥、长期深灌或冷水灌溉等都容易诱发稻瘟病的发生。栽培上应采取健身栽培通过适度密植、适时搁田，提高群体质量，减少田间湿度，促进根系生长。控制氮肥的施用，增加磷钾的用量。加强后期田间管理，防止水稻早衰和贪青，孕穗拔节期湿润灌溉，后期干干湿湿。

2. 药剂防治 播前晒种后，用80％"402"杀菌剂2 000～3 000倍液间歇浸种。早稻浸种2～3天，晚稻浸种1.5～2天。三环唑防治稻瘟病有特效，早、晚稻在移栽前3～5天用20％三环唑粉剂75～100克加水50千克喷雾、带药下田；孕穗期至破口期用三环唑75～100克加水50千克喷雾；发病重时在齐穗期再喷一次。其他农药有40％稻瘟灵乳剂75～100克/亩，40％克瘟散乳剂亩用100克，50％异稻瘟净乳剂亩用100～150克，50％多菌灵100克等。

（二）白叶枯病

1. 农业防治 该病传染快，一旦发病，难以控制，因此需狠抓预防工作。非疫区要加强保护，不从疫区调入种子。应避免重病田的稻草和打场的残渣秕谷直接还田，对扎秧把或浸种催芽所需的稻草等覆盖物事先需经石灰水或药剂灭菌。选用抗白叶枯病的品种（组合）。栽培上早稻秧苗期加强保温和适时炼苗，本田期适当控制氮肥用量，增加有机肥和磷钾肥的施用比例，因在水稻分蘖期对该病的抗病力较强，幼穗分化和孕穗期最易感病，所以提倡氮肥早施，基肥足施，施保花肥时氮肥不宜过量，且配施钾肥。水是白叶枯病蔓延的重要媒介，栽培上提倡浅水勤灌，及时搁田，切忌串灌，大小漫灌。采用深灌水控制无效分蘖的，处理可在主茎倒三叶露尖结束、然后及时轻搁田或露田。

2. 药剂防治 种子用"402"浸种，浓度与预防稻瘟病同。

消毒种子经清水漂洗后催芽播种，切实做好秧田的预防工作。用20％叶青双可湿性粉剂 100～125 克，或 20％龙克菌悬浮剂 100 克，20％猛克菌 100～150 克或 1 000 万单位农用链霉素加水 50 千克喷雾进行药剂防治。

（三）纹枯病

1. 农业防治　灌水后，打捞水面浪渣，并将打捞物运出、烧毁或深埋可减少菌源。病区避免病草还田、及时铲除田边杂草。施足基肥，早追分蘖肥，分蘖早期浅水勤灌、中期超前搁田，控制群体，避免稻株过早封行。通过栽培措施减少无效分蘖发生，培育理想的株型和提高群体质量，增加群体的透光率，减少田间湿度，齐穗期后干干湿湿。

2. 化学防治　对于历年发病早而重，且群体过大、田间郁闭的田块，在丛发病率 10％～15％时应及时施药防治，10～15天后如果病情仍未被控制再施药一次。一般田块和杂交晚稻当拔节至孕穗期丛发病率 20％以上时，应施药防治。丛发病率未过防治指标的可以不治。常用防治药剂和亩用量：500 万单位的井冈霉素 50 克加水 50 千克，20％三唑酮可湿性粉剂 50～75 克加水 50 千克，25％菌核净 200 克加水 75 千克喷雾。用三环唑防治稻瘟病也能兼治纹枯病。

二、主要虫害的防治

（一）螟虫

1. 农业防治　晚稻齐泥割稻和对为害严重的田块处理稻兜能直接消灭部分螟虫虫源和幼虫的越冬场所。因为三化螟越冬场所单一，这项措施对三化螟有特殊作用。冬春期间铲除田边杂草可进一步消灭越冬的二化螟和大螟的幼虫和蛹。三化螟在白穗初现时，大量幼虫还在植株上部为害，此时连根拔除白穗株可消灭幼虫。二化螟结合其产卵特点可以进行灌水灭虫、灭蛹，具体做法是：在为害早稻的一代二化螟即将化蛹时，结合搁田，排干田水，到化蛹高峰时，立即灌水 10～15 厘米，保持 3～4 天，可淹死大量虫、蛹；在二、三代二化螟卵盛孵高峰时，灌深水淹浸至叶鞘，保持 3～4 天，可杀死大量二化螟的蚁螟。

2. 化学防治 首先做好两查两定工作：即查螟虫发生期和作物苗情，定防治适期；查病虫发生量，根据防治指标，定防治对象田。二化螟防治枯心苗一代掌握在螟卵盛孵高峰后 7～13 天，二代在螟卵盛孵高峰后 5～7 天施药。盛蛾高峰后检查，当枯鞘丛达 8％或枯鞘株达 1％的稻田应全田施药防治，其他田块可仅挑治枯鞘团。三化螟在卵孵始盛期每亩枯心团 60 个以上应立即用药全田防治；30～60 个的可推迟到孵化高峰时用药防治；到孵化高峰时仍未达 30 个的可仅挑治枯心团。查水稻边行 5～6 行稻，每块田查 50～100 丛，当变色叶鞘稻株比例达 3％～5％时，即对田边稻株进行药剂防治。大螟产卵期在水稻孕穗至抽穗期的稻田应重点防治。防治螟虫的农药常用的有锐劲特、三唑磷、杀螟松等，防治时田水应保持 3～5 厘米，以保证药效。三唑磷对螟虫有特效，防治效果好，但不宜与碱性物质混用，又由于鱼类对该药较敏感，施药后田水不能排入鱼塘。

（二）稻纵卷叶螟

1. 农业防治 选用抗虫品种，叶片宽厚粗硬、表皮硅细胞排列紧密的品种（组合），不利幼虫卷叶取食，叶片表面的刚毛也影响产卵。稻纵卷叶螟幼虫喜食幼嫩叶片，因此施用氮肥过多，深灌水时间过长，叶片过于浓绿宽软的田块易受为害，栽培上应合理施肥，浅水勤灌，适时搁田，促使水稻健壮生长。早稻收割期常是第二代成虫的羽化期，因此应及时收割、脱粒，及时搬晒稻草和耕翻稻田，以杀死留在稻株、稻草或稻桩中未羽化的第二代蛹，从而减少第三代稻纵卷叶螟的发生基数，减轻对连作晚稻的为害。

2. 化学防治 防治指标，浙江省对于分蘖期百丛20头，穗期百丛15头的田块，即为施药对象田进行防治。施药适期在多数幼虫一、二龄，少数为三龄时。常用农药有：①亩用31%三拂60～70毫升，加水50千克喷雾；或用21%锐捷75～100毫升，加水50千克喷雾。②亩用75%乙酰甲胺磷可湿性粉剂50～75克，加水50千克喷雾。③亩用80%杀虫单可溶性粉剂50～70克，或20%绿得福50～75克，加水50千克喷雾或加水10千克弥雾。④亩用78%精虫杀手可溶性粉剂75～100克，加水50千克喷雾或加水10千克弥雾。

（三）稻飞虱

1. 农业防治 选用抗虫品种（组合）。结合冬季积肥、清除田边杂草，减轻翌年虫源。栽培措施直接影响水稻的长势长相和抗虫性。氮肥施用过多或施用偏迟，常使水稻生长过于嫩绿，披叶徒长或后期贪青晚熟，造成田间郁闭而有利于稻飞虱的生长和繁殖。密植程度过高，造成水稻群体过大。适时拷搁田有利于水稻地下部生长和控制无效分蘖的发生，抑制稻飞虱的生长和繁殖。

2. 化学防治 褐飞虱和白背飞虱的防治采用"压前控后"策略，"狠治大发生前一代，挑治大发生当代"。在低龄（二龄左右）若虫盛发期用药。如遇虫量很大时，在二至三龄若虫高峰期和成虫羽化始盛期再治。防治指标：分蘖期百丛总虫量100只以上；孕穗期150只以上；孕穗至灌浆期200只以上。灰飞虱的防治策略以治虫防病为目标，将其消灭在传病之前。具体做法：治麦田保稻田，治秧田保大田，治前期保后期。抓住灰飞虱第一代成虫飞迁高峰和第二、三代孵化高峰期，集中歼灭在秧田期和本田初期。防治指标：病毒病疫区，早杂秧田每 0.11 米^2 有成虫 2 只以上、晚杂秧田有 5 只以上，本田分蘖期每丛有 1 只以上的田块需防治。非病毒病疫区，防治指标可适当放宽。扑虱灵对稻飞虱有特效，它抑制稻虱若虫几丁质合成，破坏若虫的蜕皮，持效性长且对天敌安全。由于它具有内吸向下传导性强的特点，只需将药液喷到稻株上部即可。每亩用 25% 的扑虱灵可湿性粉剂 25～35 克加水 50～60 千克喷雾。其他可用农药还有：亩用 20% 叶散乳剂 150～200 克，加水 50～60 千克，充分搅拌后喷雾，亩用 25% 速灭威可湿性粉剂 100～150 克加水 50～60 千克喷雾，后两种农药主治褐飞虱时应注意喷雾在稻株的下部，因为褐飞虱喜欢适温和高湿，常生活于稻丛基部。

三、草害的防治

稻田杂草种类繁多、密度高、发生期长、繁殖快。杂草与水稻稻苗间互相争光、争肥、争空间，严重影响稻苗的生长。稻田常见的杂草有：稗草、牛毛毡、异形莎草、节节菜、鸭舌草等。

（一）农业防治

冬种绿肥即可以培肥地力，也可抑制水田杂草蔓延。冬种小麦、油菜或蔬菜，一年三熟既可改善土壤的理化性质又能控制水田杂草。调入的杂交种子需进行严格的植物检疫，对混有检疫性杂草种子的谷种，绝对不能调入。科学施肥、适度密植、合理排灌有利于抑制杂草生长。施足基肥、早施分蘖肥有利水稻本田期早生快发，适当密植可增加稻苗所占据的空间，提高稻苗的竞争力。有机肥需腐熟后施用，使杂草种子等繁殖体丧失生活力。分蘖期人工耘田不仅可将杂草除净，还可起到通气活泥，促进杂交水稻生长的作用。

（二）化学防除

1. 秧田除草

（1）秧田整好畦后，在播种前亩用 50％杀草丹 75～100 克加水 50 千克，用量大小根据气温调整，气温高时用量少些，反之，用量大些，对稗草防效可达 95.5％。

（2）亩用 60％丁草胺乳油 50 毫升，拌土撒施，保水 3 天后排干水，然后播种，对稗草、牛毛毡、节节菜等一年生杂草有防效。

（3）秧田播种出苗后，在 2 叶 1 心期亩用 70％禾大壮 250 克加水 50 千克喷雾，施药后保持畦面湿润，对稗草有特效，还可兼治莎草科杂草，但对阔叶杂草无效。杂交籼稻对禾大壮较敏感，剂量过高或喷施不匀会产生药害。

（4）播后 2～4 天，亩用 30％扫弗特 100 毫升喷雾，施药时保持畦面湿润，最好呈泥浆状，施药后 3 日内灌水，保持 3～4 天，对稗草防效可达 97.5％，且对秧苗安全。

（5）亩用 150 克 20％二甲四氯加水 50 千克，在拔秧前 7～10 天，排干田水喷药，第二天复水上秧板。二甲四氯为激素类除草剂，对部分阔叶草及沙草科杂草有效，但应注意 4 叶期以前水稻秧苗对二甲四氯较敏感，所以不能使用。

2. 本田除草

本田期化学除草掌握在移栽之后水稻分蘖初期进行，因为此时杂草刚长出幼苗，对药剂敏感，容易杀除，在前期除草干净有效的情况下，分蘖盛期后稻株长大，对其下部的杂草生长有抑制作用，除人工拔除稗草外，无需再用化学除草。本田常用的化学除草方法有：

（1）移栽后 7 天左右，亩用 60％丁草胺 125 毫升和 10％农得时 15 克或 5.3％丁西颗粒剂 80 克拌细土 20 千克撒施，用后保持 3 厘米水层 5～7 天，对稗草、三棱草、鸭舌草、野慈菇、牛毛毡、异型莎草、眼子菜等的防效可达 95％以上，效果好。

（2）移栽后 3～7 天，亩用 10％草克星可湿性粉剂 7～10
克，拌细土 20 千克均匀撒施。如防除稗草，掌握在稗草 2 叶期
前施用。如防除眼子菜、四叶萍等多年生阔叶杂草，施药期适当
推迟。该药防效好，但价格较贵。

第三节　中晚稻主要组合的特征特性及配套栽培技术

我国在中晚稻主要采用杂交组合，近年一些优良的超级稻组
合、重穗型组合，如两优培九、中浙优 1 号等大面积推广，表现
产量潜力高、抗性好、米质优，已逐步取代汕优 63、汕优 10 号
等原有的当家组合。

一、两优培九

两优培九是江苏省农科院粮食作物研究所用培矮 64S 为母
本、9311 为父本组配的两系重穗型超级稻组合。表现适应性
强、产量高、米质优、抗白叶枯病和稻瘟病等优点，既可作单
季稻种植，又可作连作晚稻种植。该组合在浙南作连作晚稻种
植的生育期偏长，必须掌握好几个关键性的技术才能充分发挥
其综合优势。

（一）特征特性

1. 丰产性好　两优培九株型高而紧凑，叶色浓绿宽大挺直，
株高 120～130 厘米，穗长 25.5 厘米，分蘖力较强，生育后期叶
片和主茎夹角小，抽穗至成熟期间顶三叶呈直立瓦片型，不论光
合势和净同化率都显著高于汕优 63。收割时仍有 3 片左右绿叶，
具有秆青籽黄的高产熟相。

2. 生育期　两优培九在平阳县栽培的全生育期，作单季晚

稻 140 天左右，比汕优 63 长 5 天；作连作晚稻 136 天左右，比协优 46 长 5 天。

3. 抗性强 两优培九叶片挺直、叶角小，所以后期通风透光良好，病害较轻。表现为高抗白叶枯病和稻瘟病，纹枯病和稻粒黑粉病也较轻。

4. 米质优 两优培九米粒全透明、无腹白，食用口感松软、微黏、有清香味。经农业部稻米及制品质量监测检验测试中心分析，该组合的糙米率（81.7%）、精米率（74.0%）、粒长（6.7厘米）、碱消值（5.8级）、直链淀粉含量（20.8%）和蛋白质含量（11.2%）6 项指标达部颁优质米一级标准，整精米率（55.4%）、长宽比（2.9）、胶稠度（59 毫米）、透明度（2级）4 项指标达部颁优质米二级标准。

（二）高产栽培技术

1. 适时播种、培育壮秧 两优培九的生育期偏长，作连作晚稻栽培需提前播种。两优培九属感温型组合，生育期的长短受温度条件制约，早播早栽熟期提早，播种每提早 3 天，抽穗期约提早 1 天。两优培九在浙南适宜的播种时间为 6 月 20 日之前。由于提前播种，导致秧田期延长，加之晚稻育秧期正值高温、强光照天气，秧田期延长常导致秧苗老化、徒长，造成移栽后的返青出蘖慢和败苗等现象，而影响产量，因此培育壮秧是两优培九作连作晚稻栽培关键性的环节。生产上采用在播前用烯效唑 50～100 毫克/升药液，间歇浸种 36 小时，或在秧苗 2 叶 1 心时，选晴天每亩秧田用多效唑 300 毫克/升药液 100 千克喷施，控制苗高和促进秧田分蘖，培育带蘖壮秧。两优培九做单季稻栽培也要重视壮秧的培育，可采用半旱稀播育秧，秧田要求稀播、匀播。两优培九的种子较小，每亩大田用种量 0.4～0.5 千克，秧田亩播种量 6～7 千克。育秧时精做秧板、施好基肥，秧田基面肥亩用尿素 5 千克、过磷酸钙 20 千克、氯化钾 7.5 千克。移栽前 3

天施起身肥，亩用尿素 3～5 千克，同时亩用药 0.1 千克 25％三环唑可湿性粉剂，加水 25 千克喷施，带药下田，可有效预防稻瘟病的发生，有条件可能采取二段育秧。

2. 合理密植、尽量早栽 两优培九穗大粒多，植株高大，密植程度不宜过高，作连作晚稻栽培密度掌握在 1.4 万丛左右、作单季稻种植密度掌握在 1.2 万丛左右，宽窄行插植。秧苗素质好、带蘖多、土壤肥力条件好时可疏些，反之则密些。因为早栽既可以缩短秧田期，又可以延长本田营养生长期和提早抽穗，两优培九作连作晚稻移栽应尽量提早移栽。因此，计划连作两优培九的稻田，早稻应安排早、中熟的品种（组合），缓解季节矛盾。早稻成熟时及时收获、及时翻耕、及时移栽，温州市连晚的移栽时间不要迟于 7 月 30 日。

3. 水调群体、强根健株 合理水浆管理既满足水稻生长发育对水分的需求，又对土壤养分状况、群体的发展以及地上部和地下部的关系起到良好的调节作用。两优培九高产的水浆管理具体办法是浅水插秧，插秧后灌 3 厘米水层护苗，活水发棵返青，分蘖初期浅水勤灌。要及时视苗情、土壤肥力以及天气状况及时搁田，一般控制在亩苗数达计划穗数的 65％～90％时排水始搁，视搁田效果在叶龄余数 2.9～1.9 时复水，孕穗期复水后浅水勤灌，齐穗期露田，后期干干湿湿，以湿为主，收割前 5～6 天断水，切忌断水过早，影响结实率和千粒重。稻田的水分来源一是自然降雨，二是人工灌溉。在安排人工灌溉时结合天气预报充分考虑天然降雨的因素，灵活应用。通过以上的水浆管理办法既满足的杂交稻对水分的需求，又较好地解决了土壤的物质转换和保持其适宜的氧化还原状态及养分供应状态，减少土壤对高产的障碍因子。同时又有效地通过水分调节来改善高产群体的数量和质量。

4. 供足养分、协调库源矛盾 两优培九植株高大，生育期长，要求有较多的肥料才能满足高产要求。生产上要求施足基肥，根据田间实际情况适施追肥，同时注意磷、钾肥的搭配，在倒二叶露尖前后施少量氮肥和钾肥对缓解两优培九库源矛盾尤为重要。钾素不仅促进植株营养物质的运输和转化，也有助于植株对其他养分的吸收。一般田块高产栽培需亩施纯氮 15 千克，70％作基面肥、15％作分蘖肥、15％作保化肥。基面肥配施过磷酸钙 20 千克、氯化钾 10 千克，保花肥配施氯化钾 5～10 千克。肥沃的稻田肥料酌情减少。在破口期可喷施中国水稻研究所王熹研究员研制的高效、多元植物生长调节剂"粒粒饱"，加强灌浆成熟期的田间管理，增加后期的光合同化能力和适当推迟收获期，对缓解两优培九库源矛盾也有较好的作用，可提高两优培九的籽粒的结实率和千粒重，从而提高产量。

5. 连片种植、加强管理　两优培九的生育期、病虫防治时期等均有自身特点，应强调连片种植、统一管理。两优培九抗白叶枯病和稻瘟病，正常栽培条件下纹枯病较轻，但易感细条病和稻曲病。在台风暴雨频发的年份，要注意白叶枯病和细条病防治工作，可用 20％叶青霜可湿性粉剂 100～125 克，加水 50 千克防治。两优培九易感稻曲病，影响产量和品质，要及时做好防治工作。防治措施是在种子消毒的基础上，于破口期用稻曲克敌 20％可湿性粉剂 100～150 克加水 50 千克喷雾，可兼治稻瘟病和纹枯病。二化螟可选用 5％锐劲特 40 毫升或 78％精虫杀手（杀虫胺）可溶性粉剂 50～60 克/亩；稻飞虱可用 25％扑虱灵可溶性粉剂 30～40 克/亩防治。确保水稻田、示范片青秀无病，稳健生长至成熟，达到高产丰收的目的。

二、中浙优 1 号

中浙优 1 号系中国水稻所与浙江省杂交水稻种业有限公司共同利用中浙 A 与航恢 570 选配而成的杂交籼稻新组合。2004 年 4 月通过浙江省农作物品种审定委员会审定。

（一）主要特征特性

1. 农艺性状优 该组合株型紧凑，剑叶挺拔，微内凹，叶色较绿，分蘖较强，长势较旺，穗大粒多，结实率高，后期青秆黄熟。株高 115～120 厘米，穗长 24～26 厘米，穗总粒 150～180 粒，结实率 85%～90%，千粒重 27 克。

2. 生育期 根据近三年的种植和不同播种期试验，中浙优 1号对温度较为敏感，生长期间有效积温直接影响全生育期，早播早抽穗。播齐历期 95～99 天，最短全生育期 130 天，比汕优 63迟 4 天，最长 145 天，比汕优 63 迟 6 天，宜作中稻栽培。在温州市平原地区作连作晚稻栽培，需在 6 月 20 日前播种。

3. 米质优 据农业部稻米及制品质量监督检验测试中心检测结果，糙米率（81.7%）、精米率（74.0%）、粒长（6.7 毫米）、长宽比（2.9）、透明度 2 级、碱消值（5.8 级）、胶稠度（59 毫米）、蛋白质含量（11.2%）等 8 项达部颁优质米一级标准，垩白度（11.1%）、直链淀粉含量（20.8%）等 2 项达到部颁二级优质米标准。

4. 抗病性好 据浙江省农科院植保所 2002 年接种鉴定结果，对穗瘟的抗性平均 3.3 级（最高级为 7 级）；白叶枯病平均 4.8 级（最高级 8 级）。据 2004—2005 年田间调查，没有发现叶瘟和穗瘟，2005 年遭受 5 次台风袭击，没有发现白叶枯病。

（二）高产配套栽培技术

1. 适期播种、培育壮秧 中浙优 1 号属感温性迟熟组合，早播早插可以早抽穗。通过这近几年种植和试验，温州市山区、浙中和浙北地区宜在 5 月中、下旬播种，平原作中稻栽培宜在 6月上、中旬播种，该组合在浙南作连晚种植，应提倡早播早插，播种期不迟于 6 月 20 日，确保安全齐穗。育秧技术上一是要清水精选种子，用化学药剂做好浸种消毒，确保成苗率高和秧苗素质好。二是控制播种量和采用半旱式育秧，一般播种量7千克/亩，大田每亩用种量0.6～0.8千克。三是科学肥水管理，每亩秧田施用有机肥500千克、尿素15千克、钾肥7.5千克作基肥。配合浅水灌溉，在秧苗二心一叶期每亩喷施多效唑200毫克加水50千克以控长促蘖。并每亩施用尿素5千克作断奶肥，移栽前4天每亩施用尿素5千克作起身肥，促进新根发生，使拔秧时伤苗轻和栽后返青快。培育秧苗要达到苗匀、苗壮，力争培育3～4个带蘖壮秧。

2. 适时移栽、合理密植 适时移栽，有利于秧苗在本田期的返青与发棵。中浙优1号在叶龄4叶或秧龄25～30天时移栽，产量最高，米质最优。中浙优1号作连晚栽培，应强调足苗争多穗高产，一般行株距控制在24厘米×20厘米左右，亩插1.3万穴/亩，落田苗数5万/亩左右，最高苗控制在24万/亩左右，有效穗在15万～17万/亩。作中稻栽培，应插稀些，行株距26.5厘米×20厘米，亩插1.1万穴/亩左右，落田苗数4万/亩左右。插秧方式提倡宽行密株，有利通风透光，提高成穗率，能在足穗的基础上发挥大穗优势。

3. 科学肥水运筹，优化群体结构 根据中浙优1号生育特性，需肥量较大，应在施足基肥基础上，特别强调看苗施肥。在施肥方法上，力求秧田少氮多磷钾肥，防止秧苗徒长；本田重施基肥、有机肥，插后5～6天每亩用5千克尿素和5千克氯化钾作分蘖肥，并拌除草剂化学除草，之后用复合肥看苗施肥作接力肥和穗肥，严格控制一次性施氮量过多，出现徒长和贪青，推迟抽穗，影响结实率和成熟期。在水浆管理上，以增加土壤含氧量为目的，做到浅水插秧防败苗，薄露灌溉促分蘖。据观察，中浙优1号有效分蘖终止期一般在移栽后13天左右，要求苗数达80%计划穗数（约在栽后11天）时排水轻搁田，多次轻搁至倒2叶露尖，减数分裂期田间要保持水层，其余时间有无水层交替管理，直至收获前7天为止。倒2叶露尖后，采用干湿交替灌溉，以协调根系对水气的需求，提高结实率和千粒重，直至成熟。

4. 除虫防病，确保丰收 要根据病虫预测预报，及时做好病虫防治工作。重点做好螟虫、稻飞虱和稻纵卷叶螟等虫害的防治，同时注意兼防纹枯病。

三、新优 365

新优 365 是浙江省温州市农科院浙南水稻育种中心选育的杂交晚稻组合，2003 年 3 月通过浙江省农作物品种审定委员会的审定。该组合具有高产稳产、易栽培、后期青秆黄熟，食味较好等优良特点。

（一）主要特征特性

1. 主要农艺性状 作连作晚稻栽培，全生育期两年区试平均数，浙江省 131 天，比汕优 10 号长 5 天；温州 129.1 天，比汕优 10 号短 0.3 天；金华 135.3 天，比协优 46 长 4.5 天。株型适中，茎秆粗壮坚韧，抗倒性好，分蘖力中等，一般栽培条件下，有效穗 259.5 万/公顷，成穗率 74.3%；株高 99.0 厘米，叶片厚挺略内卷，叶色较浓，穗长 24.6 厘米，每穗总粒数 136.65，结实率 85.94%，千粒重 29.15 克。

2. 病虫害抗性 据浙江省农科院植保所人工接种和自然诱发鉴定结果，苗瘟 6.4 级，穗瘟 3.8 级；穗瘟损失率 8.1%；白叶枯病 7.8 级，细菌性条斑病 9.0 级，褐稻虱 1.0 级，白背稻虱 7.0 级。从鉴定结果看，新优 365 抗褐稻虱、中抗稻瘟病，感白叶枯病、细菌性条斑病和白背稻虱；与对照汕优 10 号比较，对稻瘟病、褐稻虱和白背稻虱的抗性优于对照，对白叶枯病、细菌性条斑病的抗性与对照相仿。新优 365 田间抗性较好，青秆黄熟。

3. 米质 据农业部稻米及制品质量监督检验测试中心 2000—2001 年连续 2 年测试的平均结果，糙米率 81.9%，精米率 73.4%，整精米率 38.5%，粒长 7.5 毫米，长宽比 3.4，垩白率 86.0%，垩白度 12.3%，透明度 2.5 级，碱消值 4.9 级，胶稠度 62.0 毫米，直链淀粉含量 14.8%，蛋白质含量 12.0%。其中糙米率、精米率、粒长、长宽比、碱消值和蛋白质含量等 6 项指标达部颁优质米一级标准，胶稠度（2000 年一级，2001 年二级，平均一级）和直链淀粉含量等 2 项达二级标准，理化指标综合评分（52 分）高于对照汕优 10 号（51 分）。米饭适口性佳，软而不黏，口感明显好于对照。

（二）栽培技术要点

1. 培育壮秧、合理密植　新优 365 在浙南做连作晚稻栽培宜在 6 月底播种，秧龄控制在 28 天以内。播前用烯效唑浸种，能促进分蘖、控制秧苗株高和增大秧龄弹性。要精选种子和控制秧田播种量和用种量，亩播种量一般为 6 千克左右，用种量在 0.6～0.8 千克。秧田期施肥应以秧苗叶片不披为基准，提高秧苗叶片的含氮量。要适当增加基肥用量。水稻一般于 4 叶 1 心期开始分蘖，在 2 叶 1 心期要及早施好"断奶肥"，有利于促进早分蘖。由于前期施肥和秧田肥力的不均，易造成秧苗生长的不平衡，因此，在 4 叶期左右，根据秧苗生长情况施一次平衡肥。在移栽前 4 天，要施好起身肥，促进新根发生，使拔秧时伤苗轻，栽后返青快。具体施用量为：中等肥力的秧田，一般基肥亩施 20 千克复合肥（氮：五氧化二磷：氧化钾＝15：15：15），或施尿素 5 千克/亩、过磷酸钙 20 千克/亩和氯化钾 5 千克/亩，基肥应在做毛秧板时施入，以免灼伤谷芽，引起烂种，影响成苗率；在 2 叶 1 心期亩施"断奶肥"尿素 5 千克，促进早分蘖；在 4 叶期亩施尿素 3～5 千克，促进秧苗平衡生长；在拔秧前 4 天，亩施尿素 8 千克，作起身肥。同时做好稻蓟马等秧田病虫害的防治工作，培育带蘖壮秧，为高产打下基础。

新优 365 分蘖力中等，有效穗数偏少。栽培上，应尽早移栽，延长本田营养期，增加本田分蘖，并要求适度密植，以 1.2 万～1.6 万穴/亩为宜，插足基本苗，确保每亩落田苗数在 6 万以上，一般每丛插 1 粒谷苗，如单株带蘖少的可插 2 粒谷苗，确保每丛 5 个茎蘖数，并按东西行向插秧。

2. 合理施肥 新优 365 茎秆粗壮，耐肥抗倒性较好，一般中等肥力水平田块施纯氮 12 千克/亩，并配施一定的有机肥和磷钾肥，基肥占总施肥量的 50%、追肥占 35%、穗粒肥占 15%。具体施肥方法为：

（1）基肥 亩施氮素 6 千克，占总氮肥量的 50%，应增加有机肥用量，以提高营养元素的平衡供应能力。一般亩施 50 千克饼肥或 750～1 000 千克土杂肥，并施 4 千克纯氮，同时施过磷酸钙 30 千克，氯化钾 10 千克。

（2）分蘖肥 栽后 5～6 天，施分蘖肥，分蘖肥亩施纯氮 4.5 千克，占总氮肥量的 35% 左右；具体说每亩施 20 千克复合肥加 3～4 千克尿素，亩施氯化钾 10 千克，根据品种生育期的长短和土壤的保肥能力分蘖肥可一次施，也可二次施。

（3）穗肥 可在倒 2 叶出生过程中施用，这次施肥应结合气候和水稻长势长相施用，如水稻长相较健壮，叶片挺直、长短适宜，阳光充足，可适当多施；如水稻生长较旺，叶片过长，阴雨天气，可少施或不施；一般亩施纯氮 1.5 千克左右，即亩施 10 千克复合肥。

3. 科学管水 在整个水稻生长期间，除幼穗分化至抽穗扬花期的水分敏感期和用药施肥时采用间歇浅水灌溉外，一般以无水层或湿润灌溉为主，使土壤处于富氧状态，促进根系生长，增强根系活力。要坚持浅水插秧活棵，薄水发根促蘖，到施分蘖肥时要求田面无水，结合施肥灌浅水，达到以水带氮深施的目的。

在水稻分蘖期开好排水沟（较大的田块，插秧时中间留好东西向丰产沟 1 条，南北向腰沟 1～2 条），实施无水层湿润灌溉，增加土壤含氧量，提高土温，改善水稻生长的土壤环境，促进根系生长和深扎，提高根系活力。

当茎蘖数达到每亩预期穗数的 75% 时开始多次轻搁田，亩最高苗控制在 25 万左右，营养生长过旺的适当重搁田。

倒 2 叶龄生长期采用干湿交替灌溉，以协调根系对水气的需求，直至成熟。通过根系生长调节，提高肥料的利用率，提高结实率和充实度。降低田间水分的灌溉量和排放量，有效控制化肥农药随水流排出而污染环境。

四、D优527

D优 527 系四川农业大学水稻研究所用 D62A 与蜀恢 527 组配育成的重穗型杂交稻新组合。2003 年通过国家农作物品种审定委员会审定。表现米质优、抗病性强、产量高等特点，适合浙南山区作单季稻种植。

（一）特征特性

1. 生育期　D优 527 属于重穗型的中籼迟熟组合，2000 年在泰顺县筱村镇和包垟乡海拔 420 米山区试种，于 4 月 30 日播种，9 月 26 日成熟，全生育期为 150 天。2001 年在泰顺县泗溪镇海拔 460 米山区试种，于 5 月 7 日播种，9 月 29 日成熟，全生育期为 145 天；同年在永嘉县乌牛镇吴岙村（平原海拔 15 米）于年 6 月 5 日播种，10 月 17 日成熟，全生育期为 134 天；同年在平阳县腾蛟镇试种，于 6 月 4 日播种，10 月 17 日成熟，全生育期为 135 天。2002 年在泰顺县泗溪和筱村镇试种，于 5 月 1 日播种，9 月 21 日成熟，全生育期为 144 天。2003 年永嘉县茗岙乡（山区海拔 450 米）试种，于 5 月 6 日播种，10 月 1 日成熟，全生育期为 148 天；同年在平阳县腾蛟镇联元村试种，于 6 月 19 日播种，10 月 27 日成熟，全生育期为 130 天。三年平均比对照汕优 63 生育期长 5 天，比Ⅱ优 162 生育期长 2 天。

2. 形态特征 D 优 527 株型松散适中，叶片大而挺立，分蘖中等，成穗率较高（达 72.3%），生长势旺，出穗整齐，抗稻瘟病明显优于对照汕优 63，后期青杆黄熟。该组合属重穗型组合，谷粒细长，穗特长，千粒重高。该组合作单晚栽培，株高 121 厘米，穗长 26.3 厘米，每穗总粒数 168 粒，实粒 146.7 粒，结实率达 87.3%，千粒重达 29.7 克。

3. 抗病性强 示范推广表明，该组合强抗稻瘟病，中抗纹枯病，稻粒黑粉病较轻，细条病和稻曲病也尚未发生。

4. 稻米品质 该组合米粒较细长、透明、腹白小，米质优，适口性好，食味佳，深受农户的青睐。据农业部稻米及制品质量监督检验测试中心测定，D 优 527 糙米率 80.7%，精米率 71.2%，整精米率 53.3%，粒长 7.4 毫米，长宽比 3.3，垩白粒率 34%，垩白度 4.4%，透明度 2 级，碱消值 6.2 级，胶稠度 80 毫米，直链淀粉 23.2%，蛋白质 9.4%。12 项测定项目中有 5 项指标达部颁优质米一级标准，5 项指标（糙米率、精米率、垩白度、透明度、直链淀粉）达部颁优质米二级标准。

（二）高产栽培技术

1. 适时播种，培育多蘖壮秧 在浙南作单晚栽培，山区在 4 月底至 5 月初播种，平原在 5 月底至 6 月初播种；秧龄 30～40 天。采用半旱育秧并做到稀播匀播，秧田每亩播种量为 7.5～10 千克，大田用种量 0.7 千克；秧田在施足基肥（水稻专用肥 20 千克）的基础上，于 1 叶 1 心时用 15% 多效唑可湿性粉剂 300 克加水 100 千克喷施促矮壮（有利于后期抗倒），2 叶 1 心期施 5 千克尿素作断奶肥，移栽前 4～6 天施 5 千克尿素作送嫁肥，做到移栽时单株带蘖 2～3 个分蘖。

2. 合理密植，培育高产群体 为发挥 D 优 527 的重穗型优势，可适当稀植，栽插密度为 21 厘米×25 厘米为宜，每亩插

1.2万丛左右，单本插，落地苗在4万～5万以上，有效穗在15万以上，为早发大穗打好基础。

3. 科学肥水管理　在施足基肥上，适施分蘖肥（插后8～12天），巧施穗粒肥。基肥：追肥比例为7∶3，每亩施纯氮12～14千克。水浆管理以薄露灌溉为主，促进地上部与地下部、个体与群体的协调。重穗型组合具有灌浆期长（该组合为47天）特性，如果后期氮素水平低则易出现缺肥型早衰。但在土壤基础肥力好、含氮量高的平原稻作区，若氮肥用量过高可能会出现倒伏。因此，山区肥力差的田块，用氮量多一些；平原基础肥力好的田块，用氮量低一些，而且要注意控制群体。在生育后期采取增施穗粒肥和科学管水措施，达到延缓衰老与发挥穗大粒多优势的目的。适时增施穗粒肥，保持后期氮素和钾素水平对延迟叶片衰老起着重要作用。所以在幼穗分化第六期每亩增施尿素3～4千克和氯化钾5千克。灌浆期间采用薄露灌溉，以利养根保叶，切忌断水过早。

4. 抓好病虫害防治　为了保证高产、优质，应做好病虫害的防治工作，前期以防治叶蝉、螟虫、卷叶螟为主，若发现叶瘟要及时用药防治，中期要特别注意加强对稻飞虱、二化螟、纹枯病的防治，确保丰产丰收。

五、丰两优 1 号

丰两优1号（母本广占63S父本9311）是丰乐种业与辽宁粳杂中心合作选育，丰乐种业独家开发的两系杂交水稻新组合，2003年通过安徽省农作物品种审定委员会审定，2005年通过国家农作物品种审定委员会审定。2003年引入温州市试验示范，试种表现具有优质、高产、抗病性强等特点。该组合不仅适宜在温州市山区和平原稻作区均可作单季晚稻栽培种植，还可以作连晚种植。

（一）特征特性

1. 产量表现 2003 年永嘉县单季稻品比试验中，茗岙乡试验点丰两优 1 号产量为 550.5 千克/亩，比对照汕优 63 增产 9.9%；岩头镇港头村试验点产量 567.7 千克/亩，比对照汕优 63 增产 11.1%；瓯北镇罗东芦田村试验点产量 599.2 千克/亩，比对照汕优 63 增产 10.2%。三个试验点平均产量为 572.5 千克/亩，平均增幅 10.4%，增产均达极显著水平。2004 年 10 月 26 日，温州市科学技术局组织温州市农业局、平阳农业局的有关专家，对平阳县萧江镇裕丰村优质重穗型水稻示范基地进行了现场验收，实地实割了丰两优 1 号 1 247.3 米^2，折算后实际亩产为 590.6 千克。

2. 形态特征 该组合生长繁茂，植株前期紧凑、后期松散，剑叶短而挺直，茎秆粗壮，分蘖力强，叶色较深，后期青秆黄熟。作中稻种植，株高 115～120 厘米，穗长 24.5 厘米，总粒数 160～180 粒，结实率 85% 左右，千粒重 28 克。作连晚种植，株高 110～115 厘米，穗长 22～23 厘米，总粒数 135～140 粒，结实率 87% 左右。有明显的二次灌浆现象，属穗粒兼顾型组合。

3. 生育期适中 该组合感温性较强，在温州地区可做单季中晚稻，也可做连作晚稻种植。根据 2003—2005 年种植调查，在温州地区的山区于 5 月中、下旬播种，全生育期为 130 天左右，比汕优 63 短 4 天；在平原于 6 月上、中旬播种作中稻种植，全生育期 125 天左右，比汕优 63 短 3 天；于 6 月 20～23 日播种作连晚种植，全生育期 120～125 天，比协优 46 长 3 天。

4. 米质优 该组合米质较优、适口性好。据农业部稻米及制品质量监督检验测试中心检测结果，粒长（6.8 毫米）、碱消值（6.8 级）、胶稠度（62 毫米）、蛋白质（9.7%）等 4 项符合部颁优质米一级标准，糙米率（80.6%）、精米率（72.0%）、长宽比（3.0）、透明度（2 级）、直链淀粉（15.0%）等 5 项符合部颁二级优质米标准。

5. 抗性较好 该组合抗病性属中等偏强，在试验示范中未发现叶瘟和穗瘟，纹枯病轻，较抗叶枯病，但轻感稻曲病和细条病。

（二）高产配套栽培技术

1. 适时播种、培育壮秧 丰两优 1 号感温性较强，具有早播早熟特点。播种期既要考虑抽穗扬花期避开台风为害，又要保证安全齐穗，同时还要兼顾高产和米质优化栽培。根据对丰两优 1 号不同播期对产量和米质影响的栽培技术研究，温州地区山区宜在 5 月中、下旬播种，平原作中稻于 6 月 10～15 日播种，连晚于 6 月 20～23 日播种，最迟不能超过 25 日。金华、巨州和台州等地区作中稻适宜于 5 月下旬至 6 月初播种。每亩秧田播种量为 7 千克左右、用种量为 0.7 千克。育秧方式采用半旱秧，并做到稀播、匀播，秧龄一般不超过 30 天，带 2 个分蘖以上。秧田要重施基面肥，每亩施用有机肥 800 千克、过磷酸钙 15 千克、氯化钾 10 千克；每亩施水稻专用肥 15 千克作断乳肥；移栽前 4～6 天，每亩施尿素 4 千克作送嫁肥。

2. 适时移栽、合理密植 适时移栽是夺取高产的关键，作单晚栽培秧龄掌握 30～32 天时移栽，作连晚在 7 月 30 日前移栽，秧龄控制在 30 天以内移栽为宜。栽插规格可采用 20 厘米×26 厘米，每亩插 1.3 万丛左右，单本插，插足基本苗 4 万～5 万株。

3. 科学肥水管理 该组合茎秆粗壮，穗大粒多，需肥量较大，应施足基肥，早施或少施追肥。在中等田块每亩施用水稻专用肥 30～50 千克作基面肥，移栽后 8～10 天施尿素 8～10 千克，在幼穗分化六期每亩施尿素 4～5 千克＋钾肥 5 千克。水浆管理上前期应采用浅水露田促分蘖，中期浅水勤灌并保持浅水层，后期间歇灌浅水。中期够苗晒田二次（分为重搁田与轻搁田），后期用薄露灌溉法，收割前7天断水晒田为宜，以防早衰现象，以利提高两系杂交稻结实率和粒重，才能达到高产目的。

4. 及时防治病虫害 该组合较抗稻瘟病和细条病，对纹枯病、稻粒黑粉病抗性弱，且叶色较深，易受螟虫和稻飞虱为害，应做好病虫测报及时防治工作。

六、川香优2号

川香优2号是四川省农科院作物所用川香29A与成恢177配组育成的香型优质杂交组合，2003年通过国家农作物品种审定委员会审定。从种植表现结果来看，该组合具有米质优、抗稻瘟病能力较强、适应性广和产量高等特点。

（一）特征特性

1. 生育期适中 川香优2号属中籼迟熟组合，全生育期比较稳定，适宜于白叶枯病轻发地区作中稻栽培。2003年在平阳县腾蛟镇联元村试验点于6月19日播种，9月13日始穗，9月18日齐穗，10月23日成熟，全生育期为123天，平均比对照汕优63作单晚栽培长1天；永嘉县上塘镇河屿村于5月30日播种，8月26日始穗，9月1日齐穗，10月8日成熟，全生育期为129天，平均比对照汕优63作单晚栽培长3天。

2. 农艺性状优良 川香优2号属重穗型组合，米粒呈长粒型，作单晚栽培，平均株高117厘米，穗长23.5厘米，每穗总粒数170粒，实粒149.9粒，结实率88.2%，千粒重29.1克。该组合株型紧凑，叶片挺立，分蘖中等，成穗率较高，生长势旺，出穗整齐，耐肥抗倒，抗稻瘟病明显优于对照汕优63，后期青秆黄熟。

3. 抗病性 据浙江省农科院植保所、中国水稻所等多家单位鉴定，该组合叶瘟、颈瘟发病率为1～3级，表明对稻瘟病有较强的抗性，近年在温州山区和平原种植田间没有发现稻瘟病，但易感白叶枯病和纹枯病，宜在白叶枯病轻发地区种植。

4. 米质优 据 2003 年农业部稻米及制品质量监督检验测试中心测定，川香优 2 号糙米率 80.5%，精米率 73.0%，整精米率 59.2%，粒长 6.9 毫米，长宽比为 3.0，垩白粒率 42%，垩白度 6.0%，透明度 2 级，碱消值 6.2 级，胶稠度 72 毫米，直链淀粉 21.6%，蛋白质 9.4%。在稻米品质测定的常规 12 项指标中 9 项指标达部颁优质米一级标准，其余 3 项指标（糙米率、长宽比、透明度）达部颁优质米二级标准。米粒外观品质特优，卖相好，米饭冷热柔软，香味可口，受城乡居民的喜爱。

（二）高产栽培技术

1. 适时播种、合理密植 作单晚栽培山区应在 4 月底至 5 月初播种，平原地区可在 5 月底至 6 月初播种，秧龄 30 天。作连晚栽培的播种期在 6 月 18～20 日播种为宜，秧龄 25 天。采用半旱育秧并做到稀播匀播，秧田每亩播种量为 7.5～10 千克，大田用种量 0.75 千克；秧田在施足基肥的基础上，于 2 叶 1 心期施 4 千克尿素作断奶肥，移栽前 4～6 天施 5 千克尿素作送嫁肥，做到移栽时单株带蘖 2 个以上分蘖壮秧。川香优 2 号的栽插密度以 20 厘米×25 厘米为宜，每亩插 1.2 万丛左右，单本插，落地苗在 4 万以上，有效穗在 15 万以上。

2. 科学肥水管理 该组合灌浆期长达 43 天，如果后期氮素不足易出现早衰现象，因此在施足基肥上，适施分蘖肥（插后 8～10 天），巧施穗粒肥，基肥：追肥比例为 7∶3，每亩施纯氮 15 千克左右。在生育后期采取补施穗粒肥和科学管水措施，协调库源关系，延缓衰老，提高粒重和结实率，发挥穗大粒多的优势。具体措施可以在幼穗分化第六期每亩施尿素 5 千克和钾肥 5 千克。

另外，在灌浆结实期的水浆管理上应采用干干湿湿的灌溉方法，以利养根保叶，切忌断水过早，以免影响弱势粒的二次枝梗灌浆而降低其充实度。以上两方法对防止早衰，延长倒3叶的寿命，增强光合作用，降低空秕率，提高结实率等都有明显的效果，对增产起到显著水平。

3. 防病虫、促丰收　该组合较抗稻瘟病、细条病、稻曲病能力，对纹枯病、稻粒黑粉病抗性中等，但易受螟虫和稻飞虱为害，因此要抓好病虫测报工作及时防治病虫害，选用高效低毒的农药适时适量用药，防治好病虫害，确保丰产丰收。

七、粤优 938

粤优938是江苏省农科院用不育系粤泰与恢复系R938选配而成。2000年通过江苏省品种审定，2002年获得国家品种保护。该组合具有适应性广、稳产性好、生育期适中、抗旱、抗稻瘟病能力强、米质优等优点，宜在浙南山区作单季稻种植。

（一）特征特性

1. 形态特征和穗粒结构　粤优938株形紧凑，株高115厘米，茎秆细韧，总叶片数17～18叶，生长繁茂，叶片窄，叶色浓绿，叶片与主茎夹角小，倒三叶挺，生长清秀，具有青秆黄粒的高产熟相。分蘖率属中偏上，一般有效穗195万～270万/公顷，成穗率60%左右。穗长23厘米，每穗总粒150～180粒，结实率80%左右，千粒重27克。

2. 生育期适中，后期转色好　该组合作单季稻栽培，低山区（海拔300米以下）5月中旬播种，中山区（海拔300～600米）5月上旬播种，高海拔农区（600米以上）要适当提早到4月底播种。该组合生育期为145～155天，播始历期比汕优63长2～4天，全生育期比汕优63长3天。整个生育期叶色清秀不早衰，光合势和净同化率明显高于汕优63，后期青秆黄熟。

3. 稳产性好，适应性广 2002 年泰顺县 8 个不同海拔单晚区试点分析，粤优 938 在不同地理生态条件下具有较好的稳产性、适应性，而汕优 63 则在有利的环境（即主要指没有发生穗颈瘟的地方）才表现出较高的产量。

4. 抗病性、抗旱性较强 据江苏省农科院抗性鉴定，该组合抗稻瘟病，中抗白叶枯病。2002 年和 2003 年各区试点和示范生产均未发现稻瘟病、白叶枯病，纹枯病较轻。尤其是 2003 年遇连续高温干旱的天气，该组合在中前期表现出较强的抗旱能力，其他组合纷纷减产，而粤优 938 却表现高产稳产。2004 年，抽穗、灌浆期因受"云娜"、"艾利"台风的影响，大田生产中多数组合都发生穗颈瘟和纹枯病，如 D 优系统组合的穗颈瘟在 20%～80% 之间，个别田块甚至绝收，但粤优 938 相对较轻。2004 年区试，试验结果表明，粤优 938 穗病率 3.4%，纹枯病丛发率 16.4%，稻曲病穗发率 2.92%；而汕优 63（对照）穗病率 15.8%，纹枯病丛发率 14.5%，稻曲病未发现。由此可见，粤优 938 比对照较抗穗颈瘟，但易发生稻曲病。

5. 米质优、食味佳 经农业部稻米及制品质量监督检验测试中心测定，精米率 73.1%、粒长 7.1 毫米、长宽比 3.2、透明度 1 级、碱消值 6.0、胶稠度 76 毫米、蛋白质含量 8.7%、糙米率 80.6%、整精米率 55.8%、垩白率 24%、垩白度 4.8%、直链淀粉含量 22.5%，对照农业部 NY12286《优质食用稻米》标准，在以上 12 个检测项目中，前七项达优质米一级标准，后五项达优质二级标准。尤其是稻米外观品质和蒸煮品质。粤优 938 比汕优 63 有了实质性改善，具有更佳的食味品质，根据 GB/T17891—1999，粤优 938 的综合品质达到国家三级优质米标准。群众反映粤优 938 米饭口感松软食味佳。

（二）高产栽培技术

1. 适时播种，培养带蘖壮秧 在浙南山区作单季稻栽培，高山农区在 4 月底，中山农区 5 月上旬，低山农区 5 月中旬播种为宜。秧龄不宜过长，一般掌握在 30 天左右，秧苗处于 6～7 叶期插秧，秧苗达到单株带蘖 3 个以上。由于该组合种子细长，要注意严格控制播种量，一般秧田播种量 90～105 千克/公顷。播前须用清水选种，再用万分之一浓度的烯效唑加 2 000 倍的"402"杀菌剂或 2 000～3 000 倍液的浸种灵间歇浸种 24 小时，用清水洗净种子表面的药液后催芽播种。秧田要施足基肥，早施断奶肥，追施起身肥。秧苗基肥施有机肥复合肥 375～450 千克/公顷，二叶期施断奶肥，施尿素 75～150 千克/公顷，移栽前 4～5 天施尿素 75 千克/公顷作起身肥。秧苗期要及时防治黑尾叶蝉兼治二化螟，控制水稻矮缩病。

2. 合理密植，提高成穗率 粤优 938 属大穗型组合，分蘖力中等，有效穗偏少，故要增丛增苗，适当提高密度，一般行株距 26 厘米×20 厘米为宜，落田苗为 60 万～75 万/公顷，促进低节位分蘖，控制无效分蘖，降低峰苗，提高茎蘖成穗率，争取更多有效穗。

3. 科学肥水，促穗增粒 施肥原则为"重基肥，早蘖肥，巧施穗粒肥"以保证前期早生快发，中期稳长稳发，后期不衰。施足基肥施水稻专用肥 750 千克/公顷；早施促蘖肥一般在插后 5～7 天结合化学除草追施促蘖肥，施尿素 120～150 千克/公顷；巧施穗粒肥是在幼穗分化期视苗情施尿素 75 千克/公顷加氯化钾 75 千克/公顷，如叶色浓绿，氮肥可不施或少施。在齐穗至乳熟期用 0.2% 磷酸二氢钾或激素复合肥进行叶面喷施，以补充后期养分，提高千粒重。

在灌水上，移栽至返青期浅水护苗，有效分蘖期薄水灌溉，当茎蘖数达 270 万～300 万/公顷时，可排水搁田，直至田面细裂缝，经几次轻搁后，达到控制无效分蘖，使最高苗在 420 万/公顷以内。拔节孕穗期采取湿润灌溉为主，以促进主茎和有效分蘖形成大穗。粤优 938 属于源限制型杂交组合，加之灌浆期长达

40～45 天，具有明显的两段灌浆特性，必须通过湿润灌溉或间歇灌溉，实行养根保叶，防止断水过早，以提高结实率和千粒重。

4. 治虫治病，确保高产丰收　粤优 938 对稻瘟病抗性较强，但易感纹枯病、稻曲病，易受稻飞虱、卷叶螟、二化螟等害虫为害，要加强病虫预测预报，及时用药防治。纹枯病一般在分蘖盛期始发，防止最好在剑叶全展期。孕穗至齐穗期注意防治螟虫。始穗期和齐穗期防治稻曲病，用 5% 井冈霉素 1.5 千克/公顷加粉锈宁乳油 1.5 千克/公顷，加水 600～750 千克喷雾，可有效地控制稻曲病。

八、甬优 6 号

甬优 6 号（E26）是宁波市农业科学研究院和宁波市种子公司合作选育而成粳型杂交稻新组合，2005 年分别通过浙江省和国家农作物品种审定委员会审定。温州市于 2003 年引进试种，表现高秆、大穗、高产、优质、抗倒、感光和熟期偏迟等特点。试验示范表明，该组合是一个很有开发潜力的超高产杂交稻新组合，适宜作单、连晚栽培种植。

（一）特征特性

1. 生育期长　该组合感光性强，全生育期随着播期推迟和纬度递减而缩短，且生育期较长。2004 年单晚种植，6 月 5 日播种，7 月 10 日移栽，9 月 15 日始穗，10 月 31 日成熟，全生育期为 148 天，主茎叶片 17～18 叶。2005 年作单晚栽培，6 月 10 日播种、7 月 18 日移栽、9 月 10 日始穗、11 月 27 日成熟，全生育期 150 天；作连晚栽培，6 月 18 日播种、7 月 30 日移栽、9 月 16 日始穗、11 月 10 日成熟，全生育期 143 天，主茎叶片 16 叶。

2. 农艺性状好 该组合株型高大，分蘖中等偏弱，生物学产量高，单晚株高 138 厘米左右，连晚株高 122 厘米左右，根系发达，茎秆粗壮，基部节间粗，而且叶鞘厚重，抱握面大，抗倒性强；叶片狭、长、厚、挺，倒三叶叶角小，叶脉粗壮、发达，叶色前深后淡，转色好，熟相极佳。该组合穗大粒多，一次枝梗发达，一个穗节上可发生 4～5 个一次枝梗，穗长 23～24 厘米，总粒数 250 粒左右，亩有效穗 12 万～14 万，结实率 85％～90％，千粒重 22～25 克，有明显的二次灌浆现象，谷粒有芒。

3. 米质优 2005 年经农业部稻米及制品质量监督检验测试中心测试，整精米率 61.5％，糙米率 82.1％，垩白度 1.2％，透明度 1 级，碱消值 5.8％，胶稠度 74 毫米，蛋白质 10.8％，精米率 73.3％，垩白率 14％，直链淀粉含量 15.3％，粒长 5.8 毫米，长宽比 2.4。12 项指标中有 7 项达到国家一级优质米指标；2 项达到国家二级优质米指标。米饭经农户和农技人员品尝，松软清香，口感极佳，好于东北大米，具有市场开发前景。

4. 抗性较强 该组合中抗稻瘟病、白叶枯病。据浙江省农科院植保所接种鉴定，2003 年稻瘟病叶瘟 1.8 级和 2.8 级，穗瘟均为 3 级。白叶枯病两年均为 5 级，属中抗水平。温州市 3 年种植，未发生稻瘟病和白叶枯病。褐飞虱抗性为 9 级，属不抗级别，该品种易发生稻曲病，同时还会感染矮缩病。

（二）高产栽培技术

1. 适期早播 甬优 6 号属感光性品种；早播生长期长，不便管理，迟播影响后期灌浆结实，温州市单晚播种适期为 5 月底6 月初，作连晚栽培最迟不要超过 6 月 20 日。

2. 稀播壮秧 据试验苗情观察，秧田蘖都能成大穗，因此强调培育壮秧。采用稀播半旱育秧方式培育壮秧，秧田要增施一定量的磷钾肥。秧田亩播种量 5 千克，大田亩用种量 0.5 千克，秧田施足基肥，二叶一心亩施尿素 5 千克，插秧前 4 天亩施尿素 5

千克起身肥。二叶一心期喷 300 毫克/千克多效唑控高促蘖，秧田期严防蓟马和稻飞虱的为害，特别注重灰飞虱的防治，避免黑条矮缩病的发生。单晚秧龄 30 天左右，要求秧田带蘖 2 个以上；连晚要尽量早移栽，秧龄不超过 40 天，要求秧田带蘖 3 个以上。

3. 稀植攻穗　甬优 6 号属大穗型品种，采用稀植攻穗的栽培策略，培育优质群体和协调库源矛盾，在达到一定有效穗的基础上，主攻结实率和充实度，提高单穗实粒数和千粒重。移栽密度 23 厘米×26～30 厘米，亩插丛数 0.9 万～1.1 万丛，落田苗 4 万左右，争取每丛成穗 12 个以上，亩有效穗 12 万以上，每穗总粒争取 250 粒以上，实粒 210 粒以上，千粒重 25 克。

4. 合理施肥　甬优 6 号生物产量高，需肥量较大，亩施纯氮 14～16 千克。增施氮肥，配施钾肥，施肥要求重施基肥，早施促蘖肥，中期控制氮肥，必须施保花肥，配施钾肥。据高产田调查统计，基肥每亩施碳铵 30 千克，尿素 7.5 千克，过磷酸钙 20 千克，氯化钾 5 千克或者 30％的国产复合肥 30 千克；追肥分两次，促蘖肥尿素 7.5 千克；保花肥亩施尿素 3 千克，钾肥 4 千克。保花肥对延迟叶片衰老起着重要作用。

5. 水浆管理　深水护苗，浅水促蘖，有效分蘖终止期及时搁田，亩苗数控制在 22 万以内，中后期薄露灌溉，干干湿湿养稻到老，幼穗分化期适当增加水量，后期切勿断水过早，促使二次灌浆的谷粒都能饱满，提高千粒重，增加整精米率和产量。

6. 病虫防治　苗期要特别注意灰飞虱的防治，预防矮缩病的发生，中后期防治好螟虫，稻纵卷叶螟和飞虱，破口至抽穗期做好稻曲病的防治，整个生长期内，一般要防治 8～10 次，确保丰产丰收。

第四节　早稻推广品种及其配套栽培技术

温州市光温水资源相对丰富，平原地区适宜种植双季稻。虽然近几年受农业种植结构调整的影响，早稻面积有所减少，但种植面积仍在 60 万亩左右，约占全省早稻播种面积的 1/4。目前早稻主推品种主要有金早 47、杭 959、嘉育 253、温 220、温 305 等。

一、金早 47

金早 47 系金华市农科院选育的迟熟早籼稻品种，以高产中熟早籼中 87－25 为母本，高产抗病迟熟早籼陆青早 1 号作父本，于 1989 年夏季杂交配组，经多代连续筛选选育定型，具有穗大粒多、着粒密、茎秆粗壮、耐肥抗倒、丰产性好、抗稻瘟病、适应性广等特点。2001 年 4 月通过浙江省农作物品种审定委员会审定（浙品审字第 227 号）。

（一）特征特性

1. 产量表现 金早 47 产量较高，1998 年金华市区试平均产量 460.5 千克/亩，比对照浙 733 增 8.19%，增产达显著水平；1999 年金华市区试，平均产量 449 千克/亩，比浙 733 增产 14.25%，增产达极显著。生产试验平均产量 415 千克/亩，比浙 733 增产 4.61%。

2. 特征特性 金早 47 属迟熟早籼品种，对温度反应较敏感，全生育期为 105.3～114.4 天，平均为 109.9 天，比浙 733 平均为 109.4 天长 0.5 天。该品种株高 82 厘米，分蘖力中等，株型较紧凑，叶色较深，剑叶挺直，茎秆粗壮，耐肥抗倒，穗大粒密，谷粒椭圆，有效穗 20 万～22 万/亩，每穗实粒数 99.2 粒，结实率 80%，千粒重 25.0 克。苗期较耐寒，后期又较耐高温，抗稻瘟病，中抗细条病，感白叶枯病、恶苗病和褐稻虱。金早 47 谷粒椭圆，长宽比为 2.0，出米率高，直链淀粉、蛋白质含量较高，属中质米，适宜加工红曲、粉干、味精等制品、储备及饲料用粮。据农业部稻米及制品质量监测中心米质分析结果，其糙米率为 80.4%，精米率为 72.4%，整精米率 60.4%，碱消值 6.5，直链淀粉含量 21.5%，蛋白质含量为 10.9%。

（二）主要栽培技术

1. 适时播种，培育壮秧 金早 47 幼苗期较易感染恶苗病，其种子须用 80% "402" 可湿性粉剂 2 000 倍液或 10% 浸种灵可湿性粉剂 5 000 倍液浸种杀菌 36～48 小时，以防恶苗病的发生。作绿肥田早稻栽培宜在 3 月底 4 月初播种，采用塑料薄膜覆盖或温室塑盘育秧，秧龄 20～30 天，若旱育秧，可适当提前播种；作油（麦）田早稻，宜在 4 月 10 日左右播种，秧田播种量 35～40 千克/亩，秧龄 25～30 天，育成带蘖壮秧；作直播栽培，宜在 4 月 5 日～10 日播种，直播田用种量 4～5 千克/亩。

2. 合理密植，增丛增穗 宜于 4 月中下旬抛秧、移栽。插秧密度 16.5 厘米×20 厘米为宜，亩插 2 万丛，每丛 4～6 本；抛秧栽培应抛足 10 万～12 万/亩落田苗。

3. 合理施肥，早管促早发 一般总用量折纯氮 14 千克/亩，并配施磷、钾肥，做到基肥足、蘖肥早、穗肥巧，以达到前期促蘖争足穗、中期壮株孕大穗、后期保粒重。

4. 加强水浆管理 前期浅水灌溉促分蘖早发；中期适时适度搁烤田。抛秧、直播田块，应挖通丰产沟，采取多次搁烤田，控制群体，提高成穗率，严防倒伏；后期干干湿湿，养根保叶壮籽，防止断水过早引起早衰。

5. 做好病虫草害防治工作 切实做好恶苗病和白叶枯病的防治，及时做好二化螟、稻纵卷叶螟、纹枯病、穗颈瘟等防治及杂草的防除工作。成熟后适时收割晒干，确保丰产丰收。

二、杭 959

杭 959 是杭州市农科所用杭 8820 与早粳 4 号杂交，经多代选育而成的中熟早籼稻品种。自 1995 年定型后进入各级区试和多点示范。通过试种,该品系表现株型紧凑、分蘖力强,后期青秆黄熟,产量高,适应性广。2000 年 4 月通过省品审会审定(浙品审字第 204 号)。

(一)特征特性

1. 产量表现 1997 年杭州市区试,平均单产 411.6 千克/亩,比对照浙 852 增产 10.9%,比舟 903 增产 7.2%;1998 年杭州市区试平均单产 443.9 千克/亩,比对照嘉青 293 增产 7.1%。1998—1999 年金华市区试单产 431.0~438.5 千克/亩,比对照浙 733 增产 2.0%~11.5%。1999 年杭州市生产试验单产 321.6 千克/亩,比对照嘉青 293 增产 3.6%。

2. 主要特性特征 全生育期平均 107.5 天,比浙 852 迟 1~2 天,属中熟偏迟类型。株高 76~80 厘米,分蘖力强,株型紧凑,生长繁茂,后期青秆黄熟。亩有效穗 27.7 万,每穗实粒数 78.6 粒,结实率 85.0%,千粒重 24.0 克;粒型较圆而出米率高,蛋白质和直链淀粉含量高,适合作米粉干、味精、红曲、营养米粉等加工及作饲料用粮。茎秆粗壮,耐肥抗倒,较适宜作抛秧或直播栽培。抗性方面,中抗稻瘟病,感白叶枯病。

(二)主要栽培技术

1. 适时播种 且做到稀播,培育带蘖壮秧,是充分发挥杭 959 产量优势的基础。宜在 3 月底 4 月初播种,采用地膜覆盖或采用旱育秧,适当降低秧田播种量,水田地膜播种量一般每亩不超过 40 千克,秧龄掌握在 30 天左右,采用旱育秧的可提早成熟,有利于后季稻的增产。

2. 匀株密植 每亩一般插 2 万丛,基本苗控制在 12 万株,最高苗数 30~35 万,有效穗达到 25 万左右,充分发挥个体优势有利增产。

3. 合理施肥 每亩总用肥应掌握在折纯氮 15 千克左右。施肥原则为：施足基肥（应以有机肥为主），早施、足施苗肥，达到早起早发；中期控制氮肥施用量，配施磷钾肥；后期看苗施用穗肥，控制无效分蘖，提高分蘖成穗率。

4. 抓好水浆管理 前期应浅水促分蘖，多次露田，苗数够时搁田，后期干干湿湿，提高根系活力，避免断水过早，提高穗茎部籽粒充实度。

5. 病虫草害综合防治 杭 959 生长繁茂，应注意防治螟虫及稻纵卷叶虫，及时施用除草剂，后期苗势过旺应预防稻瘟病的发生。

三、嘉育 253

嘉育 253 由嘉兴市农科院和余姚市种子站合作选育的中熟早籼品种。2005 年通过浙江省品审会审定（浙审稻 2005024）。该品种熟期适中，秧龄弹性大，适应范围广。同时茎秆粗壮，耐肥抗倒，既可作手插，也可作直播等轻型栽培。

（一）特征特性

1. 产量表现 2002 年省"9410"联合品比试验，产量为 429.73 千克/亩，比对照嘉育 293 增产 10.68％，增产达极显著水平；2003 年、2004 年浙江省区试，产量 505.06 千克/亩和 495.6 千克/亩，比对照嘉育 293 分别增产 8.5％和 8.1％，达显著水平和极显著水平，均名列区试品种首位；2005 年省生产试验产量 505.7 千克/亩，比对照嘉育 293 增产 5.9％。

2. 主要特征特性 嘉育 253 全生育期 110 天左右，比对照嘉育 280 迟 2～3 天，属中熟品种。该品种苗期耐寒性较强，秧龄弹性大，生长旺盛，株形紧凑，叶色深绿，叶片长而挺直，株高 84.3 厘米；茎秆粗壮，耐肥抗倒，田间穗层整齐，后期转色好。手插栽培每亩有效穗 20 万左右，直播、抛秧可达到 25 万左右，成穗率 74.9％，穗长 17.8 厘米；每穗总粒数 141.2 粒，结实率 75.2％；千粒重 26.0 克，粒形短。抗性方面，经省农科院植微所鉴定，叶瘟平均 1.5 级，穗瘟平均 2.9 级，稻瘟病抗性明显优于对照嘉育 293；白叶枯病抗性为 7.0 级。米质方面，嘉育 253 米粒短圆，属高直链淀粉含量的优质加工、贮运专用早籼品种。经农业部稻米及制品质检中心测定，嘉育 253 平均糙米率 80.7％，精米率 73.8％，整精米率 43.7％，粒长 5.7 毫米，长宽比 2.2，透明度 3 级，糊化温度（碱消值）5.1 级，胶稠度 80.3 毫米，直链淀粉含量 26.3％，高于对照 1.0 个百分点（嘉育 293 为 25.3％）。

（二）主要栽培技术

1. 适当早播 根据嘉育 253 苗期耐寒性相对较好和目前早稻大多采用薄膜搭架、盲籽播种的习惯，手插、抛秧播期可提早到 3 月底 4 月初。盲籽播种应做到秧板软硬适中，落谷后千万不要塌谷，以防缺氧、烂种不出苗。亩用种量手插、直播 4～5 千克，抛栽 6 千克。秧龄手插 30～35 天，抛栽 25～30 天。

2. 匀株密植 嘉育 253 穗形大，分蘖中等，争穗是高产的关键。手插栽培选用 15 厘米×16.5 厘米的密植规格，每亩应插足 10 万左右基本苗，争取亩有效穗达 20 万左右，抛秧、直播达到 25 万左右。

3. 合理施肥 施肥上：应坚持基肥为主，早施追肥、增施磷钾肥、看苗补施穗肥的方法。防止后期施用氮肥过多，导致贪青、迟熟甚至倒伏的危险。一般要求每亩基肥碳氨 40～50 千克、磷肥 25 千克。栽后 7～10 天每亩施尿素 10 千克、钾肥 5 千克，以后看土壤肥力、苗色、气候酌情施用穗肥。

4. 科学管水 前期的水浆管理与同类品种相仿。但要注意的是：嘉育 253 株型相对高大、繁茂，其蒸腾作用较强，灌浆时间长，同时穗型大，因而后期务必保持湿润灌溉，切忌断水过早，以促进基部籽粒灌浆饱满。

5. 防好病虫 在稻瘟病常发的地区栽培或后期贪青田块仍应注意稻瘟病、白叶枯病的防治。具体病虫防治应根据当地农技部门的病虫情报。

四、温220

温220系温州市农科院浙南水稻育种中心于1997年早季选用温95凡3与食用优质高产品种加育948杂交 F_3 代的优良单株作母本，以食用优质抗病品种中丝2号作父本，进行配组，经过3年6代的连续定向选择，于1999年晚季测产定型，2003年9月通过浙江省品种委员会审定（浙审稻2004025）。

（一）特征特性

1. 产量表现 2000年参加温州市联合品比试验，温州农科所产量437.5千克/亩，比对照浙733增产16.67%；乐清农科所产量438.3千克/亩，比对照浙733增产16.52%；2001年参加金华市区试，平均产量469.6千克/亩，居迟熟组第一位，比对照浙733增产12.86%，差异达极显著水平；2002年金华市区试，平均产量398千克/亩，比对照浙733增产2千克；2003年金华市区试，平均产量433.0千克/亩，比对照增产22.0千克，增产5.35%，差异达极显著水平。三年平均产量433.5千克/亩，比对照增产6.24%；2003年参加金华市生产试验，平均产量383.0千克/亩，比对照增产1.3千克，增0.34%。2003年金华市婺城区长山乡早籼新品种示范方大区对比试验结果，平均亩产444.13千克，比对照浙733平均亩产358.32千克，增23.95%。

2. 主要特征特性 温220在全生育期平均113天，比对照浙733长1天左右,比对照中丝2号早1～2天。温220株高83厘米左右,株型松紧适中,叶片较长且挺,分蘖中等,后期转色好。亩有效穗20.0万～23.8万穗,每穗实粒数80.5～90.5粒,结实率79.0%左右,千粒重23.7克左右。该品系中抗稻瘟病,感白叶枯病。与对照浙733比较,对稻瘟病的抗性优于对照,白叶枯病的抗性差于对照。穗型大,叶片较长、软,抗倒性中等。温220的糙米率为78.9%,精米率为69.5%,整精米率为39.2%,垩白米率为21%,垩白度为4%,透明度2级,糊化温度为6.2级,胶稠度为84毫米,直链淀粉含量为15.2%,蛋白质含量为9.8%。依据NY20—1986《优质稻米》标准,其中粒长、长宽比、糊化温度、蛋白质含量符合一级规定,垩白度、透明度、直链淀粉含量符合二级规定。食味较好,适口性佳,软而不黏。

(二) 主要栽培技术

1. 做好种子消毒,适时播种 播前种子用浸种灵或其他药剂浸种48小时消毒。育秧移栽一般于3月底播种,稀播,每亩秧田用种量40～50千克,大田每亩用种量4～5千克左右,秧龄25～30天,培育4～5片叶的壮秧。直播栽培大田用种量为5千克左右。

2. 直播搞好除草,防草荒 播种前进行封杀一次,即用丁草胺进行除草,转青露尖时亩用60克直播净除草一次。移栽田插植密度宜株行距20厘米×17.6厘米。肥田每丛插秧本数4～6本,中低肥力田每丛插秧本数5～7本。

3. 合理肥水管理 温220需肥水平中等,不宜高肥。施肥要做到基肥与追肥合理分配,严格控制氮素肥料总量,防止施氮肥过多,引起后期禾苗倒伏或贪青诱发病虫害,造成减产。前期浅水灌溉促分蘖,孕穗至抽穗期田间应保持浅水层,后期干湿交替。直播田基肥一般亩用复合肥25千克;早施追肥,看苗适施穗肥。

4. 及时防治病虫害 温 220 在金华、温州地区作早稻栽培中未发现稻瘟病和白叶枯病，纹枯病较轻，但在稻瘟病、白叶枯病疫区接种，表现中抗稻瘟病，感白叶枯病。因此，种子要严格消毒，及时预防稻瘟病和白叶枯病，以及其他病虫害，确保其丰产丰收。

5. 适时收割，注意轻晒 温 220 为优质稻，应适时收割。一般在稻穗枝梗变黄，成熟度达 90％ 时收割。在早季晒谷时，采取轻晒，切忌在水泥坪上暴晒，以免影响米质。

五、温 305

温 305 是温州市农科院浙南水稻育种中心以引进的光叶稻资源早籼 436 为母本，以高产抗病早籼金早 47 为父本杂交选育而成。该品种于 2002 年定型，2003 年参加温州、乐清两点联合鉴定及金华市区域试验，2004 年参加金华市区域试验，2005 年参加金华市生产试验，2006 年 10 月通过浙江省品种委员会审定（浙审稻 2006025）。

（一）特征特性

1. 产量表现 2003 年参加金华市区试，平均产量 423.5 千克/亩，比对照加育 948 增 17.2 千克，增 4.23％，差异达显著水平；2004 年参加金华市区试，平均产量 443.0 千克/亩，比对照加育 948 增产 16.5 千克，增 3.89％，差异达极显著水平。2005 年参加金华市生产试验，平均产量 468.0 千克/亩，比对照加育 948 增产 7.51％。2004 年平阳县种田大户协会早稻新品种示范，产量 486.5 千克/亩，比对照浙 733 增产 4.29％。

2. 主要特征特性 温 305 全生育期 109.9 天，比对照嘉育 948 长 0.5 天。分蘖中等偏弱，穗型较大，谷粒圆形，着粒密，茎秆粗壮，后期转色好。每亩有效穗 19.2 万，株高 80.4 厘米，穗长 18.0 厘米，每穗总粒数 137.9 粒，实粒数 113.0 粒，结实率 81.9%，千粒重 24.8 克。据浙江省农科院抗性鉴定结果：叶瘟平均 0 级。整精米率 57.1%，直链淀粉含量 25.1%。

（二）栽培技术要点

1. 适时播种，壮育壮秧 3 月底 4 月初播种，浸种时种子必须用 80% "402" 可湿性粉剂 2 000 倍液或 5% 施保克乳剂 3 000～4 000 倍液消毒，以防恶苗病的发生。每亩秧田播种宜 40～50 千克，秧龄 25～30 天，育 4～5 片叶的壮秧，大田每亩用种量 4 千克左右。

2. 合理密植，争取多穗 温 305 的分蘖属中等偏弱，要求适当密植，插足基本苗，株行距 20 厘米×17.6 厘米或 20 厘米×20 厘米，肥田每丛插秧本数 3～4 本，中低肥力田每丛插秧本数 4～5 本。每亩插足基本苗 9.5 万～10 万，亩有效穗要求达到 19.6 万～21.5 万。

3. 科学肥水管理，调控群体结构 该品种耐肥力较好，每亩可施用纯氮 12 千克左右。基肥应占 60%～70%。够苗时要及时排水晒田，控制无效分蘖，提高成穗率。孕穗至灌浆期复水并施钾肥，灌浆中后期到成熟期实行干干湿湿，防止断水过早。同时及时抓好防治病虫害工作，确保丰产丰收。

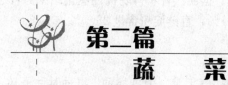

第二篇
蔬　菜

第一节　大棚番茄栽培技术

番茄是我国主要设施栽培作物。由于南方夏季炎热多暴雨、冬季寒冷日照少，设施番茄通常采用一年二茬栽培的方式，采收期集中，市场供应期短。国外温室设备条件比较好，番茄种植常用采用一次播种、种植采收10个月以上的长季节栽培模式，番茄品种产量高，耐贮运。近年来，随着我国大棚设施保温与加温条件改善，部分地区逐步推广长季节栽培番茄。

一、栽培季节安排

浙南大棚越冬栽培适宜播种期在7月下旬至8月初，作为水稻后茬的大棚早春栽培适宜播种期在9月上中旬；番茄植株可一直采收到次年6月中旬左右结束。

二、大棚设施要求

目前生产上大棚设施类型种类很多，有原来最初的6米标准大棚和现在推广的7～8米棚，还有竹木结构的连栋塑料大棚和其他形式的单体大棚等等，基本上都能适应。但长季节番茄的生长时间长，植株爬的高，应该以棚宽8米以上的单体或连栋为好，并适当提高棚体高度，不仅棚体保温效果较好，而且有利多层薄膜覆盖和植株引蔓，让番茄结更多的果实才能实现高产。

三、品种选择

根据近年来对引进国外长季节番茄品种试验，以色列的189、516，法国的托马雷斯，美国4号等比较适合，生产上应用面积也较大。

四、播种育苗

1. 播种时间 浙南大棚越冬栽培适宜播种期在7月下旬至8月初，作为水稻后茬的大棚早春栽培适宜播种期在9月上中旬。

2. 种子处理 为减少苗期病害发生，可采用药剂浸种和温烫浸种处理。用30％代森铵200倍液或高锰酸钾1 000倍液浸泡1小时，将种子捞出放入清水中清洗干净。也可用25％多菌灵300倍液浸种半小时，后用清水冲洗干净。或将种子放入盆内，用清水先浸1小时左右，水量以淹没种子2～3倍为宜。再在55℃热水中浸泡15分钟，在常温下种子用清水浸泡6～8小时后捞出，即可播种。包衣种子不需浸种。

3. 播种育苗 播种前先准备好苗床。苗床土制作方法是先将发酵好的优质有机肥晒干碾细过筛，然后用已过筛的园土（即未种过茄子、番茄、辣椒、马铃薯的田土）按园土3份、有机肥1份的比例拌好，每立方米苗床土中加入过磷酸钙1千克，草木灰5～10千克，三元复合肥2千克，50％的甲基托布津或50％多菌灵80克拌匀，铺撒于已整理好的苗床。苗床一般长6米，宽1.2米，畦高出地面20厘米以上。或简单的就用细火泥灰在苗床上铺一层。播前一天苗床浇透水。因种子被水浸湿后粘在一起，直接撒播不易播的均匀，可用细沙拌匀后均匀地撒播在苗床上，一般每 10 克种子需播 3 米² 左右。然后薄覆细土 1 厘米，即在苗床上看不见种子，否则以后出的苗将种子壳带出土层，两片子叶被种子壳夹住形成"戴帽"苗。在覆土上再用喷雾器喷洒一遍多菌灵，盖好地膜，搭好小拱棚。

五、苗期管理

番茄出苗前一般不揭膜放风，使床温保持在 25～28℃，70％出苗后，去掉地膜。夏季育苗，需要防止雷阵雨冲刷幼小的秧苗，因此在出苗后搭小拱棚，所盖的薄膜窄小些，盖在顶部中央挡雨，下部两边露出通风，阳光过强时用遮阳网适当遮阳。

番茄育苗期管理，主要是调节好苗床温、湿度。

1. 温度管理　出苗前以保温为主，不放风或放小风，白天 25～30℃，夜间保持 15～20℃，促使早发芽。在每天中午前及时检查棚内的温度，发现温度过高及时盖上遮阳网和四周放风。出苗后白天 20～25℃，夜间 12～15℃，防止"高脚苗"，并且保证充足的光照。

2. 湿度管理　播种后至幼苗移栽前一般不浇水，当苗床过于干旱时，需及时浇水，一般于上午 10 时前淋水最好，并及时喷洒 50％多菌灵 500 倍液防幼苗猝倒病和立枯病。

3. 移苗假植　幼苗在 2～3 片真叶时将苗移入营养钵。移苗床做成凹陷状，床面下陷 10 厘米，床内宽 1.2 米。营养钵选直径 8～10 厘米，钵土制作方法同苗床土。早春栽培的选晴天的上午进行，移植后营养钵入床摆放要紧凑。

移苗后浇透水，盖上小拱棚薄膜密封 2～3 天，待叶片清晨有露水出现时，表示已缓苗，可以掀膜通风。番茄缓苗后，苗床要注意通风换气，风口由小到大，时间由短到长。此时，苗床内白天温度可控制在 25～30℃，夜间 15℃，以促进花芽分化，减少畸型花。移苗后至定植前的苗床管理，主要是充分利用阳光，增强光合作用，控制苗床湿度、温度，对幼苗进行定植前锻炼，培育壮苗，增强幼苗抗性。一般情况下，在定植前7~10天，白天应逐渐揭开拱棚膜，将温度降至白天20℃左右，夜间10℃进行低温炼苗。

培育适龄壮苗是取得高产的重要环节。番茄壮苗指标是株高20~25厘米，节间短，茎叶粗壮，7~8片叶，第一花序现大蕾，叶片肥厚，叶色浓绿，根系发达须根多，植株未遭病虫害，苗龄50~60天。

六、适时定苗，促壮苗早发

1. 整地施肥 长季节番茄生长期长，要施足基肥，配方施肥能为番茄高产打下基础，番茄对氮、钾肥的需求量较多，同时也需要适量磷肥。肥料足，坐果率高，果实长得大，空洞果较少，可实现高产优质。据试验，亩产5 000千克番茄需从土壤中吸收氮肥10~17千克，磷肥5千克左右，钾肥23~26千克，而番茄对氮和钾的吸收率为40%~50%，对磷的吸收率为20%左右。因此，肥料相互按比例配合，才会创高产，以有机肥为主，氮、磷、钾配合，施足底肥。规格为8米×50米的大棚用6~8米^{3}充分腐熟的鸡粪左右，并撒入尿素50千克，硝酸钾50千克，钙镁磷肥250千克或者活性钙100千克，硫酸镁1.5千克，并把这些肥料翻入表层20厘米的土壤内，然后将地翻耕耙细搂平，做畦盖地膜。

2. 高温闷棚 在定植前，盖好棚膜，并将大棚封闭，连续闷3~4个晴天，一般晴天能达到50~60℃，能起到很好的消毒作用。

3. 适时定植 定植时，在1.5米宽的畦上双行种植，株距为35~40厘米，亩保苗1 800~2 000株。将苗栽入定植穴中，完成后立即浇足浇透缓苗水，并用泥土封住种植穴，防止地膜内的热气或杂草从种植穴跑出。

七、田间管理

（一）温度管理

刚定植到缓苗前温度要略高，一般为 26～28℃为宜，缓苗后略低，一般 24～26℃，晚上 15℃左右，开花结果期白天 25～27℃，夜间 13～15℃为宜。若因温度过高出现徒长时，可用 1 000毫克/千克的助壮素或 500 倍液矮壮素调控。一般视生长情况喷 1～2 次。

（二）水肥管理

由于地膜有保水作用，定植后除干旱外，要严格控制浇水，进行控苗，促使体内物质积累，以利于根系生长和第一穗果坐果。追肥要根据番茄生长情况和基肥施用量来决定，番茄生长势弱，追肥可在坐果后适当早施；基肥施用量多，可适当迟些待第二穗果坐住后追施。一般在当第一穗果鸡蛋大小时，开始追肥，每亩施三元复合肥 10 千克，以后逐渐增加，到盛果期时每亩施三元复合肥 15 千克。平时结合喷药用 0.2%磷酸二氢钾进行叶面喷施。

（三）整枝引蔓

定植缓苗后番茄生长迅速，应及时进行单干整枝和引蔓上架。大棚越冬栽培选用的品种多为国外的无限生长类型，这些品种大多采用单干整枝法，即让主茎无限生长，把所有侧枝及时去掉，以利养分集中供果。为了让无限生长品种在普通大棚内尽量多长多结果，目前主要采用斜蔓吊蔓法：在同一行的每两棵植株中间插一直立竹竿，另一行也对称插竹竿，竹竿高度可根据大棚高度而定，直立竹竿之间再用横竿或细绳连接固定成人字架，然后在离畦面 40～50 厘米处，用细绳与地面平行地绕在竹竿上，将蔓向上直立绑在绳子上，形成第一个吊蔓点，以后使每株番茄蔓沿相同方向，与地面成 45°夹角绑在竹竿上，逐渐斜向向上伸展（图 2-1）。这样可以满足长季节番茄茎蔓生长，同时第一穗果也不会碰到土面，影响商品性。

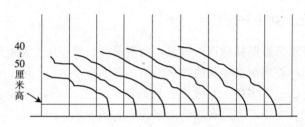

40
～
50
厘米
高

图 2-1 斜蔓绑吊方法

番茄整枝除了摘除侧枝外，还包括摘叶、疏果。

1. 摘叶 番茄果实长到所要求的大小时，摘除该档果实以下叶片，如 500 克 3 个的番茄最好卖时，我们等番茄有 150～200 克时，将这穗番茄以下的叶子全部摘除，不让它再长大，只等转红。生长后期，还应及时摘除病叶，以利通风、减少病虫为害。

2. 疏果 根据品种不同，每档果不能坐多少果，长多少果，如果坐果太多，每个番茄都长不大，一般第一档果留 4～5 个，以后每档留 3～4 个。另外，对病果、畸形果、裂果要尽早摘掉，以免白白消耗掉养分。

（四）保花保果

番茄植株在 20～28℃时，于上午 9～10 时，通过振动支架或摇动花序进行人工辅助授粉。在温度过低或过高不能自然坐果时，通常用 10～20 毫克/千克浓度的 2,4-D 点花或是 20～40 毫克/千克的防落素喷花，低温时浓度宜高，高温时浓度宜低。使用 2,4-D 或防落素均只能用一次，所以 2,4-D 要掺入颜料作记号，而且不能点或喷到嫩茎和心叶上。

花萼张开到花瓣开放均可点花，为了使每档果实结果后大小一致，不能一次点一朵花，而是待 2～3 朵花开时一起点，或去掉开得太早的第一朵花，使后面的花整齐地开放。

（五）病虫害的防治

长季节番茄品种抗性较强，对灰霉病、早疫病、晚疫病、病毒病、叶霉病都有极强的抗病力。一般在整个生长期隔 7～10 天用杀毒矾、雷多粉、万霉灵、扑海因、病毒 A 等，一般杀菌剂交替配合施用，即可有效防治多种病害的发生。

八、采　　收

番茄从开花到果实成熟所需天数因品种和环境条件而异，气温低，生长发育和着色缓慢。早春栽培，3～4 月气温低，果实发育着色慢，需 60 天以上；5～6 月温度适宜只需 50 天左右；7～8 月温度高，40 天左右即可采收。

根据所销售的市场远近决定番茄采收的果实转色程度，远销的番茄在果实脐部有些转红时就可采摘，等运到菜场时刚好全部转红；销往当地市场的，要在果实全部转红后采摘，否则半青半红的番茄销不出去。采摘番茄时要用剪刀将番茄果柄剪掉，以免番茄在堆积、运输过程中，相互戳破，影响番茄的商品性。

采收后的番茄在销售前要经过分级挑选，不能大的小的、红的青的混在一起，每箱或每批销售时要大小一致、转色相似，才能卖价提高，否则会被压价，而且难卖。

第二节 大棚茄子栽培技术

一、品种选择

茄子的品种有很多,按照果实形状来分有圆球形、扁圆形、卵圆形和长条形等;按照果实形状来分有紫色、紫黑色、绿色和白色等。

按照温州本地的消费习惯,市场的需求以及对大棚生长环境的适应性,杭茄1号由于其早熟丰产、耐寒性强、品质优等特性,是当前栽培最广的紫长茄子良种。

二、地块选择

选地势平坦,排灌方便,土层深厚,土壤肥力较高,近3年内未种过番茄、茄子、辣椒、马铃薯作物,或已进行水旱轮作的地块。

三、播种育苗

1. 播种期 以9月上中旬播种为宜。

2. 播种量 每亩大田用种量约25克,每平方米苗床播种量为4~5克。

3. 种子处理 一般多采用温汤浸种:将种子放入盆内,用清水先浸1小时左右,水量以淹没种子2~3倍为宜。再在55℃热水中浸泡15分钟,在常温下种子用清水浸泡6~8小时后捞出,即可播种。也可以用药剂处理:可选用50%多菌灵1 000倍液或40%甲醛100倍液浸种10分钟。

4. 营养土配制 用近3年以上未种过番茄、茄子、辣椒、马铃薯作物的肥沃无病园土,每1 000千克床土施用50千克钙镁磷肥，浇入 20％充分腐熟的人粪尿，均匀铺于播种床上，撒上过筛的焦泥灰。

5. 催芽 处理后的种子洗净，捞出甩干，用湿纱布包好在 28～30℃ 的环境下催芽，种子"露白"时即可播种。

6. 播种 播种前一天，浇足浇透水，育苗床面撒上营养土。播种时用沙子均匀拌种，播后覆盖 0.5～1 厘米的营养土或药土，盖好薄膜。

7. 出苗 播后 7～8 天，当有 80％的种子顶破土层时，揭去覆盖物，让土壤水分保持在 80％左右。幼苗生长初期进行间苗 1～2 次，删去过密过弱的小苗。

8. 移苗 当幼苗到 2～4 片真叶时，移入营养钵或纸钵中，摆入苗床，苗距 10 厘米×10 厘米，浇透水。

9. 苗期管理 茄子育苗约 60 天左右，育苗后期气温逐渐下降，采用大棚加小拱棚保护地育苗为好。育苗期肥水管理要以控水控肥为原则，整个苗期要注意防止湿度过大。移苗水要浇足，移苗后适当控制水分，不旱不浇水，但注意在晴天上午浇水，浇后要通风。苗期气温尽量控制在白天 25～28℃、夜间 15～18℃；适宜地温 12～15℃。

10. 炼苗 定植前 5～7 天开始炼苗，白天 18～20℃，夜间 10～12℃，适当控制浇水。

11. 壮苗标准 苗矮壮叶挺，叶色绿紫色，无病虫害，茎短粗在 0.6～0.8 厘米，须根多而白，第一朵花现蕾。

四、定 植

在定植前，将土地翻耕晒白，增加肥力。由于茄子单株产量高，需肥量大，定植前需施足基肥，每亩施腐熟有机肥 3 000 千克（或饼肥 240 千克）、复合肥 50 千克、过磷酸钙 50 千克。

一般 6 米×30 米大棚整成 4 畦，畦宽 1.2 米，沟宽 30～40

厘米，畦中间开沟深施基肥并盖好地膜。每畦种 2 行，株距宜 40 厘米，每亩地种 1 600 株左右。茄子适宜在晴暖天气定植，定植好后浇定根水，再用泥土将定植穴封好。

五、田间管理

1. 保温防寒　保温防寒是夺取早春茄子高产的关键措施。宜采用大棚＋小棚＋地膜覆盖栽培，寒冷季节，还应在小棚上用二层膜加盖草片等保温材料。生长前期重点做好保温防寒工作，立春后既要避免冻害，又要防止高温对茄子生长的影响，促控结合。生育期棚温保持在白天 25～28℃、夜间 15℃左右。

2. 通风透光　这是调节棚温、降低湿度和补充二氧化碳气体成分的重要措施。天气晴好时要天天揭膜通风，日揭夜盖；遇阴雨天气，大棚内有小棚及其上加盖保温材料也要日揭夜盖，争取透光。大棚通风以在肩部揭膜通风为宜。

3. 肥水管理　追肥以氮肥为主，配合磷、钾肥，前期追肥宜轻，一般自定植到坐果之前不追肥，坐果后要加强追肥。一般亩施尿素 10 千克，每隔 10 天左右追施 1 次；结果盛期，需肥量增加，亩施尿素 15 千克，还应结合喷药喷施 0.2%～0.3%磷酸二氢钾。总之，施肥看土壤肥力、生长势等具体情况进行，如果基肥多，追肥次数、数量、间隔时间可以稀少些；如果生长势差，可多追些。灌水结合追肥进行，特别是结果期间需要大量水分，及时浇水，保持棚土湿润，同时浇水后要通风换气，防止棚内空气相对湿度过高。高温干旱应及时灌溉，如缺少水分，易发生脐腐病和红蜘蛛。

4. 保花保果　大棚栽培由于光照弱，营养不足，土壤干燥或过湿，温度过高过低，特别是夜间温度低于 15℃或高于 25℃，氮肥施用过多，植株徒长以及病虫害如灰霉病等因素，易引起落花落果。因此，有针对性地加强田间管理，改善肥水供应，通风透光和小气候等条件来防止落花落果的发生。在定植前后的低温阶段，采用植物生长调节剂进行保花保果，这是茄子早熟丰产的关键措施。实践证明防止茄子落花的生长调节剂主要有 2,4-D 和防落素。用 15～20 毫克/千克 2,4-D 点花或 30～50 毫克/千克防落素喷花，通常在花萼张开就可以开始点花。夜温超过 15℃后，不必用生长调节剂点花。在茄子开花的当天上午，配制 15～20 毫克/千克的 2,4-D 用毛笔涂抹花萼和花柄；或用 30～50 毫克/千克的防落素蘸花或喷花。

（1）点花时间　早上露水未干和晴天中午不点，其余时间均可。

（2）花的大小　从花萼张开到花瓣开放均可点花。

（3）点花位置　花蕾和近花蕾的花柄；涂花时严防药液与嫩茎叶接触，以免产生药害。使用生长调节剂保花保果只能一次，并掺入颜料作记号。

5. 植株调整　采用二权整枝，即只留主枝和第一档花下第一叶腋的侧枝，其余所有的侧枝均要适时摘除。杭茄 1 号杂交优势明显，枝叶生长较旺，要及时整枝打叶，尤其要除去老叶、黄叶、病叶，这样既可改善通风透光条件，又可使养分相对集中、果实着色快、膨大快、病害少、产量高。

（1）搭架　在整枝后采用小竹竿斜插搭架，采用小竹竿斜插搭架，架杆与植株主枝接触处用细绳捆绑，防倒。

（2）摘叶　封行后，及时摘去下部老叶、黄叶、病叶和植株中过密的内膛叶，植株生长旺盛期可多摘，当植株有徒长时还可通过摘叶来控制徒长；高温干旱，茎叶生长缓慢时应少摘。摘除的病、老、黄叶需远离田块深埋或烧毁，保持田园清洁。

（3）摘花　每档花序只留一朵最大的花，其余全部摘掉。

（4）摘果　及时摘除病果、畸形果、开裂果。

6. 病虫防治　主要病害是灰霉病，可用 5% 速克灵可湿性粉剂 1 500 倍液；或 75% 百菌清可湿性粉剂 600 倍液，每隔 7～10 天 1 次，连防 2～3 次。主要虫害是蚜虫、蓟马，可用 10% 好年

冬 1 000 倍液或 20％蚜克星乳油 800 倍液防治；对红蜘蛛可用
73％克螨特乳油 2 000 倍液防治。

六、采　　收

采收时宜掌握"时间稍早、果实稍嫩"的原则，一般开花后
18～25 天就可采收。具体看萼片与果实相连处的白色环状带的
宽窄变化而定，当茄子白色环带（茄眼）不明显，果实呈现紫红
且富光泽，手握柔软有黏着感时即可采收，宜在早上或傍晚采
摘。这样，不仅能早上市，品质嫩，增加早期产量和经济效益，
而且有利于后来各档幼果的生长，提高全期产量，一般亩产为
4 000～5 000 千克。茄子采收后应分级挑选，将笔直的、弯曲的
茄子分别包装销售。

第三节　大棚黄瓜栽培技术

一、栽培方式

利用大棚设施，黄瓜的主要栽培方式可分三种：

1. 秋延后栽培　7～8 月播种，20 天左右定植，11～12 月采
收结束。

2. 越冬栽培　10～11 月播种，25～30 天定植，4～5 月采收
结束。

3. 早春栽培　1～2 月播种，35～40 天定植，5～6 月采收结束。

二、品种选择

1. 刺瓜类

（1）温超 1 号　结瓜节位低，雌性强，生长势强，但易生白

粉病。

（2）津优系列　早熟、丰产、抗病性强，瓜把短，瓜皮深绿色，瘤显著，密生白刺，植株长势强。

2. 少刺类

（1）温州本地鱼肚白　瓜淡绿有白色条纹，刺稀少，适应当地消费习惯，但采收期短，产量低，易感病。

（2）超美特　本品种系杂交一代，是温州市农科院蔬菜所育成的最新品种。早熟、耐低温，利用强雌系育成，结瓜率高，长20～25厘米，横茎4～5厘米，单瓜重约200克，瓜皮淡绿色，光滑无棱，有稀少白刺，无瓜柄，质脆味甜，风味独特，商品性佳。

三、种子处理

将翻晒好的种子浸泡0.5～1小时，然后浸入55℃的温汤中不断搅拌保持15分钟，水量为种子的3～4倍，自然冷却后浸泡1～2小时。

四、播种育苗

（1）直播　用8厘米×8厘米或10厘米×10厘米的塑料钵装上火泥灰，在播种前一天把塑料钵浇透水。播种时每个塑料钵放一粒经过处理的种子，稍压一下，再放少许火泥灰把种子盖住，然后用薄膜覆盖。待大部分种子顶出土壤后拿掉薄膜。

（2）育苗　做一条1.2米宽高畦后将畦面耙平，撒上细火泥灰，在播种前一天浇透水。将处理过的种子用沙子或细火泥灰拌均后，均匀地撒播在苗床上，然后用细火泥灰覆一层0.5～1厘米，使所有种子被盖住，以免种子出土后种皮夹住子叶成为"戴帽"苗。盖上一层稀稀的稻草或遮阳网浇水，上面再铺薄膜。过2～3天大部分种子顶出土壤后拿掉薄膜、稻草、遮阳网。一般每平方米苗床播 10 克左右种子。

幼苗出土后要求白天 25℃左右，夜间 16℃左右。苗期经常保持床土湿润，浇水要选择晴天进行，可结合用 0.2％磷酸二氢钾＋0.2％尿素追肥，施后充分通风，促成壮苗。

用播种床育苗的黄瓜在子叶平展后即可移入塑料钵。塑料钵的准备工作同直播方法。移苗后至活棵前，适当高温高湿，苗床内保持 25～30℃，3～4 天后逐渐降温，白天控制在 20～25℃，夜间 14～16℃，以防徒长。

在秋延后栽培中，采取遮阳防雨措施，搭成小拱棚，上盖遮阳网，或旧塑料薄膜覆盖，用旧塑料膜的周围要卷起用竹竿压好，使塑料小拱棚四周空气流通。出苗后加强通风，防徒长。黄瓜苗期注意避免太阳暴晒和水浸泡，注意防病虫，培育壮苗。苗龄不宜过大，一般 15～20 天，2～3 片叶时即可定植。

五、定　植

(1) 定植时的壮苗标准　株高 15～18 厘米，5～6 片真叶，叶色浓绿，龙头舒展，茎粗 1 厘米，节间短，顶花带蕾。

(2) 深耕做畦，施足底肥，盖好薄膜。亩施有机肥 5 000 千克，过磷酸钙 30～40 千克，硫酸钾 20～25 千克。

(3) 每畦 2 行，株距 30～35 厘米，每亩 2 000～2 200 株。

(4) 种好后要浇定根水，用土封好种植穴。

六、田间管理

1. 温湿度管理　定植后要保持较高棚温，以利缓苗。缓苗后加强保温、防冻和通风、防热烧等措施。一般晴天时白天棚内气温达到 28～30℃时通风；阴天适当通风，保持温度 20℃左右，夜间棚温 15℃（不低于 10℃），大棚内小拱棚上的草帘等要早揭晚盖，以增加光照。一般小拱棚在搭架引蔓前拆去。在隆冬季节要采用多层覆盖方式。4月下旬揭掉大棚边膜，顶膜一直保留到采收结束。

2. 肥水管理 浇水施肥应视苗情、天气及土壤状况灵活掌握。结瓜初期进行第一次追肥，亩施尿素15千克或硝酸铵10千克、硫酸钾10千克或氯化钾10千克。盛瓜初期进行第二次追肥，亩尿素15千克或硝酸铵10千克、硫酸钾12千克或氯化钾10千克。盛瓜中期进行第三次追肥，亩尿素15千克或硝酸铵10千克。

3. 插架绑蔓及整枝 在苗长到30厘米以上或部分倒伏在畦面时，要给黄瓜搭架，可搭人字架或井字架。绑蔓最好在下午进行，并小心引蔓，以免折断主蔓。

黄瓜一般以主蔓结瓜为主，去掉所以的侧蔓。为了减少养分消耗，可及时除去卷须、雄花。在中后期为了通风透光，可将下部的黄叶、病叶摘除。

黄瓜的花可以单性结实，即雌花不需要花粉也能膨大，在定植后要注意秧苗尚小时，植株顶端有时会有小的黄瓜开始膨大，如果植株生长势强，这些小黄瓜并不影响植株生长时，可以保留；如果小黄瓜结住后，顶芽缩起来展不开，植株长不大，叶片小小的，这时要将顶端的小黄瓜摘除，因为这些小黄瓜已吸收了植株的全部养分，使植株生长受到影响。因此，在苗期，首先考虑的是如何使秧苗快快长大，在植株叶片长大，有一定的叶面积后，才考虑坐瓜。

黄瓜的主要病害有霜霉病、疫病、细菌性角斑病、白粉病。结合喷施药剂，严格控制病虫为害。

七、采　收

要采取各种技术措施，提早收获和增加早期产量，这对增加产值十分重要。根瓜要适时早采收，拖延采收会影响瓜秧生长和

第二条瓜的生长。

采收前期，正是黄瓜迅速生长阶段，为了促秧和防止瓜坠秧，要适度嫩收。进入采收盛期，植株相当茂盛，果实要长得大些再收获。采收后期，植株开始衰老，要根据植株上瓜条多少和大小，确定采收，瓜条多，有接班瓜的要早收；瓜条少，半大的接班瓜还未形成的，要适当推迟采收。

一般黄瓜从开花到采收约 12 天左右。

第四节　大棚丝瓜栽培技术

一、品种选择

丝瓜分有棱丝瓜、无棱丝瓜两类，温州地区一般选用无棱丝瓜，类型有白皮丝瓜和青皮丝瓜。

1. 白皮丝瓜　温州本地的青顶白肚丝瓜，又称天罗瓜。该品种系细花品种，果实皮色细腻、光滑，长度 40～50 厘米，果实棍棒状。在果实的梗端 6 厘米左右及花冠附近淡绿色，其余为乳白色，皮薄，纤维少，肉质柔嫩，不易粗老。

2. 青皮丝瓜　有上海香丝瓜，成都、长沙肉丝瓜等。

二、播种育苗

一般在 1 月中旬至 3 月上旬播种。前期气温较低可用电热丝育苗，在 3 月上旬播种，因气温已回升，不必使用电加温线，常采用营养土或营养钵育苗。播前把丝瓜种子放在 55℃ 温水中浸烫 30 分钟，搓掉黏稠物，捞起后再用清水浸 6～8 小时，然后晾干待播。

育苗一般多用塑料营养钵直播，也可做苗床撒播。用 8～10 厘米营养钵的每钵播 2 粒种子。播前先将营养钵浇透水，播后盖上 0.5 厘米厚的营养土，再浇一定量的水，盖上地膜，套好小拱棚。采用苗床撒播的，先做 1.2 米宽高畦，将畦面耙平覆盖一层细火泥灰，播前浇透水，把浸过的种子用沙子拌匀后，均匀地撒播到苗床上，并盖上 0.5～1 厘米厚的细火泥灰，以防种子出土后"戴帽"，再铺上薄膜保湿保温，以利种子尽快出苗。

播后 3～4 天内棚温白天保持 30～32℃，夜间 18～20℃。出苗后及时去掉地膜，齐苗后适当降低温度，白天保持 25℃ 左右，夜间 15～18℃。苗床撒播的苗在子叶展开后可以移到营养钵。秧苗最早有 2～3 片真叶时就可开始定植，根据当时的气候和大棚前后茬安排情况决定。定植前应加强炼苗。如果苗长势弱，可用 0.3%～0.5% 糖水叶面喷施，能迅速使叶色变浓，提高抗寒能力。

三、定　　植

1. 整地　前茬收获后，应翻耕晒白，结合翻耕整地，亩施腐熟有机肥 2 000～3 000 千克、人粪尿 1 500 千克，尿素 25 千克，过磷酸钙 50 千克。做成高畦后铺上地膜。

2. 定植　一般畦连沟宽 2 米，每畦种 2 行，株距为 1 米左右，每亩种 600～700 株。选晴天或冷空气过后定植。在盖有地膜的畦上用打洞器或移栽刀打洞或挖穴后定植，定植后浇定根水，并用细土封实定植孔。

四、田间管理

1. 温湿度管理

（1）温度　定植后要保持较高的温度，促使早缓苗、早发根，加快茎蔓生长。在开花结果前，适当降低温度，以防徒长而落花落瓜。开花结果后，以提高棚内温度为主。

（2）湿度　6 米标准棚空间小，丝瓜棚内生长比大田叶大茎粗，空气流动慢，通风透气对于大棚丝瓜更为重要。新鲜空气可促使雌花发育坐果，结果多且品质好。应该根据天气情况在保证棚内温度的前提下，尽量做到早开晚闭，多促进棚内空气流通。

2. 肥水管理 肥水管理是大棚丝瓜早熟高产的关键，原则是："前期以控为主，促控结合，保苗促花，提早开花结果；采收后肥水充足，苗壮促果保丰收。"定植成活后，可用适量的尿素进行追肥，以后随着秧苗的生长，每7～10天追肥1次。当开始结瓜后，要加大追肥量。

丝瓜耐潮湿，在干燥环境下纤维多且易老，商品性差，所以生长期间水分供应一定要充足，同时，要经常保持土壤湿润。

3. 搭架与整株 丝瓜需要搭架，大棚内一般搭平棚架，搭架后及时进行人工引蔓、绑蔓，采用栅栏式搭架，一圈圈向上引蔓，待果实采收后依次把老蔓往畦背上放（图2-2）。上棚前的侧枝一般要全部摘除，上棚后通常不再摘除。大棚丝瓜采用主蔓栽培法，只留主蔓，侧蔓都要打掉，避免侧蔓过多影响主蔓生长与结果，同时有利于通风透光。盛果期间，植株生长旺盛，叶片繁茂，影响通风透光，易造成落花落果，要适当打老叶、黄叶。幼瓜要垂挂在枝头上，才能长直，并注意不能让卷须、茎蔓缠绕幼瓜，使幼瓜生长受阻变成弯曲或留勒痕，影响商品性。如发现有畸形瓜要及时摘除。

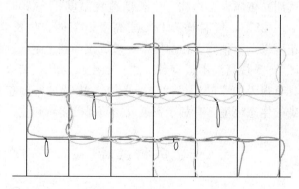

图2-2 丝瓜茎蔓上架示意图

4. 保花保果 丝瓜生长前期气温低，雄花少且花粉少，为了促进坐果，需要在清晨 6～8 时进行人工授粉，1 朵雄花可授 10 朵雌花。丝瓜雄花呈花序状生长，花朵大、数量多，除了授粉的雄花外，其余的雄花可全部摘除，减少雄花生长、开放消耗大量的养分。

5. 病虫害防治 为害丝瓜的主要虫害有小地老虎、红蜘蛛，可用敌百虫、克螨特等药剂防治。主要病害有白粉病、褐斑病、炭疽病、蔓枯病等，可用粉锈宁、代森锌、多菌灵、百菌清等药剂防治。

五、采　收

一般 5 月中旬可开始采收。丝瓜从雌花开放到采收为 10～12 天，当瓜柄光滑稍变色，茸毛减少及果皮手触之有柔软感而无光滑感时为采收适期。丝瓜每隔 1～2 天可采收一次，采收时间宜在早晨，要用剪刀在齐果柄处剪断。由于丝瓜果皮幼嫩，采收时须轻放忌压，以保证产品质量。

第五节　高山辣椒优质高效栽培新技术

辣（甜）椒属喜温作物，生长期适宜温度 17～30℃，最适宜温度 20～25℃，气温低于 17℃或高于 30℃时，生长势减弱，大量落花落果，各种病害相继侵染，造成减产甚至绝收。浙江省平原地区 7～8 月高温不适宜辣（甜）椒生长与开花结果，但高山地区具有得天独厚的环境优势，平均气温 22～25℃左右，且有无污染的生态环境，有利于发展反季节无公害辣椒生产。

一、品种选择

辣（甜）椒品种很多，可分为樱桃椒类、圆锥椒类、簇生椒类、长椒类、灯笼椒类；以其辣味的浓淡又分为甜辣椒和辛辣椒。高山辣（甜）椒选择优良品种的原则：耐热、抗病、适应性强、果实商品性好、耐贮运、优质、高产。

二、栽培地块选择

适宜地块是高山辣（甜）椒优质高产栽培的基本条件。要根据辣（甜）椒对适宜生长环境条件的要求选择栽培地块。

（1）选择适宜的海拔高度和地形　海拔 500～1 200 米高山地区均适宜栽培辣（甜）椒，最适宜栽培地区的海拔高度：辣椒 600～1 000 米，甜椒 750～1 000 米，并且以坐西朝东、坐北朝南和坐南朝北的方向为佳。

（2）选择适宜土壤　宜选择土层深厚、土壤肥沃、排水良好、2～3 年未种过茄科作物的旱地或水田，土质宜为沙质土或壤土。不宜选择冷水田或低湿地栽培。

三、适宜播种期选择

高山辣（甜）椒适宜播种期应根据辣（甜）椒生物学特性和种植地所处的海拔高度与地形等因子综合分析确定。海拔高的地区要早播，海拔低的地区可适当晚播。即海拔 800～1 000 米在 3 月下旬至 4 月初，海拔 400～500 米 4 月中旬。

四、培育壮苗

壮苗是获得高山辣（甜）椒优质高效高产的基础。苗床床土按 65％园土（稻田土）、25％腐熟栏肥、10％焦泥灰的比例，加入 0.2％钙镁磷肥均匀混合堆置筑畦。苗床浇水一定要充分浇透，然后用多菌灵、托布津等药剂进行床土消毒。苗床地要选择避风向阳、地势高燥、排水良好，2～3 年未种过茄科作物的地块。每亩大田需要种子约 25～40 克，需播种苗床 6～8 米²，移苗床 35～38 米²。

种子播前在太阳下晒 1～2 天，可提高种子的发芽势，使种子出芽一致。将种子浸 1～2 小时，放入 55℃温水中，不断搅拌，保持恒温 15 分钟，然后让水温降到 30℃后浸种 1 小时。将种子用纱布包好，催芽 4～5 天，当种子有 60%～70%露白时播种。

播种苗床先做成高畦，将畦面耙平，覆一层细焦泥灰，在播种前一天浇透水。将催好芽的种子用沙拌匀，均匀地撒播在苗床上，再用细焦泥灰将种子盖住。播种后随即覆盖地膜或稻草，搭建塑料小拱棚覆盖，夜间在小拱棚上加盖草帘；苗床内温度白天控制在 25～30℃，夜间 20℃左右，一般 4～5 天即可出苗；在苗出土后要及时揭去地膜或稻草，当辣椒苗出土后要视天气情况在小拱棚两头或中间卷膜通风降温，白天温度控制在 20～25℃，夜间 15～20℃，让苗见光、防止徒长。

当辣（甜）椒长到 2 叶 1 心时，选择晴天带土起苗，移栽到营养钵中，随即浇点根水，搭建塑料小拱棚覆盖，移苗后要闷棚 3～5 天，提高温度，促进早缓苗，白天温度控制在 20～25℃，夜间 15～20℃；待叶片在早晨挂露水时，可掀开薄膜通风透光降湿。在缓苗后白天要加强通风，降低苗床温度与湿度，防止高温伤苗，在雨天要进行薄膜覆盖，防止雨淋与受冻。在定植前一周开始要逐渐降温炼苗，并在定植前 2～3 天，晚上不盖薄膜。

苗期肥水管理要注意不宜勤浇水，防止苗床水分过多，引发病害，当营养钵或表土见白时，才可浇水。当苗缺肥时，可结合浇水，追施复合肥或喷施叶面肥。

五、定植地块的准备

要早翻和深翻地块，冬闲地块需在冬天翻耕，经冷冻暴晒改善土壤理化性状，提高土壤肥力。高山地区土壤一般偏酸性，pH5.0～5.5，而辣（甜）椒生长发育适宜土壤pH6.7～7.2。在高山辣（甜）椒栽培地块施石灰可中和土壤酸性，可减轻辣（甜）椒青枯病等土传病害的发生，同时可提高土壤肥效，补充土壤中钙的含量等，利于促进辣（甜）椒生长发育，提高产量和品质。因辣（甜）椒生长期长，根系发达，需肥量大，要求施足基肥。亩施有机肥2 500～3 000千克，复合肥30～40千克。做成畦宽（连沟）1.2米，畦面中间开沟施足基肥，然后覆土，畦面做成龟背形。

六、定 植

定植要选择晴天进行，选择健壮苗，带土带药定植。即在定植前，在苗床内进行一次病虫害药剂防治，浇湿苗床，便于带土起苗，减少根系损伤。做到合理密植，每畦栽2行，株距30～35厘米，亩栽3 000～3 500株，栽植深度不宜过深，子叶痕刚露出土面为宜，栽后随即用淡人粪尿作定根水，使幼苗根系与土壤密接，促进早缓苗。为了预防青枯病等细菌性病害发生为害，在浇定根肥水时，加入农用链霉素或新植霉素3 000倍液或77%可杀得可湿性粉剂500倍液一起浇入。

七、田间管理

1. 中耕除草 在定植后10～15天，选择晴天进行第一次较深中耕除草，但注意不要伤根系。在植株生长封垄前，进行第二次浅中耕除草。为避免伤根系，植株附近得杂草用手拔除，并清理沟中土，向植株茎部附近培土。

2. 畦面铺草 在梅雨季节过后，高温干旱来临前，或在第二次浅中耕除草后，畦面铺草。这是高山辣（甜）椒优质高产栽培有效技术措施。它具有降低地温，防雨淋冲刷土壤，保持土壤疏松，保肥、保湿，促进根系生长，压住杂草生长等作用。

3. 整枝搭架 辣（甜）椒第一花节（门椒）以下各叶节处均能发生侧枝，因而需要整枝。选择晴天，及时剪除第一花节（门椒）以下各侧枝，以利基部通风透光，并减少养分损耗，提高坐果率，促进果实发育。

高山地区风大，雨水多，植株容易倒伏，为了防止植株倒伏，除要用 50 厘米长的小竹竿在植株 10 厘米处插入土壤或在畦面的两侧用小竹竿搭成栅形支架外，还可以采取：

（1）清沟培土 在辣椒生长封行前，清除沟中的土，向辣椒植株基部培土。

（2）肥水管理 在辣椒营养生长期，适当控制肥水，少施速效性氮肥，增施磷钾肥，防止植株徒长与枝叶生长过旺。

4. 肥水管理 辣椒忌涝，雨后要及时排水，避免根系浸水后落叶。干旱时要及时浇水，若采用沟灌水时，要浅灌。

肥料以基肥为主，看苗追肥，追肥的原则为：前期轻施，结果期重施，少量多次。在定植后至第一个果实膨大时，结合中耕施追肥 2~3 次，每次每亩施 20%~30% 人粪尿 800~1 000 千克，或每次每亩施复合肥 10~12 千克。结果期每隔 10~15 天施追肥一次，每次每亩施复合肥 10~15 千克或尿素 8~10 千克。可结合病虫害防治加 0.2% 磷酸二氢钾或叶面肥一起喷雾作根外追肥。

辣椒从生育初期到果实采收期不断吸收氮肥，其产量与氮吸收量之间有直接关系。辣椒的辛辣味与氮肥用量有关，施用量多会降低辣味。供干制的辣椒，应适当控制氮肥，增加磷、钾肥比例。氮施用过量，营养生长过旺，造成枝叶繁茂大量落花，推迟结果，果实会因不能及时得到钙的供应而产生脐腐病。在初花期特别要节制氮肥，否则，植株徒长，生殖生长推迟。

随着植株不断生长，磷的吸收量不断增加。磷不足会引起落蕾、落花。磷是花芽发育良好与否的重要因素。

　　钾在辣椒生育初期吸收少,开始采摘果实后吸收增多。结果期如果土壤钾不足,叶片会表现缺钾症,发生落叶,坐果率低,产量不高。

八、采　　收

　　高山辣椒以采摘青椒为主,要及时采收。7～8 月高山地区温度适宜辣(甜)椒果实发育,因此辣(甜)椒每次采收时间间隔 1～2 天为好,利于提高鲜果品质,提高结果率和产量。每天采收时间在上午露水干后或傍晚时进行较好。辣椒采摘时不要拉伤植株,采收后放到阴凉处,防止太阳晒。及时分级包装,贮运过程要防止果实损伤,山区种植辣椒的地方往往道路状况不是很好,路途又远,为减少振动幅度和摩擦,应在装筐和装车时,增加衬垫缓冲物,每筐装载量不宜过多,每筐 15～20千克,上层与下层之间要设支撑物,防止上层的筐直接压在下层的辣椒上。有条件的话,可采用空调车运输。及时运往市场销售,不能惜价待售。

第六节　高山菜豆栽培技术

　　菜豆又名四季豆,是喜温蔬菜,幼苗生长发育适温为 18～20℃,花芽分化和开花结荚适温为 20～25℃;在 30～35℃ 的高温下,菜豆落花和落荚数增多。平原地区菜豆进行春、秋两季栽培,在高山地区可在平原夏季不能栽培的情况下,利用高山气候进行越夏反季节栽培,填补周年供应的空挡。

一、栽培地块选择

　　高山菜豆开花结荚期主要在 7 月上旬至 9 月下旬,为了满足高山菜豆生长发育对环境条件的要求，一般宜在海拔 500～1 200米的地块种植，并以海拔 700～1 000 米的东坡、南坡、东南坡、东北坡朝向的地块种植较好。菜豆对土壤适应性较广，但不适在冷水田和重黏土地上生长。要选择土层深厚、有机质较多、疏松肥沃、pH 为 6.2～7.0、排灌良好、2～3 年内未种过豆科作物的沙质壤土或壤土。

二、适时播种期选择

高山菜豆夏季播种生长发育速度快，从播种到采收约 50～55 天，采收期约 40～60 天，供应市场时间主要为 7 月上旬至 10月初，因此，海拔高度变化在 450～1 000 米的高山菜豆播种期安排在 4 月上旬至 7 月上旬，其中适宜播种期为 5 月下旬至 7 月上旬，最适宜时播种期为 6 月中旬至 7 月初。对海拔高的地块，可适当提早播种；对海拔 400～500 米的低山地区宜在 6 月下旬至 7 月上旬播种，或者 3 月下旬至 4 月上旬播种，可在 6 月下旬至 8 月上旬供应市场。对某些具有规模的高山菜豆生产基地或种植大户，应在适宜播种期内分批播种，利于均衡采摘上市，获取较好的经济效益。

三、优良品种的选择

菜豆的品种多，按其生长习性可分为蔓性种、矮生种。高山菜豆栽培宜选择无限生长型的蔓性种，花自下而上陆续开放，生长期长，优质高产。目前蔓性菜豆的主要优良品种有：

1. 白花类型四季豆 白花，种皮为白色或黄褐色，品质优，耐热性较差。此类品种在高山地区宜选择在 6 月下旬至 7 月初播种或选择在海拔高度 800 米以上的地块种植。主要品种有：

（1）浙芸 1 号 花白色，花多，结荚率高，荚浓绿色，呈直圆棍形，荚长 17～18 厘米，纤维少，种皮白色，品质较佳，产量高。

（2）杭州白花四季豆（洋刀豆）　花白色，荚圆条形，稍弯，浅绿色，荚长 10～12 厘米，纤维少，肉厚脆嫩，种皮白色，鲜食加工兼用。

（3）春丰 4 号　花白色，嫩荚近圆形，稍弯曲，绿色，荚长 18～20 厘米，肉厚品质好，种皮黄褐色，粒大。还有杨白 303 等。

2. 紫红花类型四季豆　花为紫红色或红色，种皮颜色有黄褐色、棕色、黑色，荚形有圆棍形或扁条形或近圆条形。该类品种耐热性和适应性较强。适宜高山栽培的主要品种有：

（1）黄褐色（或棕色）籽四季豆　花紫红色，荚形有圆条形或扁条形两种，荚长 15～20 厘米，绿色，品质较好，较耐热，在高山栽培结荚率高，畸形果少，商品性好，人们称它为高温架豆品种。

（2）黑籽四季豆　如上海长箕菜豆、宁波黑籽四季豆等。花紫红色，种皮黑色，嫩荚绿色，荚长 10～12 厘米，圆条形，抗病性较强，嫩荚肉厚纤维少，品质好，供鲜食。绍兴黑籽四季豆，嫩荚扁而直。还有经农家选育种植的黑籽四季豆，荚形圆条形，荚长 15～18 厘米，丰产性好。

四、精细整地与施足基肥

菜豆主侧根发达，要求早翻与深翻土地，并开深沟作高畦。一条连沟畦宽应是：水田为 1.5 米，旱地为 1.4～1.5 米。在畦中间开沟施腐熟栏肥 2 000～2 500 千克，复合肥料 30～40 千克，钙镁磷肥 30～50 千克等（山区土壤偏酸多，不宜施用过磷酸钙，以施用钙镁磷肥为好）。石灰在翻耕前撒施 50～70 千克，然后通过翻耕与泥土拌匀。

五、播　种

高山菜豆栽培一般选用粒大、饱满、无病虫的新种子直播，播前晒 1～2 天。若土壤干燥，播种穴先浇水后播种。每畦种 2 行，穴距为 28～33 厘米，每穴播 3 粒种子，亩用种量 3.0～4.0 千克，并准备部分"后备苗"，用于补缺苗。一般播后 3～4 天出苗。高山菜豆推广应用地膜覆盖技术，具有防雨淋、保持土壤疏松、保湿保肥的作用，达到苗齐、苗全，植株生长健壮，增加产量。但高山菜豆地膜覆盖须正确掌握技术。一是在播种后整平畦面，再覆盖地膜；二是苗刚初土时，要及时对照秧苗用刀片把地膜破开成十字形，使苗向上伸出膜外能正常生长，并再秧苗四周用土封严压牢使土面略高畦面，防止雨涝和高温伤苗；三是在夏季（出梅后）高温时在地膜上盖草或盖泥土，防止高温伤根而引起早衰。菜豆也可播种育苗后移栽，移栽应育小苗以保证成活率，如果用穴盘或营养钵，育苗定植后可保证成活。

六、培育管理

1. 查苗与补苗、间苗　高山菜豆从播种至第一对真叶（基生叶）露出，约需 7～10 天，此时要进行查苗补苗，并及时作好间苗，一般每穴留健壮苗 2 株。

2. 中耕除草与培土　高山菜豆苗期一般要进行中耕除草 2 次，第一次在播种后 10 天左右，第二次在爬蔓之前。中耕要浅，不伤根系。第二次中耕时清沟并将土壤培于植株茎基部，以促进发生不定根。

3. 及时搭架与铺草　高山菜豆在"甩蔓"前，即抽蔓约 10 厘米左右时应及时搭架，防止株间相互缠绕。选用长 2.5 米左右架材（如小竹），在每穴离植株根部约 10～15 厘米处插一根，插入土中深约 15～20 厘米，稍向畦内倾斜，在架材中上部约 2/3 交叉处放一根架材作横梁，用绳扎紧呈"人"字形架，并按逆时针方向引蔓上架。为了防止菜豆架倒伏，要在架畦两头和架畦行中间，用较粗小木材或竹竿作支柱加固。当蔓上架后，畦面要铺草，以利降低土温，保持土壤水分。

4. 加强肥水管理　水分管理对菜豆的生长发育关系非常密切。土壤干旱则开花、结荚推迟，产量低、品质差。反之，土壤水分过多或空气相对湿度过大，则植株生长过旺，造成营养生长与生殖生长失调，落花落荚严重，甚至引起病害。水肥管理的要求是干花湿荚，前控后促。即在挂荚前少浇水少施肥，在挂荚后才开始浇水施肥。一般情况下，追肥 2～3 次，可每次每亩施复合肥 5～8 千克。另外，用 0.3% 磷酸二氢钾加 0.2% 尿素叶面喷施 2～3 次，有显著的增产效果。

七、采　　收

花后 10 天可收，要求每天收一次，以防止荚过老而影响产量和品质。采收后的豆荚应按市场标准分级，以保证上市豆荚的品质要求。

第七节　香菇菜栽培技术

温州人将小青菜中植株矮、叶梗宽大肥厚、外叶叶片下垂、束腰或稍束腰的矮箕类型俗称"香菇菜"。香菇菜品种类型较多，以绿叶供鲜食。适合于不同季节栽培、可以随时分批播种，分期陆续采收。对灾后抢种，调节市场供应起着重要作用。

一、品种类型

1. 华冠青菜 生长期短，耐热、抗病、耐湿性好，株型整齐，叶柄深绿肥厚，品质佳。单株重 150～200 克，从 4 月下旬起每隔 5～6 天分批播种，一直可播到 7 月底，30 天可采收。

2. 华王青菜 以中棵菜上市为主，株型矮，株高 14～19 厘米，株幅大，开展度 23～26 厘米，8～10 张叶，最大叶长 13.3 厘米，宽 10.4 厘米，叶片鸭舌形，叶柄青绿色，叶片上端稍软下垂，单株重 38～82 克。茎基宽，有埠头，束腰明显。耐热性强，适应性广，产量高，品质较好。

3. 矮抗青 植株直立，束腰，株高 25～28 厘米，开展度 29～30 厘米。叶椭圆形、绿色，叶面平滑，叶柄浅绿色，叶柄最厚部位 1.2～1.6 厘米。单株鲜菜重 600～750 克。纤维少，品质好。晚熟，生长期 65～70 天。抗病毒病，耐肥，耐寒。每亩产量可达 3 000～4 500 千克。

二、栽培季节

香菇菜的播种期从 2 月一直可播种到 10 月，为使产品于蔬菜淡季上市，提高经济效益，播种时间应安排在 5～8 月份之间为宜。

三、播种育苗

1. 地块选择 选择肥沃疏松保肥力强、排灌方便的田块做成龟背形高畦深沟栽培，以利温州雨水过多和高温干旱季节达到排灌两利。

2. 翻耕做畦 先暴晒 1～2 天，翻耕时每亩施人粪尿 1 000～

1 500千克，做成畦宽连沟1.4～1.5米宽畦，并将畦面耙平，避免土块大、种子细，掉入泥缝里影响出苗时间。

3. 播种育苗 香菇菜可以直播，也可以育苗后移栽。每亩用种量为1千克左右。播种时可用细沙将种子拌均撒播，以利播种均匀。播种后至出苗前需用遮阳网覆盖苗床表面。白天遮阳降温，夜晚保温或保湿，以利出苗。高温干旱季节出苗前每天早晚浇水一次，保持土壤适当湿润，浇水可直接泼洒在遮阳网上。出苗后揭去遮阳网。

直播的香菇菜根据秧苗的生长情况和生长季节的长短，逐步进行间苗，甚至可以将稍大的苗间出后作为"鸡毛菜"供应市场，增加收入。育苗的香菇菜在1～2片真叶期要及时间苗，苗距不超过5厘米，以扩大幼苗营养面积，间苗后结合浇水施1次稀粪水。

四、定 植

定植时的苗龄控制在20～25天，最多不超过30天，苗期气温高要早定植、气温低可稍延迟，苗龄过长对成活率和定植后的生长都有很大的影响。定植一般选在阴天或傍晚进行，定植后浇搭根水。定植密度因品种不同而不同，一般株行距为20厘米见方，密度过大，不利于通风透光，容易烂菜。

五、肥水管理

香菇菜叶片大，蒸发量多，要求肥水充足。施肥原则是前轻后重。定植缓苗后7天的施肥量占总施肥量的25％，10～15天的施肥量占40％，15～30天的施肥量占35％，肥料成分以速效氮为主，浇施0.5％复合肥溶液或0.5％尿素溶液。为防止硝酸盐和亚硝酸盐的积累，有条件的可选择有机液肥进行叶面喷施

2～3 次，起到补充养分的作用，收获前 7～10 天不放氮肥，严禁硝态氮肥在小青菜生产上的应用。定植时施 15%～20%清水粪，苗成活前每天早晚浇水一次，尤其是在高温干旱季节，宜连续浇水 3～4 天，直至幼苗转青，以后水分的供应与肥料施用结合。

六、采　　收

根据生长季节温度高低和市场行情，决定香菇菜的采收时间。采收时可按先大后小，先密后稀的原则分批采收。一般每亩产量可达 2 000～3 000 千克。

第八节　黄叶菜栽培技术

在温州地区栽培的早熟 5 号大白菜，温州人喜欢叫做黄叶菜。

一、品种选择

早熟 5 号由浙江省农科院从国内外引进极早熟材料中选育而成的杂交一代大白菜。叶色深绿、白帮，株高 31 厘米，开展度 45 厘米左右，叶片厚，无毛，球叶数 23 片，球叶叠抱，球高 25 厘米，横径 15.5 厘米，球形指数 1.6，单球重 1.3 千克，净菜率 75%，未结球时外观好，且质地嫩、品质好，风味佳。该品种耐热耐湿，适应性强，适应南方高温多雨气候。能在连续 10 天 32℃ 和短时间 35℃ 以上高温下正常生长，在平均气温 20～25℃ 条件下能正常结球，抗病毒病和炭疽病。该品种播种期广，一般 4～11 月都可播种，大棚内基本上可全年栽培，生长快，生长期 55 天左右，但播后 30～55 天不管结球与未结球均可采收能连续上市，对调节蔬菜淡季起了良好的作用，可大大缓减春夏之际的蔬菜淡季。现在江南一带播种后，根据市场情况，早收未结球用它作小白菜，迟收结球后作大白菜。黄叶菜作小白菜采收产量低些，作大白菜采收产量高，一般亩产 2 000～4 000 千克左右。

二、土壤耕作

黄叶菜根系发达，但主要分布在地表土层，栽培时应选择土壤肥沃、pH6.5 左右、排灌两便的地块。黄叶菜虽然生长时间短，但施入基肥比没施入的生长速度与品质好的多，经多年的栽培经验总结，每亩施入 50～100 千克的菜籽饼作底肥，黄叶菜长的快、植株水淋淋的，卖相非常好。基肥在翻耕前撒施到土壤，翻耕后做成高畦，并开深沟，栽培畦以 1.5 米宽为宜，在播种前日浇足底水。

三、播种育苗

黄叶菜在露地与大棚均有播种，以大棚内播种的多，可以使植株长的幼嫩。露地的播种期在 4～10 月，大棚全年均可播种，根据茬口的安排，甚至可以连续播几期。播种有直播和育苗移栽两种方法，一般都采用直播法，比较省工，其主根入土深，抗旱力较强，而且不经过移栽，不伤根系，减少移栽时对叶片的损伤，减少软腐病的为害。同时，直播的苗也没有移栽后的缓苗期，其生长期比移栽的短。直播的撒播、穴播、条播均可，亩植 3 500～4 000 株。移栽可以调节播种期，一般在前作收获较迟，或遇高温干旱（或连绵阴雨），难以直播时，才用移栽法。

播种时，种子可拌细沙均匀撒播，播后随即用锄头在畦面清削一遍，然后压实畦面，使种子与土紧密接触，以减少土壤水分蒸发，使种子发芽出芽快而整齐，以后视天气、土壤干湿程度浇水，保持一定湿度，并视长势结合追肥，以保证秧苗健壮生长。高温季节播后最好立即覆盖遮阳网，降低温度，并防强光直射和暴雨冲刷。

四、田间管理

1. 中耕除草　出苗后至植株封行前，一般要中耕除草2次，第一次在出苗或移栽成活后，直播的用手拔草并对出苗过密的进行间苗，移栽的深中耕疏土，填平定植穴；第二次在直播苗有2～4叶时拔草结合间苗疏土，移栽的在植株封垄前进行中耕除草，并清沟培土于根际，促进根系生长，防止倒伏，打下结球基础。

2. 肥水管理　黄叶菜叶片多、叶球大、产量高，除施足基肥外，生长期间以速效氮肥为主追肥3次，一般不用人粪尿，以免污染叶片，引发病害。追肥重点在叶片快速生长期和叶球结球前中期，每次每亩用尿素10～15千克，采收前7～10天不再追肥。黄叶菜在炎热的夏天生长时，因气温高，水分蒸发量大，吸水量亦多，如果土壤水分不足，易造成叶片生长速度变缓，纤维增多，质地不嫩，品种变差，球叶松散，因此要结合施肥，傍晚灌水满足生长要求促使植株夜间迅速生长。如果遇到雨水过多，要及时排水，因为黄叶菜的根系不耐水渍，土壤水分过多会影响根的吸收，甚至大雨后的阳光强烈照射，使植株萎蔫，土壤表层水分多、湿度大，还会引起软腐病的发生。

五、采　　收

黄叶菜根据市场行情和前后茬的安排，可以分批采收，但结球紧实后，在天气炎热要及时采收，否则球叶细嫩易腐烂。

第九节　盘菜栽培技术

盘菜属十字花科芸薹属芜菁种，其肉质根扁圆形，根端凹陷，整个肉质根露出土面，形状似盘状，故名为"盘菜"。盘菜在温州种植已有150多年的历史，是温州的特产。盘菜具有耐贮藏、耐运输，外形美观，皮薄肉嫩的优点，含有较多钙、铁等矿物质，并含有维生素 A、B、C 等。盘菜可熟食、生食、腌制、酱制，其制品各有风味。现温州盘菜已销往北京、上海、天津等城市，其加工包装品还远销西欧等地。近年来，利用7～9月高山地区凉爽气候和昼夜温差大以及雨水较充足的良好条件，发展高山盘菜夏秋栽培，因提早了供应期，获得较好的经济效益。

盘菜喜冷凉气候，苗期较耐热，且有一定的耐寒性，可耐2～3℃的低温，成长植株可耐轻霜。肉质根膨大期最适温度为15～18℃，并要有一定的昼夜温差，否则影响肉质根膨大，并会出现干硬苦辣，品质下降，降低食用价值。土壤要湿润，但不宜过湿，以沙质壤土为好。盘菜有适应酸性土壤的能力，pH 为5.5 时也能良好生长。现将盘菜栽培技术介绍如下：

一、品种选择

温州盘菜最早仅为大缨和小缨两个品种，随着各地自繁种代数增加，出现了以各自地名为命名的盘菜名称，如苍南种、永嘉种等等，这些种子在当地种植为主，目前在全市主要种植的盘菜品种为玉环种，主要表现在早熟、盘扁、表皮洁白圆滑。温州市农科院蔬菜所前几年以温州盘菜原有性状为目标，结合目前消费习惯的要求，选育出"白玉盘菜"品种，表现为早熟，叶片少，表皮薄而光滑呈白色，肉质洁白、细嫩、味甜而略带辛辣味，底部扁平，仅有一条主根，商品性好，在永嘉、瑞安等地试种比当地盘菜品种要好。

二、栽培地块选择

盘菜栽培忌连作，要与非十字花科蔬菜进行轮作，最好为生地，前茬为西瓜、玉米、番薯、水稻的田块，均可种植。栽培地要选择土壤含有机质多、凉爽肥沃而疏松、排灌方便的沙质壤土或壤土田块，精细整垄作畦，畦面宽 1～1.5 米。中间高两边低馒头形的畦床。

三、适宜播种期选择

盘菜随种植的海拔高度不同，播种期有差异。海拔越高，播种期可早，海拔越低，播种期要迟。高山盘菜播种期一般为 7 月下旬至 8 月下旬之间，早播易发生病毒病，过迟在盘菜膨大期遇到低温，生长延缓，采收推迟。平原播种期可根据茬口安排，延迟到 10 月。

四、培育壮苗

盘菜栽培可以在大田直接播种。但为了便于苗期管理，有利于作物茬口安排，提高复种指数和土地利用率，一般采用育苗移栽方式。每亩大田用种量 25 克左右，需育苗苗床约 30 米^2。

1. 苗床地准备　每平方米苗床地撒施腐熟猪粪 1～1.5 千克，钙镁磷肥（或过磷酸钙）0.05～0.1 千克，石灰 0.1～0.15 千克，为了防止地下害虫为害，可用 48% 乐斯本 800 倍液翻地前洒入地中，翻耕后敲碎土块，做深沟高畦，连沟畦宽 1.3～1.5 米，畦面宽为 1.0～1.2 米，耙平畦面，铺上一层细火泥灰。

2. 种子处理　播种前先将种子晒 1～2 天。

3. 播种　播种前苗床浇足底水，以满足种子发芽对水分的需要。为了便于均匀撒播种子，需用细沙（或细火泥灰）与种子拌匀，均匀地撒播在苗床畦面，然后覆盖厚 0.5～1.0 厘米的细土，再用遮阳网或草等进行覆盖，并搭建塑料薄膜小拱棚。

4. 苗期培育管理　盘菜种子大部分"露白"后，要及时揭掉地面覆盖遮阳网或草。并做好小拱棚塑料薄膜管理，在雨天要覆盖塑料薄膜，畦两头不覆盖；晴天要揭掉塑料薄膜。遇高温、强光照天气，上午 10 时至下午 3 时，在小拱棚上覆盖遮阳网，防止高温危害。为了保持苗床湿润和降低地温，也可在盘菜苗出土后，撒一层稻谷壳或细碎草。1.5～2 叶期间苗一次，间密留稀，苗距 3～4 厘米，3～4 叶期间定苗一次，苗距 8 厘米见方，并要及时拔除杂草。如果苗期全程用 22 目防虫网小拱棚覆盖，可以阻隔蚜虫，预防病毒病的发生。

5. 苗期肥水管理　在苗床表土见白时浇水，不能浇水过多，否则秧苗易徒长，苗床湿度大易发生猝倒病、软腐病等。苗期追肥 2 次，每次每 30 米^2 用 0.25 千克的尿素对水 50 千克喷洒，整个苗期 25～30 天。

五、整地和施肥

田地要先翻耕晒白，再开深沟做高畦，连沟畦宽 1.0～1.5 米。盘菜生长发育要求有较充足的肥料，要施足基肥。一般每亩施腐熟的栏肥 1 500～2 000 千克、复合肥料 30～50 千克、钙镁磷肥（或过磷钙）30～40 千克、石灰 50～70 千克、硼锌复合肥 5 千克，畦面开沟施或种植穴深施。

六、定　　植

1. 选择壮苗、带土定植　盘菜苗龄约 25～30 天左右，要选择茎基部已膨大至黄豆粒大的肉质根、两片子叶完整、大小一致的壮苗进行定植，要剔除病苗与弱苗。定植前对秧苗进行一次药剂病虫害防治和浇水，用竹片或刀掘土块起苗，不能用手拔，达到秧苗带土定植。

2. 合理密植　株行距为 40 厘米×50 厘米，亩栽 3 300 株左右。最好在雨后的阴天或晴天进行，雨天不能移栽。要浅栽，不能过深，肉质根即小"盘菜"刚好露出土表为宜。栽后要立即用 10%稀人粪尿或 0.2%尿素浇定根水，促使缓苗。遇到干旱天气，每天浇水 1～2 次，连浇 2～3 天，保持土壤湿润，利于成活。

七、田间管理

1. 铺草　盘菜缓苗后，把畦面整平，并铺草保持土壤湿润和降低土温。

2. 中耕除草　第一次在小苗成活后，轻中耕一次，使地表疏松，扶正苗；第二次中耕要深，结合除草，清理托盘，使肉质根充分外露，清沟培土；第三次在中后期，主要以清沟为主，畦面不进行中耕培土。

3. 肥水管理　盘菜追肥的原则是少施氮肥，增施磷钾肥；生产前期轻施，肉质根膨大期重施；每次追肥量不宜过多，浓度不能过高；要施在盘菜行中间，不要施在小盘菜上。当肉质根长到鸡蛋大小时，开始追肥。一般每亩用尿素 20～25 千克，环施植株周围，一般离植株 5～10 厘米，防止灼苗。天气干燥时，可用 500 克碳酸氢氨加清水 50 千克或 3%浓度的尿素，浇施植株根部，每株 0.1 千克。不可用人粪尿追肥，否则易使盘菜表面变黄或出现斑点。每隔 8～10 天追肥 1 次，共追施 3 次。基肥没有放硼肥的，在肉质根膨大期用 0.2%硼砂液作叶面喷雾。

水分管理是防止空心、裂根的关键。盘菜忌干旱，防渍水，栽后缓苗期每天早晚各浇水 1 次，活棵后做到田块以湿润为宜。在肉质根膨大高峰期要供给充分的水分，干旱少雨天气可进行沟灌，但不能漫过畦面，平常要保持土壤湿润，但不宜过湿；雨后要及时排涝，防止田间积水。

八、采　　收

当肉质根充分长大、叶子发黄时采收。但为了提早上市，一般盘菜在定植后 60 天左右、单个肉质根长到 0.35～0.5 千克，就可分批采收。因高山盘菜易受冻害，宜在 12 月中旬采收结束。

第十节　花菜栽培技术

花菜又名菜花、花椰菜，产品器官为短缩的花薹，由花枝、花蕾聚合而成，为养分积累和贮藏器官，称"花球"。花球富含维生素、矿物质，颜色洁白美观，含纤维少，味柔嫩可口。在南方，除 7 月高温季节外，其余各月均可生产，在蔬菜周年供应中占重要地位。

一、品种选择

花菜品种较多，各地常以叶片颜色、叶片形状、生育期长短为品种命名的依据。生产上多数以定植到收获日期命名，如 60 天、80 天、100 天、120 天与 140 天等。品种的生育期，常因气候条件、栽培技术以及个体差异有先后。如 60 天品种并不是在定植后 60 天都可以收获的，同一田块相同品种，播种与定植时期相同，收获期一般先后相差 7 天左右。而气候的变化常可以有较大的影响。因此，为了便于栽培管理，品种间依生育期长短与花球发育对温度要求，大体上可以划分为早熟种、中熟种、晚熟种与四季种四种类型。

1. 早熟种　自定植到采收在 60 天以内的为早熟种，植株较

小，外叶较少，约 15～20 张，一般株高 40～50 厘米，开展度
50～60 厘米。花球小、扁圆，重 0.25～0.5 千克。植株较耐热，
但冬性弱，以 6 月下旬至 7 月上旬播种为宜，早播易产生毛花，
迟播易早花。如早生 50 天、东海明珠 50 天、超级白玉 50 天、
瑞雪特大 55 天等。

2. 中熟种　自定植到采收在 70～90 天为中熟种。植株中等
大小，外叶较多，约 20～30 片。一般株高 60～70 厘米，开展度
70～80 厘米。花球较大，紧实肥厚，近半圆形，重 0.5～1 千
克，较耐热，冬性较强，要求一定低温才能发育花球。7 月中下
旬至 8 月上旬播种。如瑞雪 2 号（70 天）、秋王 80 天、神龙特
大 80 天、利民 80 天等。

3. 晚熟种　生长期长，自定植到采收 100 天以上。生长势
强，植株高大，外叶多，约 30～40 张，株高 60～70 厘米，开展度
80～90 厘米。花球大，肥厚，近半圆形，重 1～1.5 千克。耐寒，
植株需要经过 10℃以下低温才能发育花球，对低温要求严格，冬
性强。7 月中下旬至 8 月上旬播种，春节前后上市。如成功 1 号
（100 天）、东海明珠 100 天、龙峰特大 120 天、一代神良 120 天。

4. 四季种　这类品种基本上为中熟品种，约 80～90 天。生长
势中等，外叶约 20～30 张。一般株高 40～50 厘米，开展度 60～70
厘米。花球重 0.5～1 千克。耐寒性强，花球发育要求温度约为 15～
17℃。可以春秋两季栽培，主要为春季栽培，11 月分冷床育苗，2
月下旬至 3 月上旬定植，5～6 月收获，因此亦称春花菜。如雪山花
菜、一代金光春花菜 80 天、富士白 4 号、法国雪球等。

二、土壤耕作

花菜要求土壤疏松、有机质丰富、耕作层深厚、保水保肥和
排水好、肥沃的壤土或沙壤土。土质贫瘠，施肥不足，植株生长
弱小，花球也小。花菜对钼、硼、镁等微量元素十分敏感，缺乏

的话，易出现各种生理病害，因此在保证氮、磷、钾营养元素的前提下，应注意钼、硼、镁等微量元素的供给。花椰菜需肥多，其生长期肥料不可中断，宜多用有机肥料，每亩地基肥施入腐熟栏肥 2 000～3 000 千克，复合肥 50 千克，可畦面开沟施入，或撒施到田里再翻耕拌到泥土里。

夏秋与春季多雨季节宜采用 1～1.2 米宽的狭畦，每畦栽 2 行。冬季雨水较少，可适当宽些，1.5～2 米，每畦栽 3 行。花椰菜叶面积与花球大小成正相关，叶丛盛大，花球肥大，栽植距离要适当，过密，基部叶片黄萎脱落，茎长，难得高产。一般早熟种行株距 70 厘米×35 厘米，每亩 2 500～3 000 株，中晚熟品种行株距 70 厘米×45 厘米，每亩 2 000～2 500 株，晚熟品种行株距 70 厘米×50～60 厘米，每亩 1 600～1 800 株。花椰菜早熟种，生长期短不可间作，中晚熟种生长期长，前期可间作，但间作时间应在定植后 20～30 天内。

三、播种育苗

花椰菜不同品种花球发育温度要求有不同，栽培关键首先要了解品种特性，掌握播种适期，把叶丛形成期安排在温暖季节，而花球形成期安排在凉爽季节。以达到优质高产。并利用不同品种特性，排开播种期达到分期采收，周年均衡上市。

供一亩地栽植用的秧苗需 25 克种子。花椰菜播种期间，正是高温多雷阵雨季节，苗床须选排水良好，通风近水源所在，床面搭凉棚遮荫防暴雨。床上宜采用富含腐殖质的土壤。宜适当稀播，既节约种子又利于培育壮苗。幼苗出土后，可在根部薄覆腐殖质细土 1 次，以便保持土壤湿度，既可减少浇水次数，增加肥效，而且能避免高温潮湿引起的幼苗猝倒。

当苗龄 20 来天时要假植一次，在畦面横着开沟，沟距 10～15 厘米，将苗根部放入沟底，斜靠在沟边，用火泥灰撒入沟中，将根部埋没。假植成活后即追施腐熟的稀薄人粪尿，促进生长。早熟品种定植时期温度尚高，为了使秧苗恢复生长，宜用营养钵或营养块护根育苗。

四、肥水管理

花椰菜田间管理因栽培季节与品种不同有差别：

1. 早熟品种　生长期短，生长前期正值高温干旱应勤施淡水肥，保持良好的肥水条件。定植初期，每 3～4 天施一次淡水肥。9 月后，天气转凉，花球开始发育，重施追肥，每亩 30%～40% 人粪尿 1 500～2 000 千克，或硫酸铵 15 千克左右，促进花球肥大。7～8 月间天热少雨，宜适当浇水使土壤湿润，则植株抗性强。秋后天凉，其时注意排灌，使土壤干湿得度则植株又转入迅速生长，可望所结花球大而紧实。如果灌水过多则植株徒长，花球反而不大。抗旱时宜在傍晚沟灌，次晨排除。切忌漫水大灌，以免容易引起霉根。

2. 中熟种　叶片生长期每隔 10 天左右追施 30%～40% 的人粪尿，每亩 200～300 千克，连续 2 次，促进叶片生长，否则肥料不足，叶片较小，植株叶面积不大，花球形成早，花球薄而小，品质差。植株心叶开始拧扭时与花球露白时重施追肥两次，每次用 50% 的人粪尿 400～500 千克，促进花球长大。

3. 晚熟种　冬季控制施肥，立春前后花球开始发育（120 天立春前发育，140 天立春后发育），则重施追肥，促使叶丛与花球生长，每亩用 40%～50% 人粪尿 1 500～2 000 千克，第二次于花球直径 6～7 厘米时再追施人粪尿 1 000 千克左右。

五、束叶盖球

花球露出心叶，受到阳光照射，会使颜色变黄，商品性变差，因此束叶是保证花球优质的重要措施。当花球长到 6～8 厘米时，用稻草将外叶捆起，注意不要捆扎得太紧，以免影响花球生长。在多雨的季节，为防止因捆扎后花球积水引起腐烂，可将外叶向内弯折，使叶片盖在花球上，注意叶片弯折不能断掉，叶柄仍有部分连着，使叶片继续保持绿色活力，否则摘掉叶片盖在花球上，时间长了，叶片干枯腐烂，反而会使花球表面变污。由于花球不断长大，需要不断弯折外叶继续盖好花球，直至花球采收。

六、采 收

花菜的采收标准是：花球充分长大，表面圆正，边缘尚未散开。

早熟品种在气温比较高时，花球形成快。花球自出现到成熟只要 15～20 天便可采收，而此时价格一般较高，应该及时采收，否则品质变差。

中晚熟品种花球在元旦至春节前后可陆续上市，是否及时采收直接影响到花球的产量和品质。当花球充分长大、边缘尚未松散时是采收的最佳时期，过早采花球小，产量低，过迟采，花球松散，品质变差，市场竞争力降低。

花菜采收时在近花球要保留 4～5 张叶片形成一圈，包住花球，以免在运输过程中花球受到损伤，保持花球的新鲜柔嫩。

第十一节 蔬菜主要病害识别与防治

一、白菜霜霉病

【症状识别】 叶片开始先从外叶染病，发病初期叶片正面出现淡绿色或黄绿色水渍状斑点，后扩大成黄褐色，病斑受叶脉阻隔成多角形，潮湿时叶背面生白色霜霉状物；大白菜进入包心期后病情加速，从外叶向内发展，严重时脱落。浙江白菜霜霉病在4月中旬至5月上中旬留种植株和青菜上为春季发生高峰期；9月初至11月大白菜莲座期至包心期形成秋季发病高峰。

【防治技术】

（1）选择抗病品种　如华王青梗白、山东1号大白菜、青杂3号、夏阳大白菜等。

（2）轮作　重病地与非十字花科蔬菜两年轮作。

（3）栽培管理　提倡深沟高畦，密度适宜，及时清理水沟保持排灌畅通，施足有机肥，适当增施磷钾肥，促进植株生长健壮。

（4）适期晚播　温州秋大白菜一般在8月下旬至9月上旬播种为好。

（5）药剂防治　发病初期每隔5～7天防治1次，连续3～4次，可选用80％大生M-45可湿性粉剂600倍液，40％乙磷铝可湿性粉剂300倍液，50％安克可湿性粉剂3 000倍液，72％克露可湿性粉剂1 000倍液，25％甲霜灵可湿性粉剂600倍液，47％加瑞农可湿性粉剂800倍液，65％代森锌可湿性粉剂600倍液等，喷雾防治。

二、白菜软腐病

【症状识别】　植株田间一般从包心期开始发病，常见症状是在植株外叶上，叶柄基部与根茎交界处先发病，初水渍状，后变灰褐色腐烂，病叶瘫倒露出叶球，俗称"脱帮子"，并伴有恶臭；另一常见的症状是病菌先从菜心基部开始侵入引起发病，心叶逐渐向外腐烂发展，充满黄色黏液，俗称"烂疙瘩"。浙江省在5～10月为主要盛发期，梅雨季节多雨年份、连作地块、地势低洼、虫害发生严重发病较重。病菌容易通过自然裂口、机械伤口和昆虫虫口侵入。

【防治技术】

（1）选用抗病品种；轮作，适期晚播，高垄栽培，增施有机栏肥，发现病株及时拔除，并用生石灰消毒。

（2）药剂防治 发病初期可用 72%农用链霉素 3 000 倍液，47%加瑞农可湿性粉剂 750 倍液，14%络氨铜水剂 350 倍液，50%代森铵 1 000 倍液，77%可杀得粉剂 700 倍液，以及 72.2%普力克水溶性液剂 800 倍液，每隔 5～7 天喷药 1 次，连续 3～4 次。重点喷洒病株基部及近地表处效果为好。

三、十字花科病毒病

【症状识别】 幼苗发病，心叶出现明脉或沿叶脉失绿，进而产生淡绿色与浓绿相间的花叶或斑驳症状，继之心叶扭曲，皱缩畸形，停止生长，病株往往不能正常包心，俗称"抽疯"。成株期发病，受害较轻或后期染病植株虽能结球，但表现不同程度的皱缩、矮化或半边皱缩。田间主要通过蚜虫传播。温州地区白菜病毒病有 4～6 月和 9～11 月两个发生盛期。

【防治技术】

（1）选用抗病品种。

（2）适期晚播，温州秋大白菜一般在 8 月下旬至 9 月上旬播种。

（3）施足基肥，增施磷钾肥，控制少施氮肥。苗期遇高温干旱季节，必须勤浇水，降温保湿，促进白菜植株根系生长，提高抗病能力。

（4）注意及时防治蚜虫，也可用银灰色遮阳网或 22 目防虫网育苗避蚜防病。

（5）药剂防治 防病初期施用病毒抑制剂和生长促进剂，可用 20%病毒 A 可湿性粉剂 500 倍液，1.5%病毒灵乳油 1 000 倍液，或3％菌毒清水剂300倍液每隔7～10天1次，连续3～4次。

四、黄瓜霜霉病

【症状识别】 黄瓜霜霉病是黄瓜最主要的病害，俗称跑马干。苗期、成株期均可发病，主要为害叶片。条件适宜时也可为害茎和花序。苗期子叶被害初在正面产生不规则褪绿水渍状黄斑，潮湿时在叶背病斑上产生灰黑色霉层，造成子叶干垂，幼苗死亡。温州大棚栽培黄瓜霜霉病一般在3月上中旬始见，4月初至5月中下旬为发病盛期，露地栽培4月上旬始见，5月上中旬至6月上中旬为发病盛期。

【防治技术】

（1）选用抗病品种 主要有津研系列黄瓜，津杂1、2号黄瓜，中农1、8号黄瓜等。

（2）选地与肥水管理 选地势高燥，通风透光，排水性能好的田块。施足有机栏肥，增施磷钾肥。

（3）药剂防治 发病初期选用58％甲霜灵锰锌可湿性粉剂600倍液，72％杜邦克露可湿性粉剂800倍液，50％安克可湿性粉剂3 000倍液，52.5％抑快净水分散剂3 000倍液，72.2％普力克水溶性液剂800倍液，47％加瑞农可湿性粉剂800倍液，64％杀毒矾可湿性粉剂1 000倍液等喷雾。另外，阴雨天，每亩可用45％百菌清烟熏剂200～250克进行烟熏。

五、瓜类白粉病

【症状识别】 苗期至收获期均可染病，主要为害叶片。发病初期，在叶背或叶面产生白色粉状小圆斑，后逐渐扩大为不规则、边缘不明显的白粉状霉斑。病斑可以连接成片，布满整张叶片，最后褪绿和变黄。温州地区白粉病发生盛期在4月上旬至6

月下旬。保护地栽培通风不良、栽培密度过高、氮肥施用过多、田块低洼而发病较重。

【防治技术】

（1）选用耐病品种。

（2）加强管理 合理密植，开沟排水，及时摘除病老叶，加强通风透光，增施磷钾肥。

（3）保护地烟熏处理 白粉病发生初期，每 50 米^3 用硫磺 120 克，锯末 500 克拌匀，分放几处，傍晚开始熏蒸一夜，第二天清晨开棚通风；或用 45％百菌清烟熏剂每亩 250 克进行熏蒸。

（4）化学防治 在发病初期喷药，每隔 7～10 天 1 次，连续 2～3 次。药剂可选择 40％福星乳油 6 000 倍液，10％世高水溶性颗粒剂 1 000～1 500 倍液，62.25％仙生可湿性粉剂 600 倍液，15％粉锈宁可湿性粉剂 1 500 倍液，70％甲基托布津可湿性粉剂 800 倍液，75％百菌清可湿性粉剂 600 倍液，25％粉星悬浮剂 1 000 倍液进行防治，注意交替使用。

六、茄果类猝倒病

【症状识别】 猝倒病是茄果类蔬菜幼苗常见的病害。幼苗出土后靠近地面幼茎部染病，变黄褐色并干瘪缢缩成线状，植株倒伏，湿度大时可见白色棉絮状霉。可引起成片倒伏。主要发病盛期为 2～4 月。苗床连作、棚内温度过低、湿度过高、播种过密、光照差、通风不良的田块发病重。

【防治技术】

（1）苗床选择 宜选择 3 年以上未种过茄果类蔬菜、地势高燥、排水方便、土质肥沃、背风向阳的田块作苗床。

（2）种子消毒 干种子用 25％甲霜灵粉剂 800～1 000 倍液拌种，用药量是种子重量的 0.4％，浸种 15～30 分钟，浸后清水冲洗 2～3 次，晒干或催芽播种。

（3）药剂防治　发病初期及时用药，每隔 7～10 天喷药 1 次，连续 2～3 次。可选用 75％百菌清可湿性粉剂 600 倍液，50％立枯净可湿性粉剂 1 000 倍液，80％大生 M－45 可湿性粉剂 600 倍液，72.2％霜霉威水剂 800 倍液等，喷雾防治。

七、茄果类灰霉病

【症状识别】　番茄灰霉病主要为害花和果实。果实染病，柱头或花瓣先被侵染，后向果实或果柄扩展果皮呈灰白色，并生有灰色霉层。温州地区发病盛期为 3～5 月。冬春低温、阴雨天气多的年份发病严重。

【防治技术】

（1）合理密植、适当控制浇水、及时通风换气、降低棚内湿度。

（2）发病后及时摘除病叶、病果，带出田外深埋或烧毁。

（3）药剂防治　发病初期及时喷药，每 7～10 天 1 次，连续 2～3 次。药剂可选用 50％扑海因可湿性粉剂 1 000 倍液，50％速克灵可湿性粉剂 1 500 倍液，50％农利灵可湿性粉剂 1 500 倍液，40％施佳乐悬浮剂 800 倍液，喷雾防治。如大棚栽培还可用百菌清烟剂防治，每亩标准大棚每次用 45％百菌清烟剂 250 克。

八、番茄青枯病

【症状识别】　番茄青枯病，是番茄上常见的维管束系统性病害之一。成株期发病初始叶片中午萎蔫，傍晚、早上恢复正常，反复多次，最后枯死，但植株仍为青色。病茎中、下部皮层粗糙，常长出不定根和不定芽，病茎维管束变黑褐色。横切病茎后在清水中浸泡或用手挤压切口，有乳白色黏液溢出。温州地区主要发病盛期为 6～10 月。番茄的感病生育期是番茄结果中后期。

【防治技术】

（1）实行轮作，加强肥水管理。

（2）偏酸的田块，亩施石灰 100～150 千克。

（3）清除病株，并施石灰于穴中消毒。

（4）嫁接栽培　用"托鲁巴姆"、"湘茄砧 1 号"野生番茄嫁接。

（5）药剂防治　在发病初期开始灌根保护。药剂可选用 72％农用硫酸链霉素 4 000 倍液，或 12％绿乳铜乳油 500 倍液，或 77％可杀得可湿性粉剂 500 倍液灌根，或猛克菌可湿性粉剂 300 倍液，每株灌药液 250 毫升左右。每隔 7～10 天 1 次，连续 3～4 次。

九、茄子枯萎病

【症状识别】　茄子枯萎病多在开花结果期始发。发病初期下部叶片发黄、变褐色、干枯，但枯叶不脱落，仍连在茎上。有时为害症状仅表现在茎的一侧，该侧叶片发黄，变褐后枯死，而另一侧茎上的叶片仍正常；剖开病茎，维管束变褐。该病是一种维管束系统性病害，一般 15～30 天才枯死，用手挤压病茎横切面或在清水中浸泡，无乳白色黏液流出，别于青枯病。温州地区主要发病盛期为春季 4～6 月、秋季 8～10 月。连作、偏酸的田块发病重。

【防治技术】

（1）农业防治　实行 3 年以上轮作，施用充分腐熟的有机肥，采用配方施肥技术，适当增施钾肥。

（2）选用抗病品种，种子消毒；嫁接换根，防效显著。

（3）药剂防治　发现中心病株后马上灌根保护，可选用

50％多菌灵可湿性粉剂 500 倍液，或 70％甲基托布津可湿性粉剂 500 倍液，或 40％瓜枯宁可湿性粉剂 800 倍液，每株灌药液 250 毫升左右。每隔 7～10 天 1 次，连续 3～4 次。

第十二节　蔬菜主要害虫识别与防治

一、小　菜　蛾

【寄主】　主要为害甘蓝、花菜、小白菜等十字花科蔬菜。

【形态特征】　成虫：体长 6～7 毫米，展翅 12～15 毫米。卵：椭圆形，扁平，淡黄色，长约 0.5 毫米，宽 0.3 毫米。幼虫：共 4 龄，低龄幼虫头部黑色，老熟幼虫体长约 10 毫米，黄绿色，体节十分明显，两头尖细腹部第 4～5 节膨大而呈纺锤形。蛹：长 5～8 毫米，黄绿色至灰褐色，老熟幼虫常在叶背化蛹，吐丝包围成白色网状稀薄可见的虫茧中化蛹。

【为害特点】　温州地区常年可见。小菜蛾有 4～6 月和 9～10 月两个发生高峰。

【防治技术】

（1）农业防治　在一定种植范围内，避免十字花科作物周年栽培是有效的一项预防性农业措施；合理布局，在菜蛾盛发期季节与瓜类、豆类、葱蒜类、茄果类等作物间作，可有效减轻菜蛾的发生和为害。

（2）物理防治　每 20 亩设置 1 盏黑光灯诱杀成虫。

（3）使用性诱剂诱杀成虫防治。

（4）药剂防治　可用 16 000 国际单位千胜 Bt 可湿性粉剂 600 倍液，1％阿维菌素（海正灭虫灵、7051 杀虫素等）乳油 1 500 倍液进行防治，15％安达悬乳剂 3 500～4 000 倍液、5％菜喜胶悬剂 1 000～1 500 倍液、5％锐劲特胶悬剂 2 000～2 500 倍液等，喷药时间掌握在菜蛾低龄幼虫期，应合理交替使用。

二、斜纹夜蛾

【寄主】　主要为害甘蓝、花菜、小白菜等十字花科蔬菜。

【形态特征】　成虫：体长14～20毫米，翅展35～40毫米。前翅灰褐色，有3条白色斜纹线。雄卵：馒头形，成卵块，有卵100～200粒，外覆盖灰黄色疏松的绒毛。幼虫：老熟幼虫体长约40～45毫米，体色多变。蛹：长15～20毫米，长筒形，深褐色。

【为害特点】　温州年发生6～7代，一般4月下旬第1代（越冬代）幼虫在大棚为害番茄成熟果实为主，第2代幼虫在6月初开始为害露地作物，7～9月发生最重，12月底化蛹越冬。斜纹夜蛾以幼虫取食叶片为主，也可钻食叶球，花和果实。可为害十字花科、豆类、瓜类、茄果类、绿叶菜类等几十种蔬菜作物，近年来常常暴发成灾，对生产造成巨大的损失。

【防治技术】

（1）农业防治　秋冬季清洁田园，深翻土壤消灭越冬虫源。露地十字花科作物在4月上中旬套种毛芋，每隔20～30米套种一畦，在6～8月期间可有效诱集斜纹夜蛾产卵，结合采集卵块或喷施农药集中消灭低龄幼虫。

（2）布置频振式杀虫灯　蔬菜基地在5月中下旬布置频振式杀虫灯，每35亩悬挂一盏。

（3）使用性诱剂诱杀成虫防治。

（4）药剂防治　根据幼虫生活习性，药剂防治应掌握在二龄幼虫集中为害时进行挑治，应在傍晚6点后喷药，而且要求药液足量，喷洒均匀。可选择5%抑太保乳油1 500倍液，5%米满乳油2 000倍液，5%美满乳油1 500倍液，奥绿1号可湿性粉剂1 000倍液，48%乐斯本乳油1 000倍液，0.5%海正三令乳油1 500倍液，52.5%农地乐乳油2 500倍液，注意交替使用。

三、甜菜夜蛾

【寄主】 主要为害甘蓝、白菜、萝卜、大葱、番茄、辣椒、黄瓜、豆类等蔬菜作物。

【形态特征】 成虫：体长 10～14 毫米，展翅 20～25 毫米。卵：圆球形，块状产于叶面或叶背，外覆白色绒毛。幼虫：共5～6 龄，老熟幼虫体色多变。蛹：体长约 10 毫米，黄褐色。臀棘上有刚毛 2 根。

【为害特点】 浙江地区 12 月初以蛹多在温室内做土室中越冬，暖冬季节 4 月底至 6 月中旬可发现少量幼虫田间为害甘蓝、豇豆及毛芋等作物，7～9 月是为害高峰期。甜菜夜蛾是一种间歇性大发生的害虫，年度之间发生量差别较大，近年来发生为害日趋严重。

【防治技术】

(1) 农业防治 秋冬季清洁田园，深翻土壤消灭越冬虫源。

(2) 布置频振式杀虫灯或 20 瓦黑光灯诱杀 蔬菜基地在 5月中下旬布置频振式杀虫灯，每 35 亩悬挂一盏，可有效诱杀斜纹夜蛾成虫，控制虫口基数，连片使用效果最佳。

(3) 使用性诱剂诱杀成虫防治。

(4) 药剂防治 药剂防治应重点掌握在二龄幼虫集中为害时进行可选择 5%抑太保乳油 1 500 倍液，10%除尽悬浮剂 2 000倍液，0.5%海正三令 1 500 倍液，5%美满乳油 1 500 倍液，52.5%农地乐乳油 1 000 倍液等，注意交替使用。

四、黄曲条跳甲

【寄主】 主要为害甘蓝、花椰菜、白菜、菜薹、萝卜、油菜等，也为害豆类、瓜类和茄果类蔬菜。

【形态特征】 成虫：黑色小甲虫，体长约 2.0 毫米，展翅 30～35 毫米。鞘翅上各有一条黄色纵斑，左右对称、中央狭窄而弯曲，后腿节膨大，为跳跃足。卵：椭圆形，淡黄色，半透明，长约 0.3 毫米。幼虫：老熟幼虫体长约 4 毫米，黄白色，长圆筒形。蛹：乳白色，椭圆形，长约 2 毫米，头部隐藏在芽翅下面。

【为害特点】 浙江春季 3 月中下旬越冬成虫开始活动，5～7 月和 9～10 月为盛发期。黄曲条跳甲喜高湿条件，最适温度21～27℃，全年秋季为害重于春季。

【防治技术】

(1) 合理轮作，夏秋与葱蒜类间作，可以减轻为害。

(2) 清洁田园，深翻土壤，铲除田边杂草，有利于消灭越冬虫源和蛹。

(3) 布置黑光灯诱杀成虫，连片使用效果较好。

(4) 化学防治 可用80％敌敌畏乳油1 000 倍液，90％敌百虫乳油1 000 倍液，50％辛硫磷乳油2 500 倍液，48％乐斯本乳油1 000 倍液，2.5％溴氰菊酯乳油3 000 倍液进行灌根处理，注意交替使用。

五、烟 粉 虱

【寄主】 主要为害黄瓜、菜豆、番茄、茄子、甜椒、花椰菜、白菜、莴苣、花卉等。

【形态特征】 成虫：体长 1～1.5 毫米，淡黄色，翅面覆盖有白色蜡粉。卵：长椭圆形，长约 0.2 毫米，有卵柄长约 0.02 毫米。初产淡绿色，薄覆蜡粉，孵化前变黑色并微有光泽。若虫：共 4 龄，长椭圆形，老熟若虫体长约 0.5 毫米，称伪蛹，黄褐色，体背长有长短不一的蜡丝，体侧有刺。

【为害特点】 烟粉虱种群数量，春季开始持续上升，夏季高温多雨抑制作用不明显，到秋季达到发生高峰，设施栽培条件下可周年发生为害。烟粉虱最适发育温度为 25～30℃，相对湿度70%左右。浙江地区烟粉虱卵期 3～7 天，若虫期 10～30 天，成虫期 10～20 天。成虫和若虫群集叶背吸食植株汁液，被害叶片褪绿、变黄、萎蔫，甚至全株死亡。由于分泌大量蜜源，严重污染叶片和果实，引起煤污病的大发生。

【防治技术】

（1）农业防治　育苗前清除杂草和残留株，彻底熏蒸杀死残留虫源，培育"无虫苗"；避免黄瓜、番茄、豆类混栽或换茬。

（2）黄板诱杀　在烟粉虱成虫始发期内，在田间设置黄板与植株同样高度，可有效诱杀成虫。

（3）生物防治　在保护地烟粉虱发生初期，0.5 头成虫/株时，按烟粉虱与丽蚜小蜂 1∶2～4 比例，每隔 2 周放 1 次，共释放 3 次，可较好控制早期烟粉虱的为害。

（4）药剂防治　烟粉虱世代重叠严重，繁殖速度快，所以要在烟粉虱发生早期施药，每隔 5 天连续喷药 3～4 次。可选择20%康福多 5 000 倍液，2.5%天王星乳油 3 000 倍液，20%灭扫利乳油 2 000～2 500 倍液，25%扑虱灵可湿性粉剂 1 500 倍液等，注意交替使用，各类农药使用严格按照安全间隔期有关规定进行。或在傍晚前将保护地密闭烟熏，可用 22%敌敌畏烟剂每亩 0.5 千克，杀死成虫，效果较好。

六、豆野螟

【寄主】　主要为害豇豆、菜豆、扁豆、四季豆、豌豆、蚕豆、大豆等。

【形态特征】　成虫：体长约 13 毫米，展翅约 25 毫米，成虫停息时，前后翅均张开，前翅暗褐色，中央有大、中、小 3 个白色透明斑，后翅外缘同前翅，其余白色透明，雄蛾腹部末端有一小丛灰黑毛，雌蛾腹部末端呈管状。卵：扁平，初透明，长约0.6～0.9毫米，后变橘红色，表面有六角形网纹。幼虫：共5龄，初孵幼虫长1.0～1.5毫米，老熟幼虫体长13～15毫米，体黄绿色有时带紫，背板上有毛片6个排成2排，前排4个较大长有刚毛，后排2个较小无刚毛。蛹：长约13毫米，黄褐色，翅芽伸至第4腹节，复眼红褐色，羽化前可以看到成虫前翅的透明斑。蛹体外被白色的薄丝。

【为害特点】　豆野螟年发生代数在西北4～5代，温州一年发生7代。5月下旬至6月上旬始见成虫，7～8月为害最为严重，9月以后为害减轻，10月下旬至11月上旬幼虫入土以预蛹越冬。

【防治技术】

（1）农业防治　及时清洁田间落花、落荚，并摘除被害的卷叶和豆荚，以减少虫源。

（2）保护地可采用防虫网覆盖栽培豇豆，播种前深翻土壤进行一次消毒，可有效隔离各种害虫为害豇豆。

（3）药剂防治　根据该虫为害生活习性，药剂防治应掌握在花期进行挑治，在6月初至8月期间对不同播种期豇豆，抓住从第一次花期每隔5天点连续喷施2次，然后视虫情酌情喷施，但一般不超过7天，注意重点喷施花蕾、嫩荚和落地花，一定要在傍晚6点后喷药，以提高防效。可选择5％抑太保乳油1 500倍液，80％敌敌畏乳油1 000倍液，48％乐斯本乳油1 000倍液，52.5％农地乐乳油2 500倍液，2.5％溴氰菊酯（敌杀死）乳油3 000倍液，注意交替使用，各类农药使用严格按照安全间隔期有关规定进行。

七、美洲斑潜蝇

【寄主】　主要为害豇豆、菜豆、扁豆、四季豆、豌豆、蚕豆、黄瓜、番茄、丝瓜、西瓜、大白菜等。

【形态特征】 成虫：体长约 1.3～2.3 毫米，浅灰黑色，胸背板亮黑色，腹部大多数黑色，背板两侧为黄色，小盾片鲜黄色，雌虫比雄虫稍大。卵：米色，半透明，大小 0.2～0.3 毫米×0.1～0.15 毫米。幼虫：共 3 龄，长约 3 毫米，蛆状，初孵无色，后变橙黄色。蛹：椭圆形，长约 1.7～2.3 毫米×0.5～0.75 毫米，橙黄色，腹面稍扁平。

【为害特点】 美洲斑潜蝇温州年发生代 13～15 代。保护地周年发生，世代重叠十分严重，露地以蛹越冬。

【防治技术】

(1) 严格检疫 防止该虫扩大蔓延，特别注意严禁从疫区调运蔬菜和花卉。

(2) 农业防治 收获后及时清除寄主残体，夏季大棚蔬菜换茬时灌水高温闷棚 5 天以上，减少田间虫源。

(3) 在成虫发生盛期，采用黄板诱杀成虫，每亩田块设置 15～20 个诱杀点，3 天换板 1 次。

(4) 药剂防治 春季结合蚜虫进行防治，一般 4～6 月底豆类作物斑潜蝇发生较轻，可在豇豆出苗子叶至 5 张真叶期间用药 1 次，其他时间可不用考虑防治。7～9 月发生较重，当平均作物每叶有 5 头幼虫时，掌握在 2 龄幼虫期前（虫道约 0.3～0.5 厘米）喷施，每隔 7 天 1 次，连续 2～3 次。可选择 75％灭蝇胺可湿性粉剂 3 000～5 000 倍液，48％乐斯本乳油 1 000 倍液，1％阿维菌素（海正灭虫灵、7051 杀虫素、阿维虫清等）乳油 1 500 倍液，52.5％农地乐乳油 500 倍液，2.5％溴氰菊酯（敌杀死）乳油 3 000 倍液，注意交替使用，并严格按照安全间隔期有关规定进行。

第三篇
果　树

第一节　果树生产上常采用的栽培技术

果树种类繁多，品种更是数不胜数。每种果树的不同品种都有其相适应的栽培技术，这就是果树生产上提倡的"适地适栽、良种良法"中的"良法"。但果树生产上经常采用的栽培技术可归纳为如下几条。

一、整　　形

（一）自然圆头形的整形方法

1. 定干　在嫁接口上部 35～40 厘米处剪顶，剪顶后剪口芽以下 15～20 厘米以内作为整形带，整形带内的枝芽让其自然生长，并抹除全部的花蕾，整形带以下萌发的枝芽要及时全部抹除，抹芽进行 2～3 次。

2. 培养主枝　在整形带内自然生长的枝梢中，选留 3～4 个向四周分布、分枝基角呈 60°～70°、生长健壮、枝距 10～15 厘米的枝条作为主枝。对着生方位理想、分枝基角过小的主枝，可用拉枝方法开张够主枝角度和调整好延伸方位使其分布均匀，长势平衡。整形带内的其他枝梢，可根据具体情况区别对待，对树形有影响的交叉枝、重叠枝，要坚决及时疏除；对树形没有影响的枝梢，可能过短截修剪和反复多次摘心，作为辅养枝让其制造碳素营养，加快树冠成形，以后根据其作用的减弱，再逐年疏除，最终除去。

3. 培养副主枝 种植密度大、树冠较小的果树，在主枝上一般不配置副主枝，只配置大型结果枝组、中型结果枝组和小型结果枝组，让其直接结果。对种植较稀、树冠较大的果树，则要在各主枝距主干70～75厘米处培养第一副主枝，距第一副主枝30～40厘米处培养第二副主枝。其余枝梢，过密的适量疏除，有空间的培养成结果枝组。

4. 培养结果枝组 主干、主枝和副主枝是不能直接结果的，而是靠主枝和副主枝上着生的结果枝组和结果母枝结果。一般情况下，主枝上培养大、中型结果枝组，副主枝上培养中、小型结果枝组。结果枝组主要通过短截修剪后，经过反复多次摘心培养而成。结果枝组培养成后，每年在结果的同时，要培养足够数量的结果母枝供第2年结果用，并通过疏删修剪和短截修剪，防止结果部位外移。

（二）主干分层形

主干分层适合株行距为4.5米×4米的枇杷园整形。干高50厘米，第一层3～4个主枝，第二层2～3个主枝，第三层1～2个主枝，三层以上中心干落头开心，控制树高。每个主枝上配备2个副主枝，副主枝上着生结果枝组。第一层与第二层之间的间距为80～100厘米，第二层与第三层之间的间距为60厘米左右，整个培养过程需3～4年。此树形结构树体高大，有利于通风透光，产量高，品质好，比较适合地势平坦、有灌溉条件、栽植面积较大的枇杷园采用。

（三）两段杯状形

两段杯状适合株行距为2.5米×4米的枇杷园整形，主干高 50 厘米，第一层 3 个主枝，第二层 3 个主枝，第一层与第二层距离为 80～100 厘米。每主枝配备副主枝 2～4 个，副主枝上着生结果枝组。此树形树冠较低，便于操作，早结丰产性好，果实品质优良。适合有风害的枇杷园和土壤干燥的山地枇杷园。

二、修 剪

（一）抹芽

就是芽萌发后枝梢还很幼嫩时，用人工抹除。一般用于疏除生长位置不当的幼嫩枝梢、生长过密的幼嫩枝梢。也用于控梢保果，当幼龄结果树树势太强、果梢矛盾严重时，采用抹芽控梢，可起到很好的保果效果。有时也应用于病虫害防治，如柑橘潜叶蛾在温州为害时间长、发生量大，夏、秋梢嫩叶随时受害，如果单独喷药防治，往往喷药次数很多，效果不好；如果采用先抹芽控梢，再放梢喷药，就可获得很好的防治效果。

（二）摘心

就是在嫩梢停止生长前，用人工摘除枝梢的嫩顶，起到控制枝梢长度、促进枝叶提早转绿、提早制造碳素营养、刺激抽生更多的健壮枝梢、增加分枝级数等作用。一般用于幼龄果树和成龄果树的生长季修剪。

（三）短截修剪

就是在枝梢木质化后，用整枝剪剪去枝梢的一部分。一般根据剪去枝梢量的多少，分别称轻短截、中短截、重短截和极重短截修剪。短截修剪一般多用于冬季修剪，也可用于生长季修剪。短截修剪后，可刺激剪口以下的芽萌发较强的枝梢，也可刺激隐芽萌发。一般随着修剪量的加重，刺激强度也随之加强，抽生的枝梢长度也增加，但枝梢数量相应减少。初结果树，通过轻短截徒长性结果枝和重短截部分徒长性结果枝，可有效地防止结果部位外移过快和内膛空虚，缩小大小年结果的幅度。盛果期的果树，通过短截部分小型结果枝组，可刺激适量的隐芽萌发，长期保持中庸的树势，最大限度地维持美满结果，保持年年高产、优质，有效地缩小大小年结果的幅度。进入衰老期的果树，通过短截小型结果枝组和中型结果枝组，可刺激大量的隐芽萌发，使树势快速恢复，如果应用得当，可重新回到盛果期。

(四) 疏删修剪

就是把半木质化、木质化的枝条或枝组从基部剪去。一般用于枯枝、病虫枝、衰弱枝的修剪，也用于扰乱树形的徒长枝、结果枝组的修剪。

(五) 环割

用锋利的刀在果树较大的枝干上横割一道或数道圆环，深至木质部，刚好切断韧皮部而不伤木质部。起到暂时阻止叶片制造的碳素营养向下运输，增加环割口以上部位碳水化合物的积累，并使生长素含量下降，从而抑制新梢生长和提高坐果率。一般在春季开花前至开花后 10 天，对生长势过强的初结果树的大、中型结果枝组进行环割，可有效地提高着果率。生长势偏强的果树，在花芽分化初期进行环割，还可促进花芽分化。

(六) 环剥

用锋利的刀在果树较大的枝干上横割 2 道圆环，深至木质部，刚好切断韧皮部而不伤木质部，并去除 2 道圆环之间的韧皮部。其作用与环割一样，但伤口比环割大，伤口愈合时间长，阻止碳素营养向下运输的时间也长，对树势影响也大。

三、促 花

通过环割、环剥等物理措施和喷施多效唑、烯效唑类生长抑制剂等化学措施，抑制果树的营养生长、促进果树的生殖生长，从而达到促进果树花芽分化的目的。

在果树生产上，生长势偏强的东魁杨梅往往需要人工促花才能达到高产。具体方法是：适龄未结果、生长势过旺的东魁杨梅，可在春梢停止生长后，喷施 15％多效唑可湿性粉剂 200 倍液或 5％烯效唑超微可湿性粉剂 400 倍液 1 次；在夏梢 5 厘米长时，再喷施 15％多效唑可湿性粉剂 200 倍液或 5％烯效唑超微可湿性粉剂 400 倍液 1 次。已结果但生长势很强的东魁杨梅，可在夏梢 5 厘米长时，喷施 15％多效唑可湿性粉剂 200 倍液或 5％烯效唑超微可湿性粉剂 400 倍液 1～2 次。经过处理的东魁杨梅，可有效地控制秋梢生长，显著地促进花芽分化，结果枝比例显著提高，且对树体安全无害。

四、保花保果

通过喷硼、喷施磷酸二氢钾等营养元素，提高果树的授粉受精能力，从而提高着果率；通过环割、环剥、抹春梢、短截修剪除去结果枝顶端的叶芽、抹夏梢等修剪技术，人为地抑制果树的营养生长，减轻或消除果树的"果梢矛盾"，从而达到提高着果率的目的。

在果树生产上，柑橘的夏梢抽生过多，很容易出现严重落果而减产，抹夏梢可减轻或消除柑橘的"果梢矛盾"，起到很好的保果作用；杨梅结果枝顶端叶芽抽生的春梢，会引起杨梅严重落果，抹除春梢、短截修剪除去结果枝顶端的叶芽，可减轻或消除杨梅的"果梢矛盾"，起到很好的保果作用。

五、疏花疏果

对结果枝比率过大的果树，通过重短截修剪、疏删修剪等措施，达到减少花量、均衡结果、减轻大小年结果幅度和提高品质的目的。对局部着果过多的果树，采取人工疏果等措施，疏除过多的果实，达到既高产又优质的目的。

杨梅，无论是大年结果树还是小年结果树，都可能出现局部着果过多的情况，必须通过严格的人工疏果，才能达到优质的目的。具体方法：在杨梅幼果直径6毫米大时，进行人工疏果。留果量视全树结果枝与营养枝的比例而定。一般情况下，1条短果枝留1个果，1条中果枝也留1个果，1条长果枝留1～2个果。

六、施肥技术

1. 环状施肥法 适用于幼年树施肥。在树冠投影处外缘附近挖深20～30厘米、宽30厘米左右的环状沟，沟的具体深度可依根系分布的深浅而定。

2. 穴状施肥法 适用液体肥料施肥，也适用固体化肥施肥。在树冠投影处外缘均匀地挖深20～30厘米、宽30厘米的穴4～8个，固体化肥施入后覆土，液体肥料施入穴内、待下渗后再覆土。

3. 放射状施肥法 适用于成年果园施肥，既可施腐熟有机肥，也可施液体肥料。在树盘内挖放射状沟4～6条，沟宽30厘米左右，靠近主干处宜浅，向外逐渐加深，肥料施入后覆土、整地。

4. 条沟状施肥法 适用于已经封行的成年果园。在株间或行间畦的外侧开深、宽各30厘米的条状沟，施肥后覆土填平。

5. 全园施肥法 适用于成年果园施肥。将肥料均匀撒布全园，再翻入土中，然后进行整地。

6. 根外追肥（叶面施肥） 适宜于各种树龄的果树施肥。总的浓度在 0.3％是比较安全的，总的浓度超过 0.5％时，就有可能产生肥害；实际使用时，要时时刻刻注意总浓度，特别是加入农药中进行根外施肥时，要把农药的浓度也计算进总浓度中。对新肥料、新的配方和新厂家生产的肥料，应先进行试验，然后再使用。根外追肥最适温度为 18～25℃，湿度宜大。夏季气温高季节，应在上午 10 时以前或下午 4 时以后喷施，喷布要均匀一致，以不滴水为度，侧重喷布叶背，以利养分吸收。

第二节 瓯柑栽培技术

瓯柑原产温州，是一个很古老的柑橘品种，经历了一千多年，仍具有极强的市场竞争力，售价一直居高不下，每公斤达 8～10 元。瓯柑的贮藏性能是当今世界所有柑橘中最好的，采用传统的民间室温贮藏，贮藏半年以上，风味仍很好。瓯柑的食疗价值很高，民间素有"端午瓯柑似羚羊"之说。因此，瓯柑是温州特有的传统名果，是一个很有开发前景的地域性柑橘品种。

在长期的生产实践中，经过不断的积累和提高，形成了一套非常实用的传统瓯柑栽培技术。随着时代的发展，瓯柑的栽培技术也与时俱进，特别是山地瓯柑的大面积发展，给瓯柑的栽培技术注入了新的内容。

一、土、肥、水管理

（一）土壤管理

平原瓯柑园的主要土壤管理工作有：中耕除草、套种、树盘覆盖、客土。山地瓯柑园的主要土壤管理工作有：中耕除草、套种绿肥、果园覆盖、深翻改土。中耕除草一般都结合施肥进行，平原瓯柑园中耕除草应做到"冬深、春浅、夏刮皮"的原则，也就是说，春夏季节中耕宜浅（5～10厘米）、以防止伤根过多，冬季中耕可以深一些（10～15厘米）；平原瓯柑园中耕除草时，应进行理沟、培土。山地瓯柑园中耕除草后，应进行果园覆盖、减少土壤水分蒸发，覆盖材料可就地取材，杂草、绿肥均可，覆盖物厚10～15厘米，并离主干约5厘米；往后每次结合施肥中耕时，先移开覆盖物，待操作完毕，再重新进行覆盖；冬季结合深翻将覆盖物埋入土中。幼龄瓯柑园套种矮秆作物，既可增加收入，又可提高土壤肥力。山地瓯柑园套种印度豇豆、苜蓿、箭舌豌豆等绿肥较好，平原瓯柑园可套种蔬菜和绿肥。平原瓯柑园在春季、初夏多雨水季节，一般不进行树盘覆盖，以防土壤水分过多而烂根；但在伏旱、秋旱时，应进行树盘覆盖，覆盖材料可就地取材，杂草、作物秸秆、水荷花、绿萍、栏肥等都可以，厚约10～15厘米，离树干距离约5厘米。平原瓯柑园有冬季挖塘河泥（河底淤泥）进行客土培肥果园的良好习惯，应年年坚持下去。

（二）施肥

瓯柑施肥一般结合中耕进行，以有机肥为主、化肥为辅，生长季节采用浅沟施，冬季采用深沟施。幼龄树宜薄肥勤施，以氮肥为主，配合施入磷、钾肥；在每次枝梢抽发前10～15天施1次，叶片转绿期间再施1次，冬季施1次腐熟栏肥，全年土壤施肥7次；同时结合病虫害防治进行根外追肥。幼龄树每次每株施肥量：30％的腐熟稀人粪尿2～3千克、尿素25～75克或三元复合肥50～100克。结果树全年施肥4～5次，并结合病虫害防治进行根外追肥；春肥（萌芽肥）在2月下旬至3月中旬开浅沟施入，每株施30％的腐熟稀人粪尿25千克加尿素0.25～0.5千克或三元复合肥 0.25～0.5 千克；夏肥（壮果肥）于 5 月下旬至 6 月下旬开浅沟施入，每株施 20%～30% 的腐熟稀人粪尿 25 千克加尿素 0.25～0.5 千克或三元复合肥 0.25～0.5 千克；秋肥结合抗旱浇水施入，于 8 月上旬至 10 月上旬每月 1 次，每次每株施 30%～40% 的腐熟稀人粪尿 10 千克加尿素 0.25 千克或三元复合肥 0.25 千克；采后肥在果实采收后 15 天内开深沟施入，每株施 50% 腐熟人粪尿 15～20 千克、优质腐熟栏肥 10 千克、腐熟饼肥 3 千克、三元复合肥 0.25～0.5 千克。

瓯柑的根外追肥可单独喷施，也可结合病虫防治时加入农药中喷施。以总的浓度不要超过 0.3% 为宜。肥料种类有：硼砂、硼酸、硫酸锌、尿素、磷酸二氢钾等。

（三）水分管理

山地瓯柑园在干旱季节、现蕾期要及时灌水。平原瓯柑园多雨季节要及时排除积水，伏旱、秋旱时要及时灌水。

二、修　剪

瓯柑一年能抽春、夏、秋 3 次梢，都能发育成结果母枝。在自然生长状态下，夏梢结果母枝占 54%，大多是徒长性结果母枝，平均长度 41.3 厘米，一般在 40～50 厘米之间，长的可达 90 厘米以上；春梢结果母枝和秋梢结果母枝占 46%，平均长度 15 厘米。无论春梢结果母枝、秋梢结果母枝还是夏梢结果母枝，都能着果，果实主要着生在结果母枝的上部；据调查，枝梢上部着果的比例为 77.8%、中部为 18.5%、下部为 3.7%。徒长性结果母枝平均着果 1.9 个，其上抽生的新梢短而细弱，平均长度 5.3 厘米，叶片变小，衰弱枝比例占总新梢的 22.8%；衰弱枝主要集中在中、下部，其中上部衰弱枝占 3.6%、中部占 71.4%、下部占 25%，出现了顶部结果母枝果集中、中下部空虚、结果部位外移的现象。如果只采用疏除衰弱枝、枯枝、病虫枝等修剪方法，刚开始结果时，产量、果实质量都很好，但结果 3～4 年就出现了结果部位外移、内膛空虚和大小年结果现象，大小年幅度为 27%。

针对瓯柑徒长性夏梢结果母枝多，早结丰产性好，结果后内膛易空虚、结果部位外移快、大小年结果明显等特点，瓯柑的修剪原则是：幼龄瓯柑树利用夏梢生长量大的特点，选留 3～4 条生长健壮、分枝角度及位置合理的夏梢，先缓放、后轻短截修剪，培养其成为主枝；对直立着生的幼嫩枝梢要及早抹除，以免日后长成徒长枝扰乱树形；对着生过密的春梢、夏梢、秋梢，也应在萌芽不久及早抹除；对其他着生位合理的春梢、夏梢和秋梢，应进行摘心，一般在枝梢 10～15 厘米时进行，培养其成为结果枝组；待主枝 1.5 米长时，在主枝上选择 1 条斜生夏梢，培养其成为第一副主枝；以后视栽植密度，可在第一副主枝的相对面培养第二副主枝；待全树有 150 条健壮末级梢时，即可让其初次结果。瓯柑结果后，修剪的主要任务是继续扩大树冠、尽快达到最高生产能力和防止结果部位外移、内膛空虚、小年结果现象的发生；主要的修剪方法有抹芽、摘心、短截修剪、疏删修剪。

三、疏花、保果

瓯柑成花容易，花量多，徒长枝也能进行花芽分化成为结果母枝。幼龄树花量也很多，如果不打算让其结果，应在花蕾期全部疏除，以减少营养的消耗。花量太多的瓯柑结果树，在蕾期进行适度短截修剪，剪去过多的花蕾，对减少营养消耗、促发新梢、保持树势有一定的效果。

对生长势太强的结果树，可采用控新梢保果、大中型结果枝组环割保果、开花前喷硼砂（或硼酸）保果、花谢 2/3 时喷 50 毫克/千克赤霉素保果等措施。对生长势偏弱的结果树，开花前喷 0.1％磷酸二氢钾、0.1％尿素、0.1％硼砂混合液，花谢 2/3 时喷 50 毫克/千克赤霉素，可有效地提高着果率。对红蜘蛛、蚜虫为害严重的瓯柑园，开花前进行 1～2 次彻底的防治，谢花后再进行 1～2 次的防治，可有效地预防瓯柑因虫害异常落花落果。

四、病虫害防治

瓯柑的病虫害较多，主要病害有疮痂病、炭疽病、树脂病、黄龙病等，主要害虫有红蜘蛛、锈壁虱、潜叶蛾、卷叶蛾、凤蝶、天牛、黑刺粉虱、金龟子、蚜虫类、介壳虫类等。

五、采 收

瓯柑采收后，一般不马上食用，需贮藏一段时间后，待风味达到最佳时，才上市销售。因此，采收的好坏将直接影响贮藏保鲜的效果。一般在 11 月下旬（小雪节气前后 2 天）选晴天或阴天进行采收，雨天、早晨露水未干时不采果，大风、大雨后 2 天内不采果，采前 15 天停止施肥、浇水。采收时，用专用采果剪分 2 次剪果；即用左手的食指、中指夹住果枝，其余 3 指托住果实，先用采果剪剪断食指、中指下部的果枝，然后，再齐果肩剪平。要一次性全树采摘完毕，做到轻拿、轻放、轻装运，一次不能装得太满；落地果要另收、另放、另处理，因为落地果已受内伤，与好果一起贮藏，容易腐烂、并传染其他果实。采后应及时入库，作贮藏前处理。

六、贮藏保鲜

瓯柑果实的保鲜贮藏都采用传统的民房室温贮藏。具体方法为：在瓯柑果实入库前一周，要进行清扫，堵塞鼠洞，并用

50％多菌灵可湿性粉剂或 70％托布津可湿性粉剂 500 倍液喷洒杀菌。然后在地面垫干燥的稻草等软物，将瓯柑果实轻轻地摆放其上，一般摆放高度 50 厘米左右。中间留出通道以便检查果实。

贮藏初期瓯柑果实呼吸较旺盛，呼吸产生的热量、湿气，以及随果实带入的田间热，容易使室内出现高温高湿，应敞开所有通风口或开启排风扇，降低室内温度和湿度。此时，室内气温保持 4～12℃，湿度保持 85％～90％。

贮藏中期，室外气温逐渐降低，当室外气温低于 4℃时，应注意防寒保暖，要利用中午气温较高时通风换气。当贮藏库内湿度低于 80％时，应减少通风换气次数，并在贮藏库内放几盆水，以增加湿度。

贮藏后期，室外气温逐渐升高，当室外气温升至 16℃以上时，白天要紧闭通风口，并利用晚上室外气温较低时进行通风换气，以稳定贮藏库的温度。

贮藏 40 天后，瓯柑果实的皮色已由绿转黄，果实风味也渐入佳境，可分批出库销售。一般先出售有可能腐烂的果实和容易枯水的松皮大果。并定期检查果实，发现烂果及时捡出，若烂果不多，应尽量少翻捡。

近年来，有许多果农采用箱藏法贮藏瓯柑果实，贮藏 1 个月左右，就开始销售。箱藏法具有贮藏量大、检查方便、运输销售便捷等优点，被许多果农所接受。箱藏法装箱前要根据瓯柑果实大小进行分级，装箱时要分级装箱，并做好明显的标记。纸箱 1 箱装果 10 千克，塑料箱 1 箱装果 20～25 千克，不宜装满，上部要留 5 厘米空间。堆放前，地面先铺垫平整的木板，使箱与地面留有 5～10 厘米的间隙。堆放时，箱与箱之间留有 5～10 厘米间隙，可 10×10 箱 1 堆、5×10 箱 1 堆、5×20 箱 1 堆，应根据贮藏库的具体情况而定，每堆高度：纸箱 5 箱、塑料箱 10 箱。堆与堆之间留有 80～100 厘米的通道，以便管理。贮藏库的管理与传统的民房室温贮藏相同。出库销售时，应先出售容易枯水的大果。纸箱不可贮藏过久，农历年内要全部售出。

第三节　四季柚栽培技术

四季柚原产浙江省苍南县马站镇。清代乾隆年间，由下魁村周氏农民从土柚的实生变异中选育而成，至今已有 270 多年历史。因一年四季开花结果，故称"四季柚"。四季柚外观美、肉脆、果汁丰富、甜酸适口、香味浓郁、无籽，口感极佳；果实大小适中，耐贮藏运销；具有丰富的营养价值和较高的食疗价值。在清朝中晚期被列为"清庭贡品"，素有"仙家名果"的美称。1985 年以来多次获得农业部优质水果奖、全国柚类金杯奖、中国农业博览会金奖，被国家农业部授予"绿色食品"称号，被中国国际农业博览会确认为"中国名牌"产品。

四季柚主要分布于浙南和闽东，以苍南的马站、福鼎的前岐为中心产区，总面积约 7 万亩。温州的四季柚主要分布在苍南，面积约 2 万亩，2005 年产量约 4 000 吨，最高年份的产量也只有 8 000 吨。有人作过统计，温州市每年柚类消费总量达 12 000～18 000 吨，全国潜在消费市场在 6 000 万吨以上。因此，作为"清庭贡品"、"仙家名果"的四季柚，在温州仍有许多人无法品尝它的美味。如果能够立足温州市场，占领全国市场，打入东南亚市场，四季柚将成为一个很大的产业，对当地的经济建设和社会主义新农村建设，都将起到举足轻重的作用。

一、栽培技术

（一）土、肥、水管理

1. 幼树　四季柚 1～2 年生的幼树宜薄肥勤施，每次抽梢前、后各施 1 次稀薄腐熟人粪加适量的化肥。第 3 年，春夏梢抽梢前、后各施 1 次稀薄腐熟人粪加适量的化肥，抽秋梢时要控制氮肥用量，增施磷钾肥，促使秋梢母枝形成花芽。

2. 初结果树　初结果树一年施肥 3～4 次，采用冬重、春促、夏秋补足的施肥方法；冬肥在采果前后施入，以人粪尿等有机肥为主。春肥要看树施，树势过旺的初结果树可以不施或少施；树势弱的初结果树，春肥一般 2 月下旬至 3 月初施入，以速效氮肥为主。夏肥也要看树施，5 月上旬至 6 月上旬施入，对树势衰弱、结果多的初结果树，株施人粪尿 10～15 千克；对树势旺、花量适中、果偏少的树，可不施，只进行多次根外追肥。秋肥 7 月中、下旬施入，应增施磷、钾肥，以促发秋梢、促进果实增大。在 7～8 月高温干旱期，要保持土壤水分不低于田间持水量 60%。在海涂园，雨季注意排盐洗淡，降低水位，以防长期积水烂根；干旱期要覆盖抗旱，墩面盖草厚度 10 厘米左右为宜。

3. 成龄树　成龄四季柚全年施肥 4 次以上。冬肥在 11 月份采果前后施入，春肥在 3 月上旬春梢萌芽时施入，夏肥在 6 月中旬幼果迅速生长期施入，秋肥在 8 月下旬秋梢抽生前施入，秋肥要结合抗旱灌溉进行。肥料种类以栏肥、厩肥、饼肥等有机肥为主，加入适量的化肥。做到氮、磷、钾和微的混合施用，要重视补施硼肥。施肥量视树体大小与挂果量而定。一般株产 100 千克的柚树，年施肥量为有机肥（栏肥，厩肥等）300 千克，尿素、过磷酸钙、硫酸钾合计约 8 千克，并施入适量的硼肥。全年 4 次施肥的施肥量和肥料种类各有侧重，冬肥宜重施，施肥量占全年的 40%～50%，以有机肥为主，60%～80% 有机肥在施冬肥时施入，以恢复树势、促进花芽分化；春肥的施肥量占全年的 30%，以氮肥为主，配合钾肥，以满足大量开花、抽梢及幼果发育的养分消耗；夏、秋肥要看树、看果轻施，以速效肥为主，目的是保持树体营养平衡。

(二) 树体管理

1. 生物学特性

(1) 枝 成年四季柚一年抽发春、夏、秋3次梢。春梢发梢量大，占全年总梢量的88.0%；夏梢、秋梢发梢量少，分别占全年总梢量的4.5%和7.5%。春梢生长期长（55～65天），既是当年的主要结果枝（占85.6%），又是当年的结果母枝（占36.5%）、夏梢的基枝，还是第二年的主要结果母枝（占75.1%）。夏梢生长期短，约27～30天，是当年的次要结果枝（占14.3%），也是第二年的结果母枝（占7.6%），当年也能发育成结果母枝（比例极低），还是秋梢的基枝。秋梢抽生不整齐，生长期长短不一，早秋梢生长期约25天，晚秋梢生长期40～50天，极少数是当年的结果枝（0.1%），也能发育成第二年的结果母枝（8.7%）。此外，四季柚的多年生枝也能抽生结果枝，成为多年结果母枝，占第一次结果母枝总数的8.7%。

(2) 叶 叶片是四季柚的最重要的同化器官，寿命13～16个月。四季柚的叶片利用强光和利用弱光的能力都很强。据姜小文等测定，夏天四季柚树冠外围无果春叶的光补偿点3 916勒克斯、光饱和点91 050勒克斯，内膛无果春叶的光补偿点1 228勒克斯、光饱和点76 600勒克斯；秋天树冠外围无果春叶的光补偿点1 894勒克斯、光饱和点73 900勒克斯，内膛无果春叶的光补偿点1 469勒克斯、光饱和点70 900勒克斯。因此，通过修剪，改善树冠内部光照条件，增强树冠内部叶片的强光利用能力，是四季柚优质高产的重要技术措施之一。

(3) 花、果 四季柚一年四季均能开花结果，第一次花花量最多，占全年总花效的85.6%，所结的果实品质最佳；第二次花花量较少，仅占14.3%，所结果实品质稍差；第三次花和第四次花花量甚少，两者合占0.1%，所结果实没有食用价值。生长势强的树每年仅开花1～2次。四季柚的花量大，成年树花量8 500～

13 200 朵。着果率一般为 1.52%～8.45%，当着果率达 1.6% 以上就能丰产。四季柚的花枝可分为有叶单花、有叶花序、无叶花序 3 种，以有叶花枝结果为主，占 87.9%。四季柚果实生长发育分幼果迅速生长和果实缓慢增大两个阶段。6 月上旬至 8 月上旬是第一次果迅速生长期，8 月中旬至 10 月下旬为缓慢增长期。第二次果幼果发育与第一次果相似，但前期果实生长快于第一次果，7 月上旬至 8 月中旬是迅速生长期，8 月下旬至 11 月为缓慢增长期。第二次果一般占总挂果量 10% 左右。但当第一次果较少时，第二次果可明显增加。四季柚既能自花结实，也可异花授粉结实；自花结实的果实，单果重 800～990 克，种子退化；异花授粉所结的果实，果较大，单果重 1 150～3 250 克，种子饱满，60～120 粒。四季柚果实为倒卵圆形，果皮较薄（1.0～1.6 厘米），含可溶性固形物 12.5%～14.2%，可食率 53.5%～62.7%。

2. 修剪

（1）冬季修剪　冬季修剪于 11 月至翌年 2 月进行，除剪去交叉重叠枝、荫蔽枝、果蒂枝、纤细弱枝、枯枝、病虫枝外，重点应对树冠外围中上部位进行适当疏枝，开数处"天窗"，以改善光照条件；利用其多年生枝干能抽梢结果的特性，增加内膛部位结果；对树冠顶部回缩修剪，促发营养枝，恢复树势；剪除树冠中下部迅速向外伸展的局部生长过旺的枝群和丛生枝，丛生枝修剪原则是"五去二"或"四去一"，也可"五去三"或"四去二"，根据树体枝梢分布情况灵活掌握。

（2）生长季修剪

①疏春梢　四季柚春梢抽生量大，占全年总梢量的 80% 以上。过量的春梢增加树体的营养消耗，影响坐果率。疏除春梢应在春芽萌动初期进行，丛状抽生的春梢仅保留 1～2 芽，在其长到 15～20 厘米时进行摘心。

②控制夏梢　四季柚幼树梢果矛盾突出，往往由于夏梢的旺发引起严重的落果，造成减产。一般于 5 月中下旬夏梢抽生时用

人工全部抹除。成年四季柚在春梢和果量足够时，对夏梢也采用全部抹除。

③保持合理枝果比 通过疏春梢、抹夏梢后，成年四季柚每株留春梢量为 500～900 条，枝果比为 4：1，既达到保果壮果目的，又有足量轮换结果的枝梢。

3. 调控花量

(1)疏花蕾 盛果期四季柚花量多，落蕾较少，营养消耗大。为了减少大部分无法成果的花蕾，应进行人工疏花蕾。一般在 3 月下旬至 4 月中旬现蕾初期进行，有叶花序保留 1～2 个花蕾，其余疏去；无叶花序保留 10%，疏除 90%，保留的 10% 无叶花序留 1～2 个花蕾。

(2)疏果 进入盛产期的柚树，丰产性较好，坐果率高，为保证果实质量，必须疏除部分幼果。疏果在挂果数基本稳定的 6 月中旬以后进行。疏去畸形果、弱枝果等，使坐果部位保持相对均匀。每株树保留 80～100 个果实即可。

二、病虫害防治

四季柚的主要病虫害有红蜘蛛、潜叶蛾、蚧类、黄斑病、疮痂病、溃疡病等。害虫应进行预测，做到"治早、治少、治了"；病害则以预防为主，清园管理和化学防治相结合的防治方法。

三、采收和采后处理

(一) 果实采收

1. 采收时期 适宜的采摘时期是四季柚获得优质的重要保证，当果实固酸比达 11～12：1 时采摘较为适宜。

2. 采摘方法 四季柚果实采收应选晴天，避雨天，不要用手直接揭蒂摘果。用整枝剪剪平果蒂，做到轻采轻放，尽量减少果实受伤。

（二）采后处理

1. 预贮　四季柚果实贮藏前要把果皮进行干燥预措处理，即把果实放置在通风条件下 2～4 天，使果皮稍有干萎并产生弹性，果实的重量约减少 3％～4％，这样果皮活性降低，贮藏中消耗减少。

2. 分级　经预贮后的果实在保鲜剂处理前进行分级（根据浙江省地方标准——四季柚商品果等级划分）：特级果＞1 250 克，一级果＞1 000 克，二级果＞750 克。

3. 保鲜处理　经预贮后的果实，用 5％施保克 10 毫升加水 8 千克或万利得 5 毫升加水 10 千克，浸泡或漂洗 1 分钟，然后自然晾干。

4. 单果套袋　经保鲜处理的果实，在进入贮藏库之前，用薄膜小袋单果套袋。

5. 贮藏　用民房或通风贮藏库房贮存果实。在入库前 2～3 周应进行消毒，用硫磺熏蒸或用 40％的福尔马林以 1：40 浓度喷洒库房。果实入库后应保持库房通风干燥，不宜过高堆放，以避免挤压。

第四节　永嘉早香柚栽培技术

永嘉早香柚是近年崛起的名特优柚类新品种。因其本身固有的优良品质，深受市场欢迎，在国内外各类农产品评比会和展览会上屡获殊荣，2005 年被评为浙江省十大名牌柑橘。

永嘉早香柚又名永嘉早香抛，是浙江省永嘉县 1984 年从群众选报的 42 株实生柚中选出的早熟、果皮富含香气的优选单株，1990 年定名为"永嘉早香柚"。主要分布在楠溪江中上游沿岸各乡镇，栽培面积约 2 万亩。由于永嘉早香柚成熟期早，果实大小适中，无籽或少籽，果肉晶莹透亮，肉质脆嫩、化渣，甜多酸少，很合消费者口味，鲜果供不应求，成了稀缺产品。鲜果、苗木的售价居高不下，远远不能满足市场的需求，生产早香柚果实和生产早香柚苗木成了当时最挣钱的农业项目。在市场需求的拉动下，被定名为"永嘉早香柚"的优选单株的接穗远远无法满足育苗的需求，结果只要是早香柚的接穗（包括当时参选的落选早香柚单株和没有资格参加评比的早香柚），全部被当成"永嘉早香柚"育成苗木，结果"永嘉早香柚"成了永嘉"早香柚"的混合群体，原来优选出的"永嘉早香柚"又重新混杂在"永嘉'早香柚'"之中。待 20 000 亩永嘉早香柚陆续结果后，人们才发现问题的严重性，有的果农种的"永嘉早香柚"居然结出了"玉环柚"，其中问题最严重的就是果实内裂果问题。因此，进行重新选优，把混杂在永嘉"早香柚"中的真正"永嘉早香柚"找出来，是"永嘉早香柚"重振雄风的关键。

一、栽培技术

（一）土、肥、水管理

1. 改良土壤　永嘉早香柚大多种植在山地红黄壤上，土壤酸性较强，黏性较重，土质瘠薄。在增施有机肥、土杂肥的基础上，每隔 1～2 年施 1 次生石灰，每亩施 50～75 千克。套种绿肥可以增加土壤有机质，减少水分蒸发，具有抗旱保墒作用，有条件的果园应长期坚持。中耕除草是永嘉早香柚的一项重要工作，一般 1 年 2 次，可结合施肥进行，中耕深度 20 厘米左右。冬季客土，对改良土壤效果很好，有条件的果园应年年进行。

2. 合理施肥　永嘉早香柚施肥的主要目的是：

（1）为当年结果提供足够的养分。

（2）为培养足够数量长度 10～20 厘米的健壮枝梢、为第 2 年培养足够数量的优良结果母枝提供足够的养分。因此，施肥的主要任务是保持树势中庸，弱树多施，强树少施。一般 1 年施 4 次肥，春肥（发芽肥）株施尿素 0.5～1 千克，复合肥 1～1.5 千克；夏肥（梢果肥）株施尿素 0.6 千克；秋肥（壮果肥）株施复合肥 0.6～1 千克、硫酸钾 0.5 千克；冬肥（采果肥）株施腐熟有机肥 100～200 千克、腐熟饼肥 1～1.5 千克、钙镁磷肥 1 千克。施肥方法以穴沟状施肥，深 15～20 厘米。干旱时要结合浇水施肥。

3. 根外追肥 红黄壤土质贫瘠，容易缺硼和缺锌。结合防治病虫害，根外追施 0.1％硼砂、0.1％硫酸锌、0.1％磷酸二氢钾和 0.1％尿素，可起到补充硼、锌和氮、磷、钾的作用。一般每年 1～2 次，第 1 次在开花前结合防治红蜘蛛时进行，第 2 次在生理落果结束后的 7 月初。

4. 水分管理 伏旱、秋旱期间进行浅耕覆草，可起到降低土温、减少水分蒸发的作用。有条件的果园应结合施肥进行浇水。但采果前 30～40 天应控制浇水，轻微干旱或中午叶片出现微卷可不灌水，以提高柚果可溶性固形物含量；干旱较严重时，可适当灌水，一般每株成年树浇水 30～60 千克，以缓和旱情即可。

（二）保花保果

花期雨水过多，容易出现烂花和大量落花，造成严重减产。此时，可利用下雨间隙进行摇花，摇落已腐烂的花和过多的花，同时对直径 2～3 厘米的骨干枝进行螺旋状环割 2 圈，可起到良好的保果效果。生长势过旺的永嘉早香柚，因春梢和夏梢抽生太多而大量落果，造成减产；可采用骨干枝螺旋状环割保果、抹除部分春梢和全部早夏梢保果和用中国柑橘研究所研制的 GA＋BA 专用保果剂喷幼果等方法，均可达到很好的保果效果。

（三）整形修剪

永嘉早香柚的骨干枝主要有直立枝、斜生枝、水平枝和下垂枝4种类型。据调查，斜生枝骨干枝上着生结果母枝占总数的78.1%，斜生枝骨干枝上最终着果量占总果数的89.5%。因此，成年永嘉早香柚的整形主要是培养斜生枝骨干枝。

永嘉早香柚的结果母枝可分为＜5厘米、5～10厘米、10～20厘米和＞20厘米4种类型。长度在10～20厘米的结果母枝，是永嘉早香柚的优良结果母枝；长度＜5厘米和5～10厘米的结果母枝，虽然着果率低，但所占比例大，花量多，最终着果量较高（52.8%），是永嘉早香柚主要的结果母枝；长度＞20厘米的结果母枝，虽然其上所开的花着果率高，但所占比例小，花量少，最终着果量少（6.4%），只能作为永嘉早香柚的辅助结果母枝。因此，修剪时，适当疏除长度＜5厘米的结果母枝，以减少花量、减少不必要的营养消耗；短截一部分长度5～10厘米的结果母枝和长度＞20厘米的结果母枝，以促发长度10～20厘米的健壮枝梢，为第二年培养更多的优良结果母枝，达到年年高产。

永嘉早香柚的结果枝主要有无叶花序、有叶花序、无叶单花、有叶单花4种类型。无叶花序的花量占绝对优势，占总花量的93.4%，有叶花序占总花量的6.0%，无叶单花、有叶单花数量很少（只占0.6%）。不同长度结果母枝上着生的各类结果枝比例有一定差异，其总的趋势为：结果母枝长度越短，无叶花序的比例越高。有叶花序和无叶花序是永嘉早香柚最主要的结果枝类型，两种类型结果枝的最终着果量占总果量的99.3%。其中有叶花序着果率（4.3%）明显高于无叶花序（0.6%）；但无叶花序最终着果量占总果数的66.4%，明显多于有叶花序（32.9%）。因此，生产上一般不单独进行疏花，只是结合疏删修剪剪除长度＜5厘米的结果母枝和短截修剪剪除部分长度5～10

厘米的结果母枝，以达到疏除过多的无叶花序的目的。

二、病虫害防治

永嘉早香柚的主要病害有疮痂病、溃疡病、炭疽病等，虫害有红蜘蛛、潜叶蛾、介壳虫、橘蚜、凤蝶幼虫等。应根据病虫害发生特点，采取综合防治措施，及时控制为害。

三、内裂果问题与减轻裂果的措施

永嘉早香柚的裂果与"玉环柚"裂果是不同的。"玉环柚"的裂果是可以从外观看见的、是可以食用的。而永嘉"早香柚"的裂果是内裂，外观是看不出的，切开后才发现囊瓣开裂；轻的砂囊半透明、砂囊内有果汁、味淡，砂囊壁木质化程度较轻，刚入口时没有渣的感觉，最后咽下时略有渣的感觉；严重的砂囊呈白色甚至黄色、严重枯水，砂囊壁木质化程度很高，食用时如同吃干草，失去食用价值。

永嘉早香柚自 1990 年定名后，就成了馈赠亲友的礼品，也是许多企业馈赠客户、宣传永嘉的珍贵礼品，是人见人爱的果中珍品。售价是其他柚类的好几倍。发现内裂果后，刚开始以为是个别株劣变的原因，后来发现了很多内裂果时，才知道劣株的比例太大了，问题主要出在育苗上。永嘉早香柚果实内裂问题，已严重影响早香柚的声誉。并一直困扰着广大果农，引起了政府部门和农业技术部门的高度重视，并出重金进行网上难题招标，想从栽培上进行彻底解决。经过几年的努力，找到了异花授粉、增加果实种子量、减轻内裂果的办法。

经有关人员调查，认为早香柚无籽果实横径达到 13.7 厘米时，果实即出现内裂；当中心柱出现开裂时，囊瓣也出现开裂；进行人工辅助授粉，可明显推迟果实内裂时间和裂果率，裂果率可由 25.7％降至 3.9％，但果实也由无籽变为平均单果有约 48.7 粒种子。土施保水剂加地膜覆盖、果实涂保鲜膜等措施对减轻早香柚内裂果没有效果，与人工辅助授粉相结合可极显著地减轻内裂果，但最终内裂果率仍很高。只有种子数达到 50 颗以上早香柚内裂果才显著减轻，且随种子数的增加效果也随之增加。土柚作为四季柚的授粉品种种子数最多，玉环柚、四季柚其次。

目前，永嘉县生产上推广的异花授粉主要采用人工授粉，具体方法为：在授粉前，采集当地土柚、文旦或四季柚的花粉，置于干燥的玻璃器皿内备用。授粉时间在早香柚花开放后进行第一次授粉，用镊子轻轻剖开，用毛笔蘸取事先采集的花药点在早香柚的柱头上即可。每花穗授粉 1～3 朵，其余的花抹去。

由于人工授粉费时费力，人工授粉后内裂果比率仍然很高。因此，人工授粉是解决永嘉早香柚内裂果的一项过渡性措施。更好、更省力的办法应采用高接授粉品种或改接一定比率的授粉品种。最根本的办法就是：通过广泛发动群众，筛选出不裂果、品质优、无种子、产量高、遗传性稳定的永嘉早香柚优良单株，建立母本园，然后通过高接换种改良现有的劣株，并通过小苗繁殖进行稳步发展。

四、冻害的预防及冻后处理

永嘉早香柚遇－3℃以下低温时，山谷底部早香柚易遭冻害；遇－5℃以下低温时，则发生较大面积冻害。可能发生冻害的果园，要注意当地的天气预报信息，在冻害前 3 天树冠喷布抑蒸防冻剂 200 倍，可有效地预防冻害。

冻害发生后，对受冻柚树按照"轻冻摘叶、中冻剪枝、重冻锯干"的原则进行处理，并及时对树体进行护理和肥培管理，次年可迅速恢复树体。

五、采 收

永嘉早香柚是早熟柚品种，果实在花后 135 天左右就停止膨大，果实也已部分着色，达到了最低的采收成熟度。正常年份，永嘉早香柚的果实 9 月上旬开始转色，由青绿色逐渐向橙色及黄色转变，果皮变松软，汁胞壁由硬变软，酸糖比逐渐下降。鲜食早香柚宜在 10 月中下旬采摘，此时无论出汁率、外观还是内在的品质都最好。但贮藏果可适当提早采摘。

第五节　脐橙栽培技术

脐橙是世界公认的综合性状最优的甜橙品种。果大，肉质脆嫩，清甜可口，食后有一种神清气爽的感觉，深受消费者喜爱。售价一直稳定居高，销量年年增加，市场前景很好。温州属于夏季高温高湿的气候，许多脐橙品引入试种后，均出现落果严重、产量不高的现象。因此，选择适合温州当地种植的脐橙品种，是成功的关键。温州市农业科学研究院经过引试筛选，筛选出清家、林娜、白柳、朋娜等 4 个适宜温州种植的脐橙品种。

一、品种特性

(一) 清家脐橙

原产于日本爱媛县，1958 年发现于清家太郎氏脐橙园，1975 年进行品种登记，繁殖推广。1978 年引入我国，1986 年从中国农科院柑橘所引入温州试种。以枳作砧木，表现结果早、产量高、品质特优，是我国发展的脐橙品种之一。

枳砧清家脐橙树势中等，树冠圆头形，中等大。枝梢节间密，节部突起，叶片小。果实 11 月上旬成熟，果皮橙黄色、较细，果实大，单果重 200～250 克，圆球形。肉质脆嫩化渣，风味特优。可食率 78％左右，果汁 54％，含可溶性固形物 11％～12.5％，每 100 毫升含糖量 8.5～9 克、含酸量 0.7～0.9 克。

(二)林娜脐橙

林娜脐橙又称纳维林娜、奈佛林娜。原产于西班牙，是华盛顿脐橙的早熟芽变品种。20 世纪 70 年代末期，我国分别从美国、西班牙引入，1986 年从中国农科院柑橘所引入温州试种。以枳作砧木，树势中庸，结果早，优质、高产、稳产性很好，是我国推广的脐橙品种之一。

枳砧林娜脐橙树势中庸，树冠扁圆形，树冠较大。抽枝能力较强，枝条短而壮、密生，叶色浓绿；秋梢叶片较薄、不平整、直立向上，叶色较浅。果实 11 月中下旬成熟，皮色橙红，较光滑，果皮较薄。果实椭圆形，较大，单果重 200～230 克。果实顶部圆钝，基部较窄，常有短小的沟纹。肉质脆嫩化渣，风味浓甜。可食率 79％～80％，果汁 51％，含可溶性固形物 11％～13％，每 100 毫升含糖量 8～9 克、含酸量 0.6～0.7 克。

(三)白柳脐橙

原产于日本静冈县，1932 年从静冈县的华盛顿脐橙园中选出，1950 年推广。1978 年引入我国，1986 年从中国农科院柑橘所引入温州试种。以枳作砧木，表现树势强、产量高、品质优。在肥水管理水平较低的山区，也可发展。

枳砧白柳脐橙树势强健，枝条粗壮，枝叶茂密，树冠圆头形，树冠大。果实 11 月中下旬成熟，果皮橙黄色、较细，果实大，单果重 250～300 克，圆球形。脐明显，基部较窄，蒂周有放射状沟纹。肉质细嫩化渣，品质优。可食率 75％左右，果汁 49％～50％，含可溶性固形物 12％～13％，每 100 毫升含糖量

10 克、含酸量 0.6～0.7 克。

(四) 朋娜脐橙

原产美国，是从美国加利福尼亚洲的华盛顿脐橙中选出的突变优良品种。1978 年引入我国，1986 年从中国农科院柑橘所引入温州试种。以枳作砧木，树势中等偏弱，结果早，产量高，品质好；但存在裂果严重、结果过多易早衰的缺点。目前，国内栽培很普遍。

枳砧朋娜脐橙势中等偏弱，树冠圆头形，中等大。发枝力强，枝条短而密，节部突起。叶片小，叶色浓而厚。果实 11 月中旬成熟，果皮橙黄色，果面光滑。果实较大，单果重 180 克左右，高圆形。果肉脆嫩、较致密，风味较浓，甜酸适口，品质上等。

二、栽培技术

(一) 土、肥、水管理

1. 施肥　施肥的主要目的是满足脐橙生长、发育对各种矿物元素的需要，使脐橙叶片的光合效能达到最高、制造的碳素营养最多，最终达到优质、高产。

(1) 幼树施肥　幼树施肥的主要目的是促进多发枝梢，加速树体营养生长，迅速形成树冠，为早结丰产奠定基础。

1～2 年生的幼树宜薄肥勤施，每次抽梢前施一次促梢肥，在顶芽"自剪"至新梢转绿期再施一次壮梢肥。以速效性氮肥为主，每次每株施 30％稀薄腐熟人粪尿 2.5～5 千克加尿素 0.1～0.2 千克。11 月份结合深翻扩穴施基肥，在树冠投影处外围开挖深 30～35 厘米的沟，每株施腐熟饼肥 1～1.5 千克、50％稀薄腐熟人粪尿 5～10 千克。结合病虫害防治进行根外追肥，每次在农药中加入 0.1％尿素、0.1％磷酸二氢钾；也可单独进行根外追肥，浓度为 0.1％尿素加 0.2％磷酸二氢钾。

第 3 年，春夏梢抽梢前、后各施 1 次 30％稀薄腐熟人粪尿 10～15 千克加 0.2～0.3 千克尿素；抽秋梢时要控制氮肥用量，增施磷、钾，促使秋梢母枝形成花芽，在秋梢抽发前、后各施一次 30％稀薄腐熟人粪尿 10～15 千克、尿素 0.1 千克、硫酸钾（或氯化钾）0.1 千克、过磷酸钙 0.1 千克。11 月份结合改土施一次基肥，在树冠投影处外围开挖深 30～35 厘米的沟，每株施腐熟饼肥 1～1.5 千克、硼砂 0.1 千克、50％稀薄腐熟人粪尿 10 千克。结合病虫害防治进行根外追肥，每次在农药中加入 0.1％尿素、0.1％磷酸二氢钾；也可单独进行根外追肥，浓度为 0.1％尿素加 0.2％磷酸二氢钾，每年喷施 6～7 次。

（2）初结果树施肥　脐橙初结果树是指树龄 4～5 年，开始结果的幼树。施肥的主要目的是：除了继续促发健壮的春梢、秋梢和早秋梢，继续扩大树冠外，还要尽快提高产量，争取早日进入盛果期。重施芽前肥、壮果促梢肥和采果肥，巧施夏肥。芽前肥在 2 月上中旬萌芽前施入，以速效氮磷肥为主，每株施 50％稀薄腐熟人粪尿 25 千克、钾肥 0.1～0.2 千克、尿素 0.25 千克，在树冠投影处外围开沟施下后覆土。夏肥要看树施，在 5 月上旬至 6 月上旬施入，对树势衰弱，结果多的初结果树，株施 50％稀薄腐熟人粪尿 10～15 千克；对树势旺、花量适中、果偏少的树，可以不进行土壤施肥，只进行多次根外追肥。壮果促梢肥在 7 月中下旬果实膨大期和秋梢生长期施入，以腐熟饼肥为好，株施腐熟饼肥 1.25 千克或 50％稀薄腐熟人粪尿 10～15 千克、尿素 0.25 千克、钾肥 0.2 千克，施肥时最好结合灌水进行。采果肥在 11 月底 12 月初施入，以氮肥为主，结合有机肥、磷肥和钾肥等，一般株施腐熟栏肥 25 千克、三元复合肥 0.5 千克、尿素 0.25 千克、钾肥 0.5 千克和硼砂 0.15 千克，在树冠投影处外围、开深沟施下后覆土。

（3）成龄树施肥　成龄脐橙园已开始封行，产量也达到或接近最高，此时期施肥的主要任务是：保持树势中庸，防止树体衰老，维持年年美满结果。全年施肥3～4次，以重施壮果促梢肥、早施采果肥、巧施芽前肥和稳果肥为原则。施肥量以上一年的产量来确定，肥料种类以菜籽饼等有机肥为主，占全年肥料总量的70%，化肥占全年肥料总量的30%。当年菜籽饼的总用量以上年产量的20%计算，化肥的总用量以上年产量的5%～6%计算。以上一年亩产2 500千克的林娜脐橙为例，当年菜籽饼的总用量为500千克、化肥总用量为125～150千克。具体施肥方法为：

①重施壮果促梢肥　在7月上旬至7月下旬结合夏季修剪进行，应视结果量、树势而定；结果多、树势稍弱的树，宜提早到7月上旬施，施肥量也应增加；结果少、树势稍强的，可在7月底施入，施肥量可适当减少。这次施肥的主要目的是提高当年的果实质量、促发大量健壮的秋梢，为明年优质高产打下基础。因此要重施，施肥量占全年的60%～65%。株施腐熟饼肥4～5千克、氮磷钾三元复合肥1～1.25千克，施肥后要立即浇水1次。并注意抹除零星夏梢，直到预定的放秋梢时间才大量放梢。

②早施采果肥　采果肥在采果前15～20天施入，施肥量占全年的30%，株施腐熟菜籽饼2千克、优质腐熟栏肥10千克、氮磷钾三元复合肥0.5千克和50%稀薄腐熟人粪尿10～15千克，深施后覆土。

③巧施芽前肥和稳果肥　芽前肥和稳果肥应视树势而定，树势强的可以不进行土壤施肥，只结合病虫防治和保花保果进行喷施叶面肥。芽前肥以速效氮肥为主，在春梢发芽前10～15天进行叶面喷施0.2%～0.3%尿素、0.1%硼砂水溶液1～2次，施肥量占全年的5%。稳果肥以速效性氮肥为主、结合速效磷钾肥，在春梢停止后至第二次生理落果前（约5月中下旬）进行叶面喷施0.2%～0.3%尿素、0.1%磷酸二氢钾水溶液2～3次，施肥量占全年的5%。

（4）衰老更新树施肥 这个时期的施肥目的是促进春、夏、秋梢抽发，恢复树势。具体方法是：地下部结合深翻断根增施有机肥，以促进根系生长，增强根系吸收能力；地上部结合短截修剪，在每次萌芽抽梢期，增施速效氮肥，使春、夏、秋梢生长健壮。待树势恢复后，即采用成龄树的施肥方法。

（5）施肥方法 目前，脐橙生产上常用的施肥方法主要有土壤施肥和叶面施肥，叶面施肥是根外施肥的一种方法，生产上习惯称它为根外追肥。土壤施肥的原则是：使根系既能快速吸收利用营养元素，又要防止根系肥害。生产者在施肥实践中因时、因树、因肥制宜，总结出了春、夏季浅施，秋冬季深施；根浅浅施，根深深施；化肥、无机氮肥浅施，磷钾肥、有机肥深施的施肥技术。具体的施肥技术有：环状施肥法、穴状施肥法、放射状施肥法、条沟状施肥法、全园施肥法和根外追肥（叶面施肥）。

2. 土壤管理 山地脐橙园的主要土壤管理工作有：中耕除草、套种绿肥、果园覆盖、深翻改土。平原水稻田脐橙园的主要土壤管理工作有：中耕除草、套种、树盘覆盖、客土。中耕除草一般都结合施肥进行，山地脐橙园中耕除草后，应进行果园覆盖、减少土壤水分蒸发，覆盖材料可就地取材，杂草、绿肥均可，覆盖物厚 10～15 厘米，并离主干约 5 厘米；往后每次结合施肥中耕时，先移开覆盖物，待操作完毕，再重新进行覆盖；冬季结合深翻将覆盖物埋入土中。平原水稻田脐橙园中耕除草应做到"冬深、春浅、夏刮皮"的原则，也就是说，春夏季节中耕宜浅（5～10 厘米）、以防止伤根过多，冬季中耕可以深一些（10～15 厘米）；平原水稻田脐橙园中耕除草时，应进行理沟、培土。幼龄脐橙园套种矮秆作物，既可增加收入，又可提高土壤肥力。山地脐橙园套种印度豇豆、苜蓿、箭舌豌豆等绿肥较好，平原水稻田脐橙园可套种蔬菜和绿肥。平原水稻田脐橙园在春季、初夏多雨水季节，一般不进行树盘覆盖，以防土壤水分过多而烂根；但在伏旱、秋旱时，应进行树盘覆盖，覆盖材料可就地取材，杂草、作物秸秆、水荷花、绿萍、栏肥等都可以，厚约 10~15 厘米，离树干距离约 5 厘米。

3. 水分管理 山地脐橙园在干旱季节要及时灌水。平原水稻土脐橙园多雨季节要及时排除积水，伏旱、秋旱时要及时灌水。灌溉时间应在上午 11 时以前及下午 3 时半以后，避免在中午高温时灌水。为提高灌溉效果，增加保水时间，可沟施保水剂；在灌水前沿树冠投影外 20 厘米处挖长 1.5 米、宽 0.3 米、深 0.4 米的沟，均匀撒施保水剂，成年树每株 40~50 克，幼龄脐橙树每株 20~30 克，灌透水后及时覆土。

(二) 整形修剪

整形修剪是脐橙生产最重要的工作，也是生产者最难掌握的技术。主要原因是：许多生产者在没有真正了解脐橙光合特性的情况下，生搬硬套其他柑橘的整形修剪技术，无法充分挖掘脐橙的生产潜能，亩产量长期无法达到高产水平。因此，了解一点脐橙的光合特性知识，对生产者真正掌握脐橙整形修剪技能，是很有用的。

1. 光合特性 脐橙的叶片利用强光的能力较差、利用弱光的能力较强，是耐阴性较强的果树。据测定，脐橙的光饱和点在 27 495~53 865 勒克斯之间，光补偿点在 420~2 605 勒克斯之间。

因此，整形修剪时，要根据脐橙的光合特性进行合理的设计。树体未封行之前，在保持树冠中层良好的光照条件下，要以最大的速度增加树体的枝叶数量，保证单株具有较高的净光合速率，满足果实和整个树体营养的消耗及贮备养分的积累。树体封行后，要根据脐橙耐荫能力较强的特点，在稳定单株枝叶数量的前提下，通过各种修剪技术，保持树冠中层良好的光照，使大部分叶片处于高功能状态，使树体维持较高的单株净光合速率，满足果实和整个树体营养的消耗及贮备养分的积累。

2. 整形　根据脐橙叶片利用强光能力较差和利用弱光能力较强的特点，以及脐橙树冠中层着果能力强、果实品质好和树冠外围直立枝着果能力差、果皮粗、果汁少、品质差的结果习性，整形时采用自然圆头形比较好。自然圆头形修剪量很少，树冠扩大迅速，早期结果好，整形容易，是适合脐橙的光合特性，也适合脐橙的自然生长结果习性。采用自然圆头形整形，结果初期，利用树冠中、下层结果，利用树冠外层的枝梢迅速扩大树冠；进入盛果期后，采用短截修剪，分期分批更新结果母枝和中小型结果枝组，不必修剪成明显的凹凸树形，只要树冠中层有较多的光线透入，即可达到美满结果，获得年年优质高产。因此，生产上普遍采用自然圆头形作为脐橙的树形。

3. 修剪　脐橙的修剪主要有夏季修剪和冬季修剪两个时期。夏季修剪又称生长季修剪，主要有抹芽、摘心、环割、环剥、短截修剪、疏删修剪等方法。冬季修剪主要有短截修剪和疏删修剪。

4. 幼龄树修剪　种植后1～3年的脐橙幼树，主要是为了扩大树冠，以夏季修剪为主，冬季修剪为辅，主要采用摘心、抹芽等修剪方法。根据自然圆头形的整形要求，选留主枝。对主枝上和副主枝上着生的枝梢，可通过抹芽、摘心的方法培养成结果枝组，具体做法是：春梢老熟后每隔3～5天抹一次芽，抹除主干上萌发的所有幼嫩枝梢，同时抹除春梢上抽生的零星幼梢，到5月中下旬暂停抹芽，加强肥水管理，统一促发整齐的夏梢；6月中旬夏梢留6～8叶摘心，并抹除零星抽生的幼梢，到7月中旬停止抹芽，加强肥水管理，促发秋梢整齐生长。在统一放梢的同时，要做好潜叶蛾、蚜虫等害虫的防治工作。

5. 结果树修剪　根据自然开心形的整形要求，继续进行整形，直至封行。主枝和副主枝上着生的结果枝组、结果母枝、营养枝的修剪方法，应根据不同品种、树势区别对待。具体做法是：

（1）封行前结果树的修剪　封行前脐橙修剪的主要任务是保

证正常结果和培养新的结果枝组。树势过强的，可采用环割大中型结果枝组保果、抹除夏梢保果；并通过摘心、抹芽等修剪方法，在主枝和副主枝上继续培养新的结果枝组，增加第 2 年的结果量。

（2）封行后结果树的修剪　封行后，脐橙的枝叶数量已稳定，修剪的主要任务是保证当年正常结果和提供第 2 年足够数量的健壮结果母枝。因此，可通过抹芽严格控制夏梢生长，保证树冠中层有足够的光照；通过统一促发健壮秋梢，保证第 2 年有足够数量的结果母枝；通过疏删修剪，剪除枯枝、病虫枝、交叉枝、衰弱枝、过密枝、丛生枝，改善树冠中层的通风透光条件；通过短截修剪，短截过长枝、徒长枝、落花落果枝、果梗枝，重短截生长势弱、已无结果能力的结果母枝，促使这些枝条萌发更多健壮的新梢，成为第 2 年的新的结果母枝；通过有计划地更新中、小型结果枝组，防止结果部位外移和内堂空虚。

（三）花果管理

1. 保花保果　谢花后至第一次生理落果前，应用中国农业科学院柑橘研究所栽培与生理研究室研制的"增效液化 BA＋GA"保果剂，对防止脐橙幼果异常落果有特效。具体方法是：谢花后幼果开始膨大时，用"增效液化 BA＋GA"（涂果型）10毫升加水 1.5～2.5 千克加适量淡豆浆，用手持喷雾器均匀喷湿幼果。

如果花期遇到长时间的阴雨天气，无法及时喷施"增效液化BA＋GA"保果剂，可先采用环割保果措施，待雨季过去后，再喷施"增效液化 BA＋GA"保果剂保果。如果不先采用环割保果，待雨季过去后，树上幼果已很少，减产已成定局了。

2. 脐黄落果及防治　脐橙果实的次生果黄化，简称"脐黄"，是发生在脐橙上的一种特有生理病害，脐黄的过程实质上是次生果衰亡乃至腐烂的过程，并最终导致整个果实的脱落。脐黄一般开始出现在幼果第二次生理落果结束或将近结束时的6月下旬至7月上旬，在8月上旬基本结束。在可见脐外观黄化之前，脐内多数已先黄化，甚至褐变。脐黄发病的轻重与脐橙品种有密切关系，幼果期生长快的朋娜脐橙、清家脐橙等脐黄发病率高，幼果期生长慢的林娜脐橙等脐黄发病率低。脐黄发病严重的脐橙品种，有时脐黄落果可占当时树上挂果量的30%以上，严重影响产量。

在第二次生理落果刚开始时，用中国农业科学院柑橘研究栽培与生理研究室研制的抑黄酯（Fows）30倍液涂脐部，可显著减轻脐黄落果，并兼有防止第二次生理落果的作用。是目前防治脐橙果实脐黄落果的有效方法。

3. 裂果及预防 采前裂果是朋娜脐橙等易裂果品种丰产不丰收的主要原因，一般年份裂果率为20%～30%，高的年份可达50%以上。采前裂果，使丰收在望的脐橙果实白白损失了，不仅造成严重减产，而且使许多果农非常心疼、失去了继续种植脐橙的信心。

采前裂果发生的轻重与脐橙品种有密切关系，果实呈长圆形、果皮较厚、果脐闭脐或较小、脐部皮较厚的品种裂果率低，果形扁、果皮薄、果脐大、开脐的品种裂果率高。此外，同一脐橙品种，果实着生部位、果实形状不同裂果率也不同，脐大、陷凹深的果实裂果率高，脐小、向外凸起的果实裂果率低，着生在树冠外围中上部强壮枝上的大果易裂果，着生在树冠中下部内堂中庸枝上的中等果不易裂果。

土壤水分和空气湿度也是影响脐橙裂果的重要因素。持续均衡的供水有利于减轻裂果，久旱骤雨、急速大量灌水会引起大量裂果。钾、钙、氮等矿质营养有利于减少裂果，磷则会增加裂果。

脐橙采前裂果是世界性技术难题，目前除了选择不易裂果的品种外，还没有一项技术措施能从根本上防止脐橙采前裂果的发生。生产上主要通过修剪剪除树冠外部易裂的果实，多施钾肥、钙肥、氮肥，保证果园持续均匀的供水，应用生长调节剂促使果皮增厚，等综合防裂果措施，以减轻裂果的发生。

三、病虫害防治

为害脐橙的病虫害很多，但对产量和果实品质影响较为突出且普遍发生的病虫害主要有溃疡病、红蜘蛛、锈壁虱、潜叶蛾。虫害做到及时发现及时防治。病害防治应贯彻"预防为主，综合防治"的方针。

第六节　柑橘病虫害防治

柑橘是多年生常绿果树，病虫种类较多，一年四季都有发生为害。现就常发生的柑橘主要病虫及其防治方法介绍如下：

一、病　　害

(一) 柑橘溃疡病

细菌性病害，是国内外植物检疫对象。主要为害甜橙和柚类的枝、叶和果实。在有水膜和适温条件下，病菌只需 20 分钟就可侵入。台风、暴雨有利发病和流行，潜叶蛾为害严重发病也重，春梢受害轻，夏、秋梢受害严重。橙、柚易感病。

防治方法：加强检疫，不从疫区调运果实、苗木、接穗；烧毁带病苗木及病枝叶；在各次新梢自剪后至病斑始见前及幼果期喷药保护，每次台风后要及时喷药保护，喷药防治前应剪除病枝、摘除病叶，主要药剂有：77％可杀得 500 倍液、新植霉素1 000 万单位加水 40 千克或用 25％叶青双可湿性粉剂 600 倍液、等量式波尔多液 100 倍液。

（二）柑橘疮痂病

真菌性病害，主要为害嫩叶、幼果，也为害嫩梢、花器。在感病品种上，叶片病斑周围组织呈圆锥形向叶背一面突起，正面呈漏斗状凹下；果实病斑为黄褐色圆锥形木栓化散生或聚生的瘤状突起。在较抗病品种的叶片上，病斑几乎不突起，呈木栓化连成较大的死组织，如同疥癣状。15～24℃和高湿适宜发生，以20～21℃发病最快，超过 24℃很少发生，橘类发病最重，柑类次之，橙类和柚类最抗此病。

防治方法：春梢萌发 1 粒米长时和花谢 2/3 时喷布 80% 大生 M-45 可湿性粉剂 1 000 倍液或 50% 多菌灵可湿性粉剂 800倍液或 70% 托布津可湿性粉剂 800 倍液。

（三）柑橘炭疽病

真菌性病害。主要为害枝、叶、果等，造成落叶、枯枝、烂果。果实上的症状有果腐、干斑和泪痕状 3 种，果腐型多从蒂部开始，逐渐扩展，终至全果腐烂，中央密生黑色小点；干斑型边缘明显，凹陷革质，果肉一般不受害；泪痕状病斑在柚类上发生较多，病斑呈暗红色或红褐色。在 9～37℃环境条件，就产生分生孢子借风雨、昆虫等传播。病菌侵入后，一般不立即发病，要等到寄主生长衰弱（干旱、冻害和栽培管理不当等因素造成）时，就发病、表现症状。土壤黏重，排水不良，树冠荫蔽及偏施氮肥等有利发病。

防治方法：以加强栽培管理为重点的综合防治，才能有效地控制柑橘炭疽病的为害。做好开沟排水，增施磷、钾肥和有机肥，加强修剪，加强防冻抗旱，及时治虫，培养健壮树体，减少发病机会。冻害发生后，要及时对全树（包括骨干枝）喷 80%大生 M-45 可湿性粉剂 1 000 倍液 1～2 次预防；在严重干旱时，要注意调查，在发病初期就喷80％大生 M‐45 可湿性粉剂 1 000 倍液或 50％多菌灵可湿性粉剂 800 倍液或 70％托布津可湿性粉剂 800 倍液，并加强栽培管理。在 8 月中旬前喷 80％大生 M‐45 可湿性粉剂 1 000 倍液 2 次，每次间隔 15～20 天，预防果实炭疽病的发生。

(四) 柑橘树脂病

真菌性病害，主要为害枝和主干，也为害果实。枝和主干受害后，出现枯枝、落叶，造成树势衰退，严重时整株树死亡。在枝干上有流胶和干枯 2 种症状。流胶型病斑呈褐色，流出黄褐色有臭气的半透明胶质黏液，逐渐干枯，皮层开裂剥落、木质部外露。干枯型病斑红褐色、略下陷、无胶液，皮层不剥落。两种症状的共同点是在病、健交界处有一条黄褐色痕带。病菌侵染嫩叶、嫩梢和幼果后，在被害部的表面产生许多深褐色或黑色胶状小点，使果实、叶片和枝条表面粗糙，好像有许多沙粒粘附着，故又称沙皮病。在果实贮藏侵染为害时称蒂腐病。

病菌寄生性不强，在生长衰弱、有伤口、冻害时才能侵染。因此，在树势强健时，病菌侵染嫩梢、嫩叶和幼果后，虽然也能萌发侵入，但受到了抵抗，只能在被害部的表面产生许多深褐色或黑色胶状小点，即沙皮病。当柑橘受到冻害、日灼伤等损伤时，则极容易导致树脂病流行。

防治方法：应采取以加强栽培管理为主、药剂防治为辅的综合防治方法。全年树干涂白两次（上、下半年各一次），预防主干冻伤和日灼伤，减少病菌侵染的机会。在生长季节，结合防治疮痂病、炭疽病，至少喷药 3～4 次，防治药剂和浓度与防治疮痂病、炭疽病相同。枝干上发病后，先把病部腐烂组织刮除，再用锐利刀尖纵刻病部，刀尖要深入木质部，纵刻线间隔 0.5 厘米，纵刻部位上下左右要超出病部 1 厘米，并用 75％酒精消毒，然后涂刷高浓度杀菌剂 3～4 次，每次间隔 10 天，疗效甚好。药

剂有 80％抗菌剂 402 乳油 20 倍液或 50％多菌灵可湿性粉剂 50
倍液或 70％托布津可湿性粉剂 50 倍液。果实蒂腐是贮藏保鲜中
出现的柑橘果实病害，可结合防治青、绿霉病，用 25％施保克
乳油 1 000 倍液洗果。

（五）柑橘黄斑病

真菌性病害，仅在叶片上出现病斑，病斑形状不规则，叶片
正面黄色斑块较明显，叶片背面褐色颗粒状物较明显。生长势强
的四季柚发病较普遍，主要为害叶片，被害严重的叶片极易脱
落，造成树势衰弱、产量降低。

病原菌在叶片或落叶病斑上越冬，第二年春季通过雨水传播
到新叶上。5 月上旬始发，6 月下旬达到高峰期，9～10 月病斑
出现。

防治方法：发病严重的果园，在春梢萌发 1 粒米长时和
花谢 2/3 时，结合防治疮痂病，喷布 80％大生 M－45 可湿性
粉剂 1 000 倍液 2 次。5 月下旬至 6 月下旬，喷 50％多菌灵
可湿性粉剂 800 倍液或 70％托布津可湿性粉剂 1 000 倍液喷
布 2～3 次。

（六）柑橘烟煤病

真菌性病害，主要以病菌的绒状黑色霉层遮盖枝、叶和果
实，阻碍植株正常光合作用，致使树势衰退。

引起烟煤病的病原菌有 10 多种。病菌在病部越冬，孢子飞
散到介壳虫、蚜虫、黑刺粉虱等害虫的分泌物上而发病。荫蔽和
潮湿有利发病。

防治方法：介壳虫、蚜虫、黑刺粉虱等害虫的分泌物是煤烟
病发生的先决条件，防治介壳虫、蚜虫及粉虱等害虫，就可彻底
防治煤烟病。适当修剪，加强通风透光，在发病初期喷 0.5％等
量式波尔多液，可起预防作用。

（七）青霉病和绿霉病

真菌性病害，是柑橘贮藏期最重要的病害。青、绿霉的症状相似，初期病部水渍状、圆形、软腐，后长出白色菌丝层，在中部很快出现青色（青霉病）或绿色（绿霉病）的粉状霉层，外围有一层白色的霉菌带，青霉霉菌带 1～2 毫米，绿霉霉菌带 8～15 毫米。

高温和高湿有利此病发生，气温在 25～27℃时为害最烈，在库内温度高于 12℃时，可迅速蔓延。初入库时，气温高，易发病。2 月下旬后，气温变化大，并不断升高，易于发病。

防治方法：适时精细采收，同时对贮藏环境进行严格消毒杀菌。使用防腐杀菌药剂处理果实，可选用"施保克"、"绿色南方" 1 000 倍液浸果。果实采收后需立即浸果，最晚不得超过 3 天，否则，防腐保鲜效果就不好。

二、虫　　害

（一）柑橘红蜘蛛

以口器刺破柑橘叶片表皮吸食汁液，被害叶面呈现无数灰白色小斑点，失却原有光泽，严重时全叶失绿变成灰白色，造成大量落叶，也为害果实及绿色枝梢，严重影响树势和产量，是柑橘生产的头号害虫。

一年发生 16 代，世代重叠。在 12℃时虫口开始增加，20℃时盛发，20～30℃和 60%～70%相对湿度是其最适宜条件，低于 10℃或高于 30℃虫口受到抑制，以春、秋季发生最重，具有趋嫩喜光性。

防治方法：化学防治仍然是当前对付柑橘红蜘蛛的重要手段。由于柑橘红蜘蛛极易产生抗药性，而且获得的抗药性可以遗传，因此，在使用化学药剂时要合理交替轮换，千万不要长期连续使用同一种药剂，以防止或延缓红蜘蛛产生抗药性。在进行化学防治时要特别强调以调查测报为指导，只有当达到防治指标（春、秋梢转绿期平均每百叶虫数 100～200 头；夏、冬梢每百叶虫数 300～400 头），而天敌数量又少时，方可决定化学防治。可供选用的药剂有：20％双甲脒乳油、20％倍乐霸胶悬剂、5％尼索朗乳油、50％托尔克可湿性粉剂、50％螨代治乳油 1 500～2 000 倍液，73％克螨特乳油 1 000～3 000 倍液，20％速螨酮可湿性粉剂 4 000 倍液。此外，0.25％～0.5％苦楝油、1％高脂膜对红蜘蛛防治效果良好，而对捕食螨等天敌的毒性很低，这对协调化学防治和生物防治的矛盾具有积极的意义。随着生物防治技术的成熟，柑橘红蜘蛛的综合治理将以生物防治为核心、测报为依据、合理使用药剂防治的方向发展。

（二）柑橘锈壁虱

又名锈螨、铜病。主要为害果实和叶片。以口针刺入柑橘组织内吸食汁液，使被害叶、果的油胞破裂，溢出芳香油，经空气氧化后，使果皮或叶片变成污黑色。一年发生 18 代，温度 25～30℃繁殖最快。5～6 月蔓延至果上，7～9 月为害果实最甚。

防治方法：当每叶或每果有虫 2～5 头时，进行药剂防治，可选 2～3 种农药交替使用。可选用 80％大生 M－45 可湿性粉剂 600 倍液、80％代森锌可湿性粉剂 600 倍液、50％螨代治乳油 1 500～2 000 倍液、73％克螨特乳油 1 000～3 000 倍液。施药以下午 4 时后进行为好，有利于提高防治效果。同时注意将叶、果的正背面喷透药液，以确保防效。

（三）柑橘矢尖蚧

为害柑橘叶片、小枝和果实，叶片受害处呈淡黄色斑点或斑状，甚至扭曲变形，严重时枝叶枯焦，果实受害处呈淡黄色斑，品质下降。

一年发生3代，5月中下旬、7月中旬和9月下旬是各代一龄若虫发生高峰。橘园荫蔽及温暖潮湿有利其发生。初孵幼蚧行动活泼，经2小时而固定为害，次日在其背上有介壳状的蜡质物分泌。

防治方法：防治上应采取综合治理。剪除虫枝、枯枝和郁闭枝，加强肥水管理。喷药防治应抓住第一代初龄若虫盛发期，连续喷药两次。主要药剂有：40%速扑杀乳油1 000倍液、40%乐斯本乳油1 000倍液、机油乳剂150倍液加40%水胺硫磷1 000倍液。冬季用机油乳剂60倍液或松碱合剂10倍液防治。

（四）柑橘黑刺粉虱

其食性杂，寄主多，可为害柑橘、茶树、榕树等几十种植物。部分柑橘产区严重发生，为害猖獗。以口针插入叶肉，固定群集在叶背吸食汁液为害。若虫在为害过程中还分泌蜜露诱发煤烟病，以春、秋季为害最严重。

一年发生4～5代，世代重叠，以2～3龄若虫越冬。各代1～2龄若虫盛发期在5～6月、6月下旬至7月中旬、8月上旬至9月上旬和10月下旬至12月下旬。成虫怕强光，喜欢荫蔽环境，有趋嫩性。

防治方法：重点在若虫盛发期喷药，效果最好。可选用的药剂有：48%乐斯本乳油1 000倍液、40%氧化乐果乳油600～700倍液、80%敌敌畏乳油500～600倍液、10%一遍净（吡虫啉）可湿性粉剂1 000倍液。

（五）橘蚜

以成虫和若虫聚集在柑橘新梢、嫩叶、花蕾和花上吸食汁液，为害严重时常造成叶片卷曲、新梢枯死、幼果和花蕾脱落，并诱发烟煤病，使枝叶发黑，影响光合作用，削弱树势，降低产量及品质。另外，橘蚜亦是传播衰退病的媒介。

一年发生 10～20 代，以卵在树枝上越冬，3 月下旬至 4 月上旬孵化为无翅若蚜后上新梢为害。繁殖最适温度为 24～27℃，气温过高或过低，雨水过多均不利其生存和繁殖，故在晚春和早秋繁殖最盛，为害最烈。

防治方法：新梢有蚜率达 25％时即喷药防治，主要药剂有：10％一遍净可湿性粉剂 1 000 倍液、24％万灵水剂 1 000 倍液、20％万灵乳油 1 000 倍液、48％乐斯本乳油 1 000 倍液、40％氧化乐果乳油 600～700 倍液等。

（六）柑橘星天牛

主要为害成年柑橘树的主干基部和主根。幼虫在近地面的树干及主根木质部蛀害，破坏树体的养分和水的输送，以致树势衰退，受害重者整株枯死。

一年发生 1 代，以幼虫在木质部越冬。4 月下旬成虫开始出现，5～6 月为盛期。5 月底至 6 月中旬为产卵盛期，卵多产在树干近地部分，产卵时先将树皮咬成长约 1 厘米的"T"形伤口再产卵其中。幼虫孵化后，咬食树皮，2～3 个月后即蛀入木质部，至 11～12 月开始越冬。

防治方法：成虫盛发期，于晴天中午成虫在枝端栖息并在树干基部产卵时，及时组织人员捕杀。在 6～7 月，成虫产卵后初孵幼虫盛发期，用小刀及时削除虫、卵（为害处有流胶，容易识别）。发现树干基部有新鲜虫粪者，先用铁丝排除虫粪，然后用脱脂棉蘸 80％敌敌畏乳油 5～10 倍液塞入蛀孔，再用湿泥土将孔口封闭。在成虫产卵期，用 48％乐斯本乳油加 20 倍涂料液涂刷主干基部，能防止成虫产卵，还能毒杀刚孵化的幼虫。

(七) 柑橘潜叶蛾

以幼虫在柑橘新梢嫩茎、嫩叶表皮下钻蛀为害，呈银白色的蜿蜒隧道。潜叶蛾为害叶片和嫩茎造成的伤口，溃疡病菌等病菌容易侵入。

1年10余代，世代重叠。成虫略具趋光性。高温多雨发生多，为害重。一年中4～5月春梢期发生最轻，7～9月夏、秋梢期发生较重，尤其8～9月秋梢嫩叶受害最重，其受害率一般为80%左右，秋梢被害除影响树势，还影响结果母枝的培养，影响第2年的产量。

防治方法：夏、秋抹除抽发不整齐的嫩梢而集中放梢，以减少害虫食料和降低虫口基数。冬季剪除受害梢减少越冬基数。在放梢期当芽长0.5厘米时喷药防治，连喷2～3次，每次间隔5～7天。药剂用24%万灵水剂1 000倍液、48%乐斯本乳油1 000倍液、25%杀虫双水剂800～1 000倍液、20%杀灭菊酯乳油1 000倍液、20%灭扫利乳油2 000倍液等。

(八) 卷叶蛾类

为害柑橘的卷叶蛾种类很多，其中以拟小黄卷叶蛾、褐带长卷叶蛾和拟小黄卷叶蛾分布广，为害严重。卷叶蛾以幼虫为害柑橘新梢的嫩芽、嫩叶、花和果实，常吐丝将数叶缀合在一起，形成虫苞，故有丝虫、饺子虫之称。将叶片吃成千疮百孔，蛀食幼果、花、花蕾，引起大量脱落，为害即将成熟果实引起腐烂、脱落，对产量和果品品质影响很大。柑橘谢花至第二次生理落果和果实着色期，常是幼虫的盛发阶段，也是防治关键时期。

防治方法：①冬季和早春结合修剪，剪除虫枝，捕杀树冠上过冬的幼虫和蛹。清除枯枝落叶和果园杂草，减少越冬虫口基数。②摘除卵块，并保护寄生蜂等天敌孵化。③释放天敌，1～2

代卷叶蛾成虫产卵盛期，每亩释放玉米螟赤眼蜂或松毛虫赤眼蜂2 000头，放3～5次，或喷苏云金杆菌和颗粒体病毒等。④在5月幼果期喷布48％乐斯本乳油1 000倍液、5％浓缩阿维菌素3 000倍液、10％吡虫啉可湿性粉剂1 000倍液、2.5％溴氰菊酯1 000倍液。一般结合防治蚜虫时兼治，不单独用药，如虫量过多，才单独使用化学药剂防治。

（九）柑橘花蕾蛆

花蕾蛆是为害柑橘的重要害虫之一，主要为害柑橘的花蕾，使花蕾不能正常开花，为害严重的橘园会大幅度减产。1年1代，柑橘现花蕾时成虫羽化出土，刚出土成虫先在地面爬行至适当位置后白天蛰伏于地面，夜间活动和产卵。花蕾直径2～3毫米时为其产卵盛期。卵产在子房周围，幼虫食害花器，使被害花蕾膨胀缩短，花瓣变曲变硬呈淡绿色，扁球形，形似灯笼，不能开放，果农也习惯称之为"灯笼花"。阴雨有利成虫出土和幼虫入土。

防治方法：花蕾蛆一般在每年的4月中旬羽化出土，防治花蕾蛆的关键是在成虫出土前进行地面撒药和花蕾露白前后进行树冠的喷药保护。地面撒药应在4月中旬成虫出土前进行，药剂可选用3％辛硫磷颗粒剂，每亩用量4千克；或者5％毒死蜱颗粒剂每亩1～1.5千克；或者5％好年冬颗粒剂，每亩用量1～1.5千克。使用时任选用按照每亩用量将药剂与20千克细沙充分拌匀后均匀地撒施于整个树冠的下部即可。如果错过了地面撒药时期，则必须在花蕾转白时进行树冠喷药，每5～7天喷药一次，连续喷2次，以杀灭成虫。药剂可选用80％敌敌畏乳油800倍液、2.5％溴氰菊酯乳油2 000倍液、40％水胺硫磷乳油1 000倍液、90％敌百虫800倍液等。此外，还应注意及时摘除被害花蕾，并集中销毁，这样可以有效地减少下一年花蕾蛆的发生。在1月中旬至2月上旬，全园进行深中耕，以暴露在土中越冬的幼虫，使其冻死。

第七节　丁岙杨梅栽培技术

丁岙杨梅果面紫红色，果蒂黄绿、呈瘤状突起。黄绿色果蒂点缀于紫红色果面之上，非常艳丽，有"红盘绿蒂"之美誉。果柄特长，带柄采摘，特征明显。完全成熟的鲜果，糖香浓郁，甜酸适口，食后回味悠长。

一、栽培技术

丁岙杨梅是早熟鲜食品种，原产地温州瓯海 6 月上旬果实成熟。丰产性能好，花芽形成容易，成年树往往结果枝比例很高，若任其结果，很容易出现果实品质变劣、树势衰弱。因此，生产上对树势偏弱、结果枝比例很高的丁岙杨梅，在增施肥料的基础上，要采取短截修剪结果枝组，促发新梢生长，保持中庸树势，维持年年美满结果。

（一）春季修剪

丁岙杨梅成年树以中、短结果枝结果为主，结果枝比例高达80％，有的树几乎全部都是结果枝。如果采取疏删修剪，剪除过多的结果枝，是无法达到促发新梢的目的的。采取短截中果枝，剪去中果枝上的全部花芽，留下的中果枝上的隐芽也很难萌发，就是萌发也容易成为衰弱枝。只有短截中、小型结果枝组，才能促发健壮的新春梢。具体方法：开花前，在树冠东、南、西、北各个方位，均匀地短截全树 1/3 数量的结果枝组，结果枝组留桩5～10 厘米。一般修剪后 20 天，隐芽就能萌发，可长成 5～10条健壮的新春梢，当年都能发育成结果枝。隐芽萌发后，应注意防治蚜虫和卷叶蛾。

（二）夏季修剪

果实采收后，如仍觉得结果枝预备枝数量不够，可采取短截结过果的枝组，以促发健壮的新夏梢。具体方法：采果后，在树冠东、南、西、北各个方位，均匀地短截全树 1/3 数量已结果的枝组，留桩长 5～10 厘米。一般修剪后 20 天，隐芽就能萌发，可长成 5～10 条健壮的新夏梢，当年大都能发育成结果枝。隐芽萌发后，应注意防治蚜虫和卷叶蛾。

（三）疏果

通过结果枝组短截修剪，剪去了过多的结果枝，但留下的结果枝着果仍然太多。应采取人工疏果，疏去过多的幼果。一般在果实豌豆大小至硬核期，进行人工疏果、定果。每条中果枝、短果枝留果 1 个。

（四）施肥

杨梅的施肥与其他果树有许多不同点，除了应考虑土壤的潜在养分和供肥能力、树体养分水平及杨梅的需肥特性外。还应考虑杨梅根瘤菌的共生固氮和提高土壤中磷的有效度的作用，以及施用钾肥对提高果实品质和促进生长的效果。

丁岙杨梅结果性能很好，很容易出现着果量太多导致树势衰弱。施肥的主要任务是：使生长势中庸的树继续保持中庸的树势，维持年年美满结果；使生长势偏弱的树恢复中庸的树势，恢复正常结果。一般丁岙杨梅采用土壤施肥和根外施肥相结合。

1. 土壤施肥

（1）生长势中庸的树，一般每年施肥 2 次，在采果前和秋季各施 1 次。采果前施肥的主要目的是促发新夏梢，以采果前 10～15 天施入为好，因为此时雨水较多，有利于树体对肥料吸收利用，又不会影响杨梅果实的品质。以氮肥为主，每株施肥量为尿素 0.2 千克、氯化钾 0.2 千克。秋季施肥的主要目的是提高花芽质量，因此不能过早施入，否则会促发秋梢，不利于花芽分化和发育，每株施肥量为尿素 0.1 千克、钙镁磷肥 0.4 千克、氯化钾 0.5 千克、硼砂 0.1～0.15 千克。

(2) 生长势偏弱的树，一般每年施肥 3 次。第 1 次在萌芽前的 2～3 月份，以钾肥为主，配施氮肥，满足杨梅春梢生长、开花与果实生长发育的养分需求，每株施肥量为氯化钾 0.3 千克、尿素 0.2 千克。第 2 次在采果前 10～15 天施入，以氮肥为主，每株施肥量为尿素 0.2 千克、氯化钾 0.2 千克，主要目的是促发新夏梢。第 3 次在秋季枝梢停止生长后施入，主要目的是提高花芽质量，以有机肥为主，辅以速效性氮、磷、钾肥和微量元素，有机肥以腐熟饼肥较好，也可用腐熟猪栏肥、绿肥等，施肥量视具体情况而定。速效性氮、磷、钾肥和微量元素的施肥量为每株施尿素 0.2 千克、钙镁磷肥 0.4 千克、氯化钾 0.5 千克、硼砂 0.1～0.15 千克。

2. 根外追肥　可单独进行根外追肥，也结合防治病虫害进行根外追肥。单独进行根外追肥时，以 0.3% 磷酸二氢钾为主，有时也加入 0.1% 硼酸或 0.1% 尿素，但总浓度保持在 0.3% 为宜。结合防治病虫害进行根外追肥时，可在农药中加入 0.1% 磷酸二氢钾和 0.1% 尿素。

二、病虫害防治

丁岙杨梅的病虫害相对较少，病害主要有褐斑病、癌肿病、赤衣病、果实采前腐烂病等。害虫主要有介壳虫、蚜虫、白粉虱、卷叶蛾、金龟子、蓑蛾、白蚁、小蠹虫等。

三、采 收

丁岙杨梅果实成熟时，肉质柔软，极易受损伤。此时正值高温高湿季节，即使小心采摘，采后放在普通室内存放，也有"一日味变、二日色变、三日色味皆变"之说。可以说，采摘方法和采摘技术的好坏，将直接影响杨梅果实的销路、售价和经济收入。因此，千万不要轻视杨梅果实的采摘质量。

（一）采前准备

1. 割除杨梅树下的杂草、杂木，以便采摘时容易发现落在地上的果实。

2. 准备足够数量的小竹篮或小竹箩等采摘、装运容器，容器大小以可盛3～5千克杨梅果实为宜。采摘时在容器内壁和底部衬上新鲜的蕨类植物枝叶。

（二）采收时间的确定

丁岙杨梅是乌梅品种，当果实转红时仍未成熟，味很酸；果实表面由红色转变为紫红色或紫黑色时，才达到成熟，甜酸适口，风味最佳，此时为采收适期。

（三）采摘方法和技术

由于同一株杨梅树上的果实成熟度并不一致，为了保证丁岙杨梅果实的质量，应分期分批采收。一般一天采收一次，或隔天采收一次。采摘时以清晨或傍晚为宜，此时气温低，损失少。下雨或雨后初晴不宜采摘，此时果实水分多，容易腐烂。采摘时用右手三指握住果柄，连果柄轻轻摘下，放在底部铺有蕨类的竹篓中，每篓不宜超过5千克。

第八节 东魁杨梅栽培技术

东魁杨梅果大、色艳，很容易引起消费者的购买欲。消费者品尝东魁杨梅鲜果后，有一种外秀内美的感觉，很想继续吃、多吃一点，有再次购买的打算。可以说东魁杨梅鲜果是符合全国消费者的口味的。因此，售价一直居高不下。一些种植在土层深厚的红黄壤上的东魁杨梅，往往生长势过旺，迟迟无法结果。许多果农觉得东魁杨梅难种。其实东魁杨梅并不难种，只要掌握它的生长结果习性，采用控梢促花、保花保果和疏花疏果技术，施肥时增施钾肥、不偏施氮肥，就可年年获得优质高产。

一、栽培技术

（一）化学促花

适龄未结果、生长势过旺的东魁杨梅，可在春梢停止生长后，喷施15%多效唑可湿性粉剂200倍液或5%烯效唑超微可湿性粉剂400倍液；在夏梢5厘米长时，再喷施15%多效唑可湿性粉剂200倍液或5%烯效唑超微可湿性粉剂400倍液一次。已结果但生长势很强的东魁杨梅，可在夏梢5厘米长时，喷施15%多效唑可湿性粉剂200倍液或5%烯效唑超微可湿性粉剂400倍液1～2次。经过处理的东魁杨梅，可有效地控制秋梢生长，显著地促进花芽分化，结果枝比例显著提高，且对树体安全无害。

注意事项：①多效唑的药效有滞后性，残效期很长，第1年喷施后对第2年的春梢生长仍有一定的抑制作用，但对果实比较安全；土施多效唑的残效期更长，有人怀疑杨梅鲜果的残留量可能会过高，现在很多果农已改用喷施了。②多效唑或烯效唑抑制过度时，喷赤霉素可缓解。③秋旱可严重影响多效唑和烯效唑的促花效果，这主要是土壤干旱抑制了杨梅新梢腋芽的生长，花芽是由腋芽发育而来的，没有了腋芽也就没有花芽。因此，秋旱时浇水是很重要的，是多效唑和烯效唑促花能否成功的关键。

（二）保花保果

保花保果的方法很多，有喷施硼肥、环割、抹春梢、结果枝短截修剪疏除叶芽等方法。喷施硼肥主要是提高杨梅的授粉受精率，提高坐果率，如果在秋冬季施肥时已施入足够的数量硼肥或树体不缺硼，就不要采用了。环割、抹春梢和结果枝短截修剪疏除叶芽等都是通过抑制结果枝顶端的新梢生长，从而达到保果的目的；各有优缺点，果农可根据具体情况，灵活应用。

1. 喷硼 在杨梅开花前喷施 0.2%硼酸液，可提高杨梅的授粉受精率，提高坐果率。

2. 环割保果 在杨梅盛花期，对生长过旺的杨梅树进行环割，可显著提高坐果率。具体方法为：在大拇指粗的枝条处螺旋型环割两圈。此方法的优点是：速度快，省工、省力；缺点是：伤口愈合慢，对树势影响较大。

3. 控春梢保果 幼龄结果树和生长过旺的杨梅树，往往春梢抽生太多，引起严重落花落果，造成低产、甚至无产量。据笔者调查，结果枝顶端抽生春梢的，着果的只有 20%（即 100 条结果枝只有 20 条着果，其余 80 条没有着果）。因此，在结果枝比例低或春梢旺发的年份，采用控春梢保果效果很好。具体方法为：在春梢长约 2 厘米时，抹去结果枝顶端的春梢；而营养枝顶端的春梢则应保留，作为明年结果用。此方法的优点是：准确到位，保果效果很好；缺点是：用工多，树体高大的杨梅树无法操作，春季雨水多时，易误农事。

4. 结果枝短截修剪保果 杨梅结果枝除顶端着生叶芽外，

其下部均为纯花芽。春季，结果枝除顶端能抽生新梢外，其下部的花芽只开花结果而不长枝叶。据笔者试验：在杨梅花芽形成后至开花前，剪去结果枝顶端 1/5、除去叶芽，可起到很好的控春梢保果效果。此方法的优点是准确到位，保果效果很好；可操作的时间长，可利用冬、春季农闲时进行，不误农事；树体较高的杨梅树也可操作。缺点是用工多。

（三）疏花疏果

通过控梢促花、保花保果等措施后，东魁杨梅的结果枝着果数往往太多，必须通过疏花疏果才能保证优质大果。东魁杨梅是大果型杨梅，以生产鲜食果实为主要目的，重量在 25～30 克的果实为优质果。生产上每年保持亩产 1 000 千克，就可获得很好的效益。

具体方法：在幼果直径 6 毫米大时，进行人工疏果。留果量视全树结果枝与营养枝的比例而定。一般情况下，1 条短果枝留1 个果，1 条中果枝也留 1 个果，1 条长果枝留 1～2 个果。

（四）土肥水管理

杨梅的管理历来十分粗放，在土、肥、水管理上表现得尤为突出。杨梅的传统施肥法是：杨梅果实采摘前割一次草，杨梅果实采摘后施一次肥，平时一般不进行土、肥、水管理。这样的管理水平，在土壤潜在养分很高的情况下，可以维持较长时间的低水平的平衡，每年仍有一定的产量；但在土壤潜在养分低的情况下，只能维持树体生长，鲜果产量是很低的。因此，杨梅园的土、肥、水管理，是杨梅优质、高产、稳产不可缺少的配套技术。

1. 施肥 杨梅是非豆科木本固氮植物，树根部有放线菌共生形成的根瘤，在瘠薄的土壤里也生长较好，有"肥料木"之称。但杨梅在自然状态下生长时根瘤固氮活性的总体水平不高。

因此，要获得优质、高产，很有必要通过施肥等人为措施来补充氮、磷、钾"三要素"和微量元素的不足。杨梅的施肥与其他果树有许多不同点，除了应考虑土壤的潜在养分和供肥能力、树体养分水平及杨梅的需肥特性外，还应考虑杨梅根瘤菌的共生固氮和提高土壤中磷的有效度的作用，以及施用钾肥对提高果实品质和促进生长的效果。

东魁杨梅的施肥次数和时期应根据树龄、树势、树体大小、着果量而变化。

（1）生长势很强的，一般一年施肥一次，在秋冬季施入，以钾肥为主，株产鲜果 50 千克的施肥量（下同）为：尿素 0.1 千克、钙镁磷肥 0.4 千克、氯化钾 0.5 千克、硼砂 0.1～0.15 千克。

（2）生长势中庸的，一般每年施肥 2 次，在采果前和秋季各施 1 次。采果前施肥的主要目的是促发新夏梢，以采果前 10～15 天施入为好，因为此时雨水较多，有利于树体对肥料吸收利用，又不会影响杨梅果实的品质。以氮肥为主，每株施肥量为尿素 0.2 千克、氯化钾 0.2 千克。秋季施肥的主要目的是提高花芽质量，因此不能过早施入，否则会促发秋梢，不利于花芽分化和发育，每株施肥量为尿素 0.1 千克、钙镁磷肥 0.4 千克、氯化钾 0.5 千克、硼砂 0.1～0.15 千克。

注意事项：杨梅的施肥方法主要有盘穴状施肥、环沟状施肥、放射状施肥、点穴状施肥和根外施肥。一般土壤施肥时，应尽量把肥料施在细根分布多的树冠外围处的土壤中，尽量避免将肥料施在树干周围的大根上，以免造成大根腐烂。肥料施入后，应尽快覆盖泥土，以减少肥料损失。根外施肥时，要特别注意浓度不要过高，一般总浓度在 0.3% 以下是比较安全的。对新的肥料种类或新的厂家生产的常用肥料，都应先进行小面积试验，然后再使用，以免造成肥害。在夏季施肥时，要注意防止水土流失，施肥方法以点穴状施肥为好。

2. 土壤改良 东魁杨梅大多种植在红黄壤上，在自然状态下生长时，根瘤固氮活性的总体水平不高。因此，很有必要通过改良土壤、调节土壤 pH、提高土壤供氧量等人为措施来提高杨梅的固氮能力。据吴晓丽等研究，施用有机肥可大大提高杨梅的枝叶生长及结瘤固氮量，且随有机肥施用量的增加，杨梅的枝叶生长及结瘤固氮量呈增加趋势。而有机肥拌草木灰的效果又优于单施有机肥的效果，并且随草木灰用量的增加，杨梅的枝叶生长量和根系结瘤固氮量也随之增加。土壤 pH 从 5.0 提高到 5.4～6.0，杨梅的枝叶生长量、结瘤量和根瘤固氮活性也明显提高了。这说明土壤的 pH 对杨梅生长及结瘤固氮有很大影响，酸性偏高的红黄壤施入适量的石灰，对提高杨梅的枝叶生长量、结瘤量和根瘤固氮活性是有用的。原因主要是酸性条件下土壤中的许多营养元素有效性很差，尤其是磷和一些微量元素，如钼等，很难被植物吸收，而在微酸性条件下这些元素的有效性增强。

由于很多杨梅园交通不便，有机肥上山既费力，又不经济；草木灰在农村也成稀少的肥料。因此，山区杨梅园的土壤改良的解决办法之一，就是在杨梅园、特别是幼龄杨梅园地间种印尼绿豆、乌豇豆、赤豆、绿豆、大荚箭舌豌豆等绿肥。一般每亩一次性刈割可获鲜草 500～900 千克。刈割后覆盖于杨梅树盘，既可降低采果后伏夏根层温度，延缓土壤水分蒸发，加速树势恢复，又可增加土壤有机质含量、提高土壤肥力。也可根据土壤 pH 施用适量石灰，逐年调节土壤 pH。采用梯田建园的杨梅园，可在冬季施石灰结合深翻压绿进行改土；采用鱼鳞坑和等高环山沟建园的杨梅园，可在冬季改建园地时进行深翻压绿改土。

3. 水分管理 充足的水分有利于杨梅的生长和结瘤固氮。5～6 月份是杨梅果实膨大期，水分供应多少对产量高低和品质优劣起重要作用，一般要求 6 月份降水量 160 毫米左右；若此时降水量低于 100 毫米，则杨梅果小质差，产量明显下降。7～9 月份出现伏旱，对花芽分化极为不利，会降低第二年的产量。

　　在温州 5 月下旬至 6 月上旬出现干旱的情况很少，一般都能满足杨梅果对降水量的要求。但 7～9 月份出现伏旱的频率很高，对东魁杨梅夏梢的花芽分化极为不利，如不进行人工灌水，即使采用喷多效唑等促花措施，也无法取得良好的效果。这是东魁杨梅产量不稳定的主要原因。因此，7～9 月份出现伏旱时，应进行灌水。

二、病虫害防治

　　东魁杨梅的病虫害相对较少，病害主要有褐斑病、赤衣病、肉葱病等。害虫主要有蚜虫、白粉虱、卷叶蛾、金龟子、白蚁等。

第九节　克服杨梅大小年
结果的关键技术

　　就一株杨梅树而言，结果枝数量多，着果率高，产量高，就是"大年"；若结果枝数量很少，或虽然结果枝数量很多、着果率却很低，产量低，就是"小年"。就一个果园而言，总产量高的年份就是"大年"，总产量低的年份就是"小年"。同样的道理，一个地方若杨梅总产量高就称"大年"，总产量低就称"小年"。因此，所谓的"大年"、"小年"，不是自然规律，而是栽培技术不当造成的。如果栽培技术水平很高，在"大年"结果的当年，培养足够数量的结果枝，供第 2 年结果用；第 2 年在获得高产的同时，培养足够数量的结果枝，供下一年结果用；如此循环往复，就成了年年是"大年"。如果栽培技术水平很差，很有可能成了年年是"小年"。

一、"大年"结果树的管理技术

　　杨梅的结果枝是由当年抽生的春梢、夏梢发育而成的。杨梅的结果枝着果后，若当年没有抽发新梢，则不会继续结果了，待叶片寿命结束、脱落后，枝条也就自然枯死。营养枝也一样，如果不抽生新的枝梢、发育成结果枝，枝条会因叶片自然脱落而死亡。"大年"结果的杨梅树，若不采取适当的措施，很容易因当年载果量大而严重影响春梢新梢和夏梢新梢的抽生，结果枝数量很少，使第 2 年成为"小年"。因此，"大年"杨梅树的管理关键是：

1. 短截结果枝组　开花前，在树冠东、南、西、北各个方位，均匀地短截全树 1/3 数量的结果枝组，结果枝组留桩 5～10 厘米，以刺激隐芽萌发，培养健壮的新春梢。

2. 短截采果后的枝组　采果后，在树冠东、南、西、北各个方位，均匀地短截全树 1/3 数量已结果的枝组，留桩长 5～10 厘米，以刺激隐芽萌发，培养健壮的新夏梢。

3. 严格疏果　在果实豌豆大小至硬核期，进行人工疏果，疏除过多的幼果，使每条中果枝、短果枝留果 1 个，长果枝留果 1～2 个。

4. 加强病虫害防治　对褐斑病、蚜虫、卷叶蛾的防治，使修剪后萌发的新梢能健壮生长。

5. 根外追肥　在常规施肥的基础上，增加根外追肥次数，可结合病虫害防治，在农药中加入 0.1％磷酸二氢钾和 0.1％尿素进行根外追肥。

6. 促花　对重剪和增施肥料后出现生长旺的树，可在夏梢 5 厘米长时，喷施 1 次 15％多效唑可湿性粉剂 200 倍液或 5％烯效唑超微可湿性粉剂 400 倍液促花。对树势中庸，容易形成花芽的，就不采取促花措施。

7. 浇水　遇秋旱时，要及时浇水，以保证花芽顺利分化。

二、"小年"结果树的管理技术

"小年"结果树的结果枝数量少，管理的关键是保花保果和疏果。保花保果可采用抹除结果枝顶端的春梢，也可采用短截剪修剪剪去结果枝顶端的叶芽，做到多保果，使"小年"不小。"小年"结果树总的结果量偏少，但单条结果枝的着果量是不少的，特别是采取保花保果措施后，结果枝上的着果量往往过多，仍需要疏果才能保持优质。具体管理技术如下：

1. 控春梢保果　"小年"结果树的结果枝数量少，往往春梢抽生太多，引起严重落花落果，造成低产、甚至无产量。在春梢长约 2 厘米时，抹去结果枝顶端的春梢；而营养枝顶端的春梢则应保留，作为明年结果用。此方法的优点是：准确到位，保果效果很好；缺点是：用工多，树体高大的杨梅树无法操作，春季雨水多时，易误农事。

2. 结果梢短截修剪保果　杨梅结果枝除顶端着生叶芽外，其下部均为纯花芽。春季，结果枝除顶端能抽生新梢外，其下部的花芽只开花结果而不长枝叶。在杨梅花芽形成后至开花前，剪去结果枝顶端 1/5、除去叶芽，可起到很好的控春梢保果效果。此方法的优点是：准确到位，保果效果很好；可操作的时间长，可利用冬、春季农闲时进行，不误农事；树体较高的杨梅树也可操作。缺点是：用工多。

3. 疏花疏果　在幼果直径 6 毫米大时，进行人工疏果。"小年"结果树的结果枝数量少，一般 1 条短果枝和中果枝留 1 个果，长果枝留 1~2 个果即可。千万不要留果太多，影响杨梅鲜果的品质。

4. 土肥水管理　"小年"结果树的土肥水管理与正常结果的杨梅树相同，只要保持树势中庸即可。

第十节　杨梅主要病虫害及防治

杨梅的病虫害相对较少，病害主要有褐斑病、癌肿病、干枯病、枝腐病、赤衣病、肉葱病、果实采前腐烂病等。害虫主要有介壳虫、蚜虫、白粉虱、卷叶蛾、松毛虫、金龟子、蓑蛾、白蚁、小蠹虫等。现将温州常见病虫害的无公害防治技术介绍如下。

一、主要病害的防治技术

（一）杨梅褐斑病

真菌性病害，每年 4～5 月份侵染新叶，8 月份开始发病，潜伏期长达 3 个月以上。严重发病后，造成大量落叶、枝条枯死，对第 2 年的产量和树势影响很大；由于树势变弱、花芽分化差，对第 3 年的产量仍有很大的影响。防治该病并不难，只要在采果前喷 2 次保护性杀菌剂、采果后喷 1 次治疗性杀菌剂，就可获得良好的防治效果。保护性杀菌剂有：80％万生可湿性粉剂800 倍液、80％大生 M－45 可湿性粉剂 800 倍液、70％代森锰锌可湿性粉剂 800 倍液、75％百菌清可湿性粉剂 800 倍液等；治疗性杀菌剂有：50％多菌灵可湿性粉剂 600 倍液、70％托布津可湿性粉剂 600 倍液等。

（二）赤衣病

真菌性病害，主要为害杨梅主干、主枝和侧枝，一般多从分枝处发生。发病后明显的特征是被害处覆盖一层薄的粉红色霉层，故称赤衣病。发病初期在枝干背光面树皮上可见很薄的粉红色脓疱状物，次年 3 月下旬开始在病斑边缘及枝干向光面出现橙红色痘疮状小疱，散生或彼此相连成病斑，可布满整个主干主枝向光面。约 50 天后，整个病斑上覆盖粉红色霉层，干燥时到处飘散。

病菌以菌丛在病部越冬。次年春季气温上升，树液流动时恢复活动，开始向四周蔓延扩展，不久在老病斑边缘或病枝干向光面产生粉状物由风雨传播，从杨梅伤口侵入为害。该病一般从 3 月下旬开始发生，5～6 月盛发，11 月后转入休眠越冬，整个生长季节出现 5 月下旬至 6 月下旬和 9 月上旬至 10 月上旬两个发病高峰期。病害的发生与温度和雨量有密切关系。7～8 月高温、干旱季节发病减缓。气温在 20～25℃时菌丝扩展迅速，因而在 4～6 月温暖多雨季节发病严重。其次，树龄大、管理粗放的杨梅园发病也较重。

防治该病的具体措施有：主要做好春、夏季果园排水工作；多施有机肥和钾肥，以增强树势；在 3 月中旬至 6 月上旬和 9 月上旬结合防治其他病虫进行涂药防治，先用刷子刷净枝干，然后涂上 50％退菌特可湿性粉剂 700 倍液或 65％代森锌可湿性粉剂 500～600 倍液，每隔 20～30 天再涂 1 次，共涂 3～4 次，可获得较好效果。同时对健康的杨梅树喷药保护，预防病害发生。

（三）肉葱病

生理性病害，俗称"杨梅花"、"杨梅火"、"杨梅虎"。主要在东魁、荸荠种和深红种杨梅等品种上发生。发病初期，一般症状表现为幼果表面破裂，果肉呈不规则凸出，并且失水绽开，裸露的核面褐变，果实提早脱落。一般长势过旺（特别是春梢抽生很多的树）的树冠中、下部或长势过弱、结果较多的树，肉葱病发生特别严重。该病在硬核后至果实成熟时，肉眼最易发现，因此，应引起了果农的高度重视。杨梅肉葱病的防治措施主要是：控春梢和严格疏果。一般年份通过抹除结果枝顶端的春梢或短截修剪剪去结果枝顶端的叶芽控制春梢抽生，并及时进行严格疏果，可有效控制该病的发生。

（四）杨梅采前果实腐烂病

真菌性害，是由杨梅轮帚霉、橘青霉、绿色木霉、子囊菌分别为害引起的 4 种杨梅果实采收前腐烂病的总称。杨梅果实受害后，即失去食用价值。是近几年出现的杨梅主要病害。及时进行严格疏果，控制结果量，及时防治果蝇，可显著减轻杨梅采前腐烂病的发生。发病初期喷施施保克、施保功、扑霉灵、抑霉唑、万利得等农药 1 500 倍液,可有效控制杨梅采前果实腐烂病的发生,但果实中农药残留量是否达到无公害标准,尚无人研究,有待进一步研究。

(五)杨梅采前生理落果

杨梅采前生理落果是生产上普遍存在的,喷施低浓度的 2,4 - D 水溶液,可有效地减轻损失。2,4 - D 本身毒性并不大,但在合成过程中生成了剧毒物质二恶英,二恶英在极微量的情况是致癌物质。科技人员经过多年大量的试验,还无法找到取代 2,4 - D 的无公害化学品。我们在实践中发现,杨梅采前生理落果的严重程度与品种、着果量、树势等有一定的相关性,即着果少、树势强,采前落果也轻。因此,及时进行严格疏果,可有效减少杨梅采前生理落果。

二、主要害虫的防治技术

(一)果蝇

果蝇主要以成虫舔吸杨梅果实,使杨梅果实出现伤口,给病菌入侵创造了条件,诱发杨梅采前果实腐烂病的发生。同时,果蝇成虫在杨梅果实上产卵,使杨梅果实生虫,严重影响杨梅果实的质量。目前,果蝇的无公害防治方法为:在杨梅硬核期,于杨梅树下悬挂装有水果汁加 1 000 倍 90% 敌百虫可溶性粉剂的容器,诱杀果蝇成虫,并定期更换毒饵。一般 1 亩果园挂 1 只,就可有效地控制果蝇为害。

(二)金龟子

金龟子主要为害杨梅叶片和果实,严重时吃光全树的叶片和果实，造成杨梅绝收。防治金龟子的农药种类很多，但此时杨梅果实已近成熟，如喷药防治，安全隐患很大。目前，大部分无公害杨梅基地采用频振式杀虫灯诱杀，取得了良好的效果。一般50亩果园安装1只频振式杀虫灯，只要及时清理诱杀到的害虫，就可有效地控制金龟子为害杨梅。

(三) 卷叶蛾

卷叶蛾主要为害杨梅的嫩梢，影响枝梢的花芽分化，从而影响次年的产量。无公害防治方法为：采果前采取人工抹除夏梢，采果后用48％乐斯本乳油1 000倍液喷嫩梢2～3次，就可收到良好的防治效果。

第十一节　枇杷栽培技术

枇杷是我国南方特有的亚热带常绿果树，树姿优美，四季常青，秋冬开花，傲霜结实，是绿化美化环境的优良树种。鲜果成熟正值初夏水果淡季，果色鲜黄，肉质柔嫩多汁、酸甜适口，色、香、味俱佳，既可鲜食，又能加工成糖水罐头、枇杷酒、枇杷汁、枇杷果冻、枇杷膏等，具有润肺、止咳、清热利尿等食疗功效，深受消费者喜爱。此外，枇杷叶还是主要的中药，枇杷的花是优质的蜜源，种子还是提制工业淀粉的原料。

一、建　　园

(一) 定植密度

合理密植是取得早期丰产的基础之一。枇杷属半阴性果树，幼龄期可适当密植。在温州，生产上一般栽植密度为：

1. 株行距2.5米×4米，每亩种植66株。定植6～8年后，株距过密时，再进行移植或砍伐。一般行距不变，只间伐过密的植株，隔株移植（或砍伐），使株行距变为5米×4米。也可以通过间伐，隔株移植（或砍伐）后，把原来的行改为畦，使株行距变为4米×5米。

2. 株行距4.5米×4米，每亩种植36株，定植后株行距就固定不变。山地、坡地或土层较薄的地区，枇杷生长弱，栽植可稍密。而平地或土层深厚肥沃的地方则可适当稀植。另外，整形方式的不同栽培密度也会有所变化。

（二）定植前准备

枇杷根系分布浅，抗风力差，定植前应对土壤进行大穴改土或壕沟改土，诱使根系向深层发展。一般定植穴直径80厘米、深80厘米，壕沟的深、宽各60～80厘米。将苗木定植于大穴或壕沟内，再逐年向外扩穴。资金不充足时，平地可先将苗木按南北向的定植点定植，坡地可按等高定植点作台阶定植；加强肥水管理，待资金充足时再逐年扩穴改土，也不会影响生长和挂果，但必须选择土层较深厚的地方。

（三）苗木选择

枇杷是不易移栽成活的果树，其根系不发达，再生能力弱，移栽成活率低。为了提高定植成活率，为早结高效打下基础，应选择根系好、苗干健壮、苗高30厘米左右的壮苗作定植苗。苗木出圃前应通过疏剪去掉叶片总量1/3～1/2的叶片，起苗前先对苗圃灌足透水，然后起苗，起苗时一定要保护好根系，若要长途运输必须蘸好泥浆并用稻草包装。有条件的地方最好带土包装移栽或使用营养袋苗。苗木在运输时和暂放期间应注意通风，防晒防雨，不能重压拥挤。

（四）定植时期和方法

定植时期以春、秋两季最佳。应避免在土壤过湿、高温少雨和寒冷季节栽植。以每年的 3～4 月和 9～10 月为最佳时期。营养袋苗和带土移栽苗木则不受季节限制。定植时，先将定植点的泥土锄细，然后在定植点挖一小穴，将苗木植于穴内，让根系舒展，使之呈自然状态。再分层填入表层细泥土，压实，并使根颈略高于地面 2～3 厘米，最后浇足定根水，用地膜或杂草覆盖 1 米以内的树盘。

二、土肥水管理

（一）施肥

1. 幼年树施肥　枇杷苗定植后 1～3 年为幼树抚育期，以促进营养生长、扩大树冠为主，以培养早结果、早丰产的树冠为主要目的。施肥以施氮肥为主，适当增施磷、钾肥。施肥方法采用环状沟施肥法。施肥原则为"薄肥勤施、前促后控"。枇杷幼树1 年可抽发 4 次梢，即春梢、夏梢、秋梢及冬梢，为迅速扩大树冠，最大限度地增加枝叶量，在定植时施足基肥的基础上，应在各次梢抽发前后施好促梢肥和壮梢肥。定植后第 1～2 年，每年至少施肥 8 次，即在每次梢抽发前或刚萌芽抽梢时施 1 次促梢肥，15～20 天后待枝条抽生展叶后再施 1 次壮梢肥。肥料种类以速效氮、磷化肥为主，配合施用腐熟人畜粪，前 4 次主要以20%稀薄腐熟人畜粪水加 0.3%尿素，后 4 次主要以 30%的稀薄腐熟人畜粪水加 0.3%的过磷酸钙，每次每株施入肥水 5 千克左右。定植后第 3 年，一般于春梢、夏梢、秋梢抽发前后，各施 1 次促梢肥和壮梢肥，全年 6 次左右，前 4 次每次每株施腐熟人畜肥水 5～10 千克加 0.3%尿素液，后 2 次每次每株施腐熟人畜肥水 5～10 千克加 0.3％磷、钾肥，氮、磷、钾肥比例为 1：0.4：0.6。另外，枇杷是肉质根，根系浅，根量少，需水量大，在干旱时应及时灌水和树盘覆盖，5～6 月降雨多时做好排水工作，防止积水引起烂根。

2. 初结果树施肥　枇杷定植后 4～6 年，为初结果期，除了继续扩大树冠外，还要培养优良的结果母枝。夏梢和春梢是枇杷主要的结果母枝，培养优良夏梢和春梢是枇杷丰产的关键。施肥仍以氮肥为主，适当增施磷、钾肥；采取以产定肥、条沟施肥的方法，即株产 10 千克果实每年施纯氮 0.4 千克，氮、磷、钾肥比例为 1：0.4～0.5：0.6～0.8。全年施肥 3 次，春梢抽生前施壮果肥（春肥），在 2 月底前完成，株施尿素 0.2 千克、钙镁磷肥 0.15 千克、氯化钾 0.15 千克，施肥量占全年的 20％左右；采果前 7 天至采果后 7 天内施采果肥（夏肥），株施人粪尿 12.5 千克、尿素 0.4 千克、钙镁磷肥 0.2 千克、氯化钾 0.15 千克，施肥量占全年的 40％～50％；花穗抽出后至开花前施基肥（秋肥），在 9 月底前完成，株施猪粪 15 千克、钙镁磷肥 0.6 千克、氯化钾 0.2 千克，施肥量占全年施肥量的 30％～40％。此外，每年每株还应结合施有机肥施入生石灰 1～1.5 千克、硼砂 0.1～0.2 千克。

3. 成年树施肥　枇杷定植 7 年后，进入了盛果期。进入盛果期的枇杷树已是成年树，此时施肥的主要目的是：保持高产、稳产，防止树体早衰。枇杷果实含钾多，每年要带走大量的钾素，均衡施用氮、磷、钾肥，尤其要增施钾肥，是很重要的。施肥采取以产定肥、条沟施肥的方法，即株产 25～30 千克果实每年施纯氮 1.0 千克左右，氮、磷、钾肥比例为 1：0.5～0.6：0.8～1.0。全年施肥 3 次即可，春梢抽生前株施尿素 0.5 千克、钙镁磷肥 0.5 千克、氯化钾 0.5 千克，施肥量占全年的 20％左右；果实采收前株施腐熟人粪尿 50 千克加复合肥 1.5 千克，施肥量占全年的 45％～50％；开花前株施腐熟猪粪 50 千克、钙镁磷肥 1.0 千克、氯化钾 0.5 千克，施肥量占全年的 30%～35%。此外，每年每株还应结合施有机肥施入生石灰 1～1.5 千克、硼砂 0.2～0.3 千克。

在根际施肥的同时，还可以根据树体生长情况进行根外追肥。幼树抽梢前后、结果树采果后，可喷施 0.3%～0.4% 尿素或 0.2%～0.3% 磷酸二氢钾水溶液，隔 10 天左右喷 1 次，连喷 2～3 次。开花前可喷施 0.3%～0.4% 尿素或 0.2%～0.3% 磷酸二氢钾或 0.1% 硼砂水溶液，连喷 2～3 次。幼果期可喷施 0.3%～0.4% 尿素水溶液，连喷 2～3 次。此外，台风过后、寒流来临前及霜冻后或发生缺素症时，也可用根外追肥来补充树体营养，提高抗性，促进树体生长发育。

（二）土壤管理

1. 幼龄枇杷园的土壤管理

（1）深翻改土 幼龄枇杷园的土壤深翻，能促使土壤熟化。深翻的时期以 10～12 月为最好，具体方法为：沿种植穴外缘在树冠两侧挖深 80 厘米、宽 70～80 厘米、长 100 厘米左右的深沟；回填土时最好结合施肥，将杂草、绿肥等放在底层，然后先回填表土，再一层肥一层土回填，上层放鸡粪、化肥和饼肥等，最后回填心土。每年进行一次深翻改土，东西、南北方向轮换进行，直至全园改土完毕。

（2）中耕除草和套种绿肥 在每年 2 月、5 月和 7～8 月结合除草进行松土，深度在 10 厘米以上。为增加有机质和充分利用土地，宜在小树间套种绿肥，可种植春季和冬季绿肥，结合冬季深翻将绿肥埋入。

（3）果园覆盖 果园覆盖可就地取材，稻草、绿肥和杂草等均可。覆盖前应中耕除草一次，覆盖物要与树干保持 10～15 厘米间隙。

（4）埋石诱根 对于土壤黏重、通透性较差的枇杷园，可进行埋石诱根，以增强土壤透水性。埋石诱根方法有：①条沟法：面积大的低洼地，可在行间挖深1米、宽70厘米的沟，埋入直径10～20厘米的石块，上面覆盖鹅卵石，再加一些石屑或砂石，隔行开浅沟同样埋入鹅卵石等。埋石的沟与排水沟相连，便于水及时排出。②点穴法：园地不大的，只要在株间挖穴埋石。③放射形法：以单株埋石为主，在离主干1米外开数条放射形的沟，沟深1米、宽50厘米，埋入石块和鹅卵石，同时混和些泥土，促使根部延伸。埋石至离地表20～30厘米时，回填园土。

2. 成年枇杷园的土壤管理 成年枇杷园的土壤管理工作有：

（1）中耕除草 一般可结合除草进行松土，在6～9月每月各进行1次，深度在5～10厘米，一般在雨后进行。

（2）深翻 在冬季，结合清园进行深翻，翻土深度15厘米。

（3）晾根 8月下旬至9月上旬，耙开根部泥土深10～15厘米，可以伤断部分细根，任其晾晒15～20天，然后施肥覆土。

（三）水分管理

在枇杷园建园时建立完善的排灌系统。在雨季来临前及时疏通沟道。在果实成熟期，常会受到少雨、高温、低湿、燥风、暴晒等影响，造成一定危害。在栽培上除选择抗旱品种、增强树势外，在发生旱情时，采取一些补救措施，以减轻旱情的发生。浇水时间应避开中午，在傍晚气温降低后进行，浇水最好与施肥结合。浇水后要进行松土，以减少水分蒸发。可用稻草、麦秆等覆盖地面，尤其在浇水和松土后铺草效果更好。

三、整形修剪

合理整形，快速培养丰产树冠是枇杷早结丰产的基础之一。通过合理修剪，使株间适当交叉，使树冠适度荫蔽，可防止和减少日灼果的发生。生产上应根据不同的栽植密度，采取不同的整形修剪方式。

（一）整形

枇杷的整形是枇杷丰产、稳产和提高果实品质的关键技术之一。目前，生产上采用主干分层形和二层杯状形，这两种树形均有利于枇杷幼树的生长发育和提早开花结果。

（二）修剪

修剪的时期应根据立地条件、树势和树龄而定。幼树一般在年初春梢抽发前为宜，结果树以采收后和冬季为宜。

1. 幼树修剪　幼树修剪宜轻不宜重。幼树每年可抽梢 4～5 次，修剪时应结合整形进行疏芽，每次梢选留 1～2 个位置和方向都较适宜的芽，疏除多余的芽，使主枝、副主枝和结果枝组配置合理。并剪除细弱枝、过密枝、重叠枝、病虫枝。为了扩大树冠，要疏去主枝、副主枝及中央主干先端的花穗，使树冠外围枝梢尽可能不结果，以促进丰产树形的加速形成。

2. 成年树修剪　成年枇杷树的树形已形成，修剪的主要任务是保持高产、稳产和保持中庸树势、防止树势过强或过弱。主要是对结果枝、徒长枝进行修剪，以及修剪后的整芽。

（1）结果枝修剪　修剪时一般掌握结果枝不远离骨干枝为原则。采果后视树体枝条分布情况，将结果枝疏除或留 2～3 片叶进行回缩短截，并在新梢萌发后疏芽，选留 1～2 个分布合理的芽培养成强壮的结果枝，必要时还要适当拉枝控冠。此外，还应剪除细弱枝、过密枝、重叠枝、病虫枝和撕裂枝。

（2）徒长枝的修剪　经过拉枝后，往往容易诱发徒长枝，若任其生长，易与其他枝条争夺养分，扰乱树形，过度扩大树冠。因此，修剪时一般都将徒长枝从基部剪除。对有利用价值的徒长枝，应该留基部 3～4 个芽进行短截或调整角度，抑制徒长。

（3）整芽　整芽能节省树体养分，便于控制树冠。整芽在每次新梢抽发后均要进行一次，在新梢长至 3～5 厘米时进行。方法是：根据树体生长情况选留 1～2 个分布合理的强壮新梢培养成有用的枝条或结果母枝，其余的全部疏除。

四、着果量的调节与果实管理

（一）着果量的调节

1. 促花措施　枇杷早结丰产必须在幼年期加强肥水管理，并在第 2 年采取合理的促花措施。一般在夏梢停止生长后于 7 月初进行。常用方法有：①7 月上旬和 8 月上旬各喷 15% 多效唑可湿性粉剂 500 倍液 1 次。②7 月初，夏梢停止生长时将枝梢拉平、扭梢、环割或环剥倒贴皮等。③7～8 月注意排水，使土壤保持适度干旱。

2. 保花保果　对部分着果率低的品种、花量少的植株和冬季有冻害的地区都应保花保果，多余的果在 3 月中旬后疏除，以确保丰产。保花保果的方法有：①头年 11 月上旬（开花前）、12 月下旬（花期中）和次年 1 月中旬各喷 1 次 0.1% 绿芬威 1 号。②谢花期叶面喷施赤霉素（GA_3）10 毫克/升，花开 2/3 时叶面喷施 0.25% 磷酸二氢钾加 0.2% 尿素和 0.1% 硼砂，可提高着果率。

3. 疏花疏果　枇杷春、夏梢都易成花，每个花穗一般有 50～110 朵花，多的可达 150～200 朵，而只有 5% 的花形成产量，所以必须疏除过多的花，尤其是大果型枇杷。为了生产优质商品果，必须疏除相当部分花和幼果。疏花在 10 月下旬至 11 月进行，对花穗过多的树，应将部分花穗从基部疏除，其余花穗疏除上部小花序；中等花量的树可将部分花穗疏除 1/2。总之，根据花量和果实大小确定疏花的多少。适当疏花后，可使花穗得到充足的养分，增加对不良环境的抵抗力，提高着果率。疏果应在

2～3月春暖后进行，疏除部分小果和病果，每穗按大果型品种留1～3个果，小果型品种留5～6个果。

（二）果实管理

1. 培育优质大果 常用方法有：①2月底、3月底和4月中旬用吡效隆（CPPU）70毫克/升＋赤霉素（GA₃）100克/升浸幼果，可增大果实。②3月上旬至4月上旬，多次喷施0.2％磷酸二氢钾，末花期（花后5天）和幼果期（花后10～15天）喷0.1％绿芬威1号1次，可提高着果率和果实品质。③3月中旬疏除过多幼果和小果。

2. 果实套袋 套袋可预防紫斑病、吸果夜蛾和鸟类为害，减少雨后太阳暴晒时造成的裂果，同时可避免药液洒在果面上，还可使果实着色好、外表美观，从而提高果实品质和商品价值。套袋时间以最后一次疏果后进行为宜，一般3月下旬至4月上旬，套袋前必须喷一次广谱性杀虫、杀菌剂的混合液。所用套袋纸可用旧报纸和专用果实袋，大果型可1果1袋，小果型则1穗1袋。先从树顶开始套，然后向下、向外套。袋口用线扎紧，也可用订书机订好，在果实采收前5～10天取袋。

3. 果实采收 最好在充分着色成熟时分批采收，先着色的先采。若作长途运输则适当早采。由于枇杷皮薄，肉嫩汁多，皮上有一层茸毛，采摘时要特别小心，宜用手拿果穗或果梗，小心剪下，不要擦伤果面茸毛，碰伤果实。采后轻轻放在垫有棕片或草的果篮中。采收时间以无露水的上午、下午或阴天为好。绝不能在大雨或高温烈日下果收。

五、枇杷花、果冻害的防御

枇杷花、果受冻后，可使当年枇杷产量减少甚至绝收。同时对次年产量也有不同程度的影响。因此，枇杷花、果冻害是温州枇杷生产的主要气象灾害，是枇杷经济栽培的限制因素。为避免或减轻冻害对枇杷生产的影响，应因地制宜地采取多种措施进行防御。温州是枇杷栽培生态适宜区，是轻冻区。在建园时可利用有利小气候环境，如东西走向山脉的南侧、坐北朝南的马蹄形地形内侧、山体的"逆温层"、向南斜坡地的中部、岛屿或伸入水域（海洋、湖泊、水库）的半岛及水域沿岸地带。还可选择开花较迟、花期较长、花穗支轴下垂的耐寒性强的品种。对已出现枇杷花、果冻害的果园，可采取以下措施，减轻冻害的发生。

1. 加强管理，培养健壮树势，提高树体抗寒力 经调查发现，树势弱的枇杷树，叶片少而小，降低了叶片对树冠内果实的保温效果。树势弱的枇杷树，花穗较细弱，每穗花数少，花期早而短，易遭冻害。因此，采取综合的肥培管理，如冬前追施有机肥，以增强树势，也是防冻的重要方法。

2. 人工延迟开花时间和延长开花期 延迟开花能使幼果避过低温冻害期，其结果率较高。人工延迟开花的措施有：

（1）晾根 即开花前扒开根部土壤，见到 1 厘米左右粗的根，晾晒 7～10 天，然后施肥覆土，可延迟开花半个月左右。

（2）疏花穗并且多留副梢结果枝，以调整结果枝与营养枝的比例，使每年都有不同类型的结果枝。

（3）适时疏花序，摘除部分花蕾及疏果等。

（4）施足采前肥，使采果枝及时获得营养，促使顶端第一、二侧芽及时萌发为夏梢，使其成为良好的结果母枝，这种枝花芽分化迟，开花也迟。

3. 冻前应急措施

（1）寒潮来临前，将地面覆盖杂草、垃圾、河泥或地膜，以保护根系。

（2）将花穗下部的叶片向上把花穗束裹，或将大枝互相捆拢，以减轻枇杷花穗和幼果受冻，或把花穗用纸袋套住。

（3）主干涂白。

（4）灌水或浇水。

（5）熏烟。

（6）根外追肥。

4. 受冻后的补救措施　冻害使发育状态中的枇杷果实内种子死亡，因没有来自种子产生的内源激素刺激，果实不能发育成熟。通过喷布赤霉素（GA）、吡效隆（CPPU）等植物生长调节剂，可促使幼果继续发育并形成无核果实。枇杷果实冻害恢复的效果与受冻程度有关。轻度冻害的枇杷植株经药剂处理后，效果显著，可获得较高的单株产量和较大的无核果实，这对减少因冻害造成的损失具有显著作用，生产上有一定的应用意义。在枇杷幼果期若遇−3℃以下低温时，可在受冻几天后到田间观察受冻情况，若果肉正常，种子变褐色，则表明果实轻度受冻，可于冻后10～20天内喷 GA_3＋CPPU 混合剂 1 000 倍液一次，隔 1 个月后再喷一次。药剂处理后，枇杷植株仍正常抽梢、开花，未出现药害。说明试验药剂对枇杷植株是安全的，无不良影响。

第十二节　枇杷良种引种指导

枇杷是多年生作物，经济寿命长，一旦栽植，就不能轻易更换，品种选择适宜与否，将对整个生产过程产生重大而长远的影响。因此，发展枇杷生产时，品种的选择非常重要。品质的好坏，产量的高低，在很大程度上取决于品种本身。有了优良品种，在不增加投资的情况下，经济收益就能大大超过一般品种。

一、环境条件对枇杷生长发育的影响

枇杷在生长发育过程中，需要较高的气温，一般在年平均气温 12℃以上的地区就能生长。在年平均气温 16～19℃、年极端最低气温高于−9℃、1 月平均气温大于 3℃、年降水量大于 800

毫米的地区生长适宜。但枇杷生长发育的各阶段及其不同器官对温度的要求不同，枇杷花器冻害的温度指标为−6℃，幼果冻害的温度指标为−3℃。由于枇杷在秋冬季开花、结果实，冬季低温较易使其发生冻害，对当年产量有很大的影响，这成为枇杷经济栽培的主要限制因素。在温州，大部分地方冬季出现−6℃低温的概率是很少的，但冬季出现−3℃低温的频率是很高的。因此，幼果冻害是影响温州枇杷生产的重要问题。

枇杷花、果实受冻问题很复杂，是受多种因子综合影响的，低温强度是影响受冻程度的主导因子。但受冻程度还受品种、树龄、生长状况、栽培管理水平等植物学因子的影响。在气象因子中除受低温强度影响外，还与低温持续时间、风向、风速、空气湿度等气象因素有关。在温州种植枇杷，常常出现这样的问题，枇杷前期（11月中旬以前）开的花，所形成的果实发育时间长、果大、品质较好，但幼果却很容易遇上−3℃的低温而遭冻害，着果率低；后期（1月上旬至2月上旬）开的花，结果率较高，但果形与品质不如前期开花所结的果实。这是因为枇杷幼果的耐寒性比花弱，花能耐−6℃的低温，而幼果只能耐−3℃的低温。前期花开放时，温度较高，不会遭受冻害，但幼果要经历一年中温度最低的时期，遇上−3℃的低温就遭受冻害。而后期开放的花，虽然开花时，温度较低，但花的耐寒性较强，而耐寒性较弱的幼果则不会遇到−3℃的低温，所以冻害反而较轻。

总而言之，在温州发展枇杷生产，首先要考虑冬季枇杷幼果冻害问题。防御或减轻枇杷幼果冻害应因地制宜地采取综合的防御措施。在采取这些措施时，除选择无冻或轻冻区及小气候环境良好地段种植枇杷外，还可选择耐寒品种，采取措施延迟开花，培养健壮树势，或利用冻前应急措施和冻后的补救措施等。选择耐寒性强的枇杷品种，是一项既有效又经济省力的措施。一般开花期早、花期集中、花穗支轴水平向上的枇杷品种幼果容易受冻害；开花较迟、花期较长、花穗支轴下垂的品种，抗逆性强，幼果不易遭受冻害，如大红袍、白玉等品种。

二、优良品种

选择适合当地气候条件和受市场欢迎的优良枇杷品种，是高效栽培成功的关键。目前栽培的枇杷品种按果肉颜色分类主要有红肉和白肉两类。红肉枇杷主要优良品种有大红袍、洛阳青、太城 4 号、杨梅州 4 号、解放钟、香钟 11 号、早钟 6 号、大五星枇杷等。白肉枇杷主要优良品种有白玉、照种白砂、莘荠种、白梨、珠珞白砂等。在年均温和积温较低的地方，枇杷成熟期一般较晚，宜选择比较耐寒的品种和晚熟品种；在年均温较高、冬季温暖无冻害的地方，则宜发展早熟品种等。

（一）红肉枇杷

1. 大红袍 原产浙江余杭塘栖。树势强健，枝条开张。果实圆形，大小整齐，平均单果重 37 克，最大果重可达 70 克，果皮橙红色，皮韧而厚，易剥离；汁液中等，甜多酸少，种子 1～5 粒，品质尚佳。果实 4 月中下旬成熟。该品种属红肉类，丰产、稳产、抗逆性强，果实耐贮运。但种子较多，适于制罐和鲜食。在乐清栽培表现良好。

2. 洛阳青 浙江黄岩主栽品种。树势强，树姿开张。果实椭圆形或倒卵形，平均单果重 33.3 克，果皮和果肉均为橙红色，果肉较厚，质地致密，较粗，甜酸适度，品质中上。果实 4 月中下旬成熟。该品种属红肉类，适应性广，抗病性强，丰产，较耐旱、耐寒，为制罐和鲜食兼用种。

3. 太城 4 号 是福建选出的新品种。树势强健，树姿较开张，果实倒卵形，果皮果肉均为橙红色，肉质细嫩致密，果肉特厚、汁多、甜而微酸、风味浓。单核，可食率高。果实 4 月下旬至 5 月上旬成熟。该品种属红肉类，丰产稳产，抗逆性强，是鲜食和制罐兼用良种。

4. 杨梅州 4 号 是江西安义选出的地方品种。树势强，枝条较直立。果实圆球形成椭圆形，平均单果重 37.28 克，最大果重 54.5 克，果实大小均匀，果皮橙红色，果粉多，果肉厚，橙黄色，汁多，味甜，种子较少。果实 4 月下旬成熟。该品种属红肉类，丰产稳产，抗寒性较强，适应性广，是罐和鲜食兼用种。

5. 解放钟 原产福建莆田县，其母本于 1949 年全国解放之年开始结果，果形似钟，故名解放种。生长势强，枝条粗壮，叶片大、长椭圆形、叶质厚、叶面浓绿有光泽，花期、坐果期长，坐果不均匀。果大，呈倒卵形或长倒卵形，平均单果重 80 克，最大果 172 克。果皮橙红色，果粉多，锈斑少，果肉厚、橙黄色、肉质细密、较粗，汁多、酸甜适度，可溶性固形物含量 11%左右，种子 2～6 粒，可食率 71%左右，品质中上。果实 5 月上旬成熟。该品种属红肉类，适应性强，丰产，裂果少，果大肉厚，适于制罐和鲜食。在温州栽培表现良好。栽培上要注意日灼病的发生。

6. 香钟 11 号 是福建农科院果树研究所于 1987 年育成的杂交品种，母本为"香甜"枇杷、父本为"解放钟"枇杷。树形紧凑，树势强健，绿叶层较厚；叶片较大，叶色浓绿；春梢叶片大，长椭圆形，叶尖渐尖，部分叶缘有外卷现象；夏梢叶片宽披针形，叶缘多外卷；秋梢叶片亦呈宽披针形，叶缘外卷不明显，多呈内卷，这是本品种的重要特征。花穗中等大小，9 月底至 10 月中旬开始抽花穗，11 月中下旬始花，12 月上中旬盛花，12 月下旬至 1 月上旬终花。果实 5 月上中旬成熟，果实倒卵至短卵形，果皮和果肉均呈橙红色，果面锈斑较少，茸毛密，色泽鲜艳；果较大，平均单果重 53.5 克，最大可超过 100 克；果皮较厚，易剥离；果肉厚，平均肉厚 0.92 厘米，肉质细、化渣，香气较浓，酸甜适口，风味佳。含可溶性固形物 11.2%，含酸量 0.19%，维生素 C 53 克/千克。每果平均有种子 4.1 粒，果实可食率占 68.6％。鲜食和罐藏均宜。是优良的中晚熟枇杷品种，在温州栽培表现良好。

香钟 11 号属大果型品种，栽培上要注意做好疏花穗、疏果和增施肥料工作。通常疏花穗量占全树总花穗量的 40％，每穗留果 3～5 个为宜。树形宜采用开心形或变则主干形，并适当回缩修剪，使树高控制在 3 米以下，便于果园管理和采收。香钟 11 号自花授粉坐果率比较低，在盛花前套袋有时出现空袋（即不坐果）现象，一般应在残花落尽，幼果开始膨大后进行疏果和套袋为好，以免影响产量。香钟 11 号的果实在没有套袋的情况下，裂果、皱果、锈斑和日烧病发生较轻，适宜粗放管理。

7. 早钟 6 号　是福建农科院果树研究所育成的杂交品种，母本是解放钟枇杷，父本是森尾早生枇杷。树势强，树形半开张，枝条粗短，叶片长椭圆形，夏叶边缘微反卷。花期集中，具有特早熟、大果、优质、抗性强、较丰产等优点。果实倒卵形，平均单果重 50 克，最大可超过 100 克。果面橙红色，果肉橙红色，质细化渣，甜多酸少，可溶性固形物 11.9％左右，有香气、风味好，种子 3～5 粒，可食率 70.2％左右。

该品种引入福建北部则不能表现出特早熟等优势，同时还存在无性后代劣化株、早花不实、单果重偏低、果皮病害较严重等问题。引入温州栽培后，也出现早花幼果冻害严重、产量低和成熟期不早等问题。黄岩引种后也出现"早钟"不早的问题。有关部门和果农朋友引种时应引起重视。

8. 大五星枇杷　是四川省龙泉驿飞科技人员 20 世纪 80 年代中期从实生苗中选育而成。该品种平均单果重 80 克，最大可达 194 克。果皮果肉橙红色，萼洼大而深，果顶呈极明显的"五角星"状，因而得名。树势中庸偏强，树形开张，层性明显。花期较集中，花穗较紧凑结团，花柄短，坐果稳定。果实 4 月中下旬成熟，圆形，果肉厚，汁多、味浓甜，可溶性固形物 11.5％左右，种子 2～5 粒，可食率在 71.5％左右。该品种早产性能好且丰产稳产，但易染叶斑病造成落叶从而削弱树势。是当前枇杷换代首选品种之一。

（二）白肉枇杷

1. 白玉　是江苏吴县选出的新品种。树势强健，树姿较直立。果实圆形或高扁圆形，平均单果重 33.1 克，最大果重 36.7 克，果皮淡黄色，果肉厚，白色，种子小，肉质细腻，汁多，味清甜，品质极佳，果实 4 月下旬成熟。该品种属白肉类，早果、丰产、品质优、较耐贮藏，是鲜食良种。但露地栽培易裂果，果实充分成熟后采收风味易变淡，宜适当提早采收。

2. 照种白砂　原产江苏吴县洞庭山。树势中庸偏强，枝条开张，枝多而紧凑，结果层厚，果实圆形或椭圆形，平均单果重 31 克，最大果重 35.5 克，果皮淡橙黄色，果肉淡黄白色，肉质细嫩，甜带微酸，种子小，品质佳。果实 4 月下旬成熟。该品种属白肉类，开花期迟，较耐寒、丰产、大小年不明显，果实整齐美观，较耐贮运，是鲜食良种。但露地栽培易裂果。

3. 荸荠种　原产江苏吴县洞庭山。树势强，枝条较直立，分枝多而粗短，树冠呈圆头形。果实扁圆形，挺生，平均单果重 31.7 克，最大果重 43.5 克。果皮黄橙色，果肉黄白色，肉较厚，肉质细腻，汁液多，风味浓，品质佳。果实 5 月上旬成熟。该品种属白肉类，生长快，发枝力强，耐寒、耐旱、抗性强，不易发生日灼及裂果。果实大小整齐，贮藏性能好，是鲜食良种。

4. 白梨　为福建莆田主栽品种。树势中庸，树姿半开张。果实圆球椭圆形，平均单果重 34.6 克，最大果重 45.8 克，果皮薄、淡黄色、果肉厚、乳白色、质地细腻、汁多，味甜而有清香，品质优，果实 5 月上旬成熟。该品种属白肉类，丰产、稳产、抗性较强，品质优，为鲜食良种。

5. 珠珞白砂　是江西安义县地方良种，树势中庸，枝条较开张。果实扁圆形，平均单果重 27.6 克，最大果重 28.7 克，果皮橙黄色，果肉乳白色，皮质易剥，肉质地细腻，味浓甜而有微香，含可溶性固形物 13％～19.8％，果实 5 月上旬成熟。该品种丰产稳产，抗逆性强，80～100 年生的实生树在不加管理的条件下，单株产量仍有 80～100 千克，味甜肉细嫩，品质极优，唯果形较小，故栽培上应注意疏花疏果的提高商品性。

第十三节 枇杷病虫害防治

一、病害防治

（一）主要病害发生规律

1. 灰斑病 真菌性病害，又名轮斑病，是枇杷发病最多的病害，叶片、花和果实均受害。叶片染病，初生淡褐色圆形病斑，后呈灰白色，表皮干枯，多数病斑常愈合呈不规则形的大病斑，边缘具较狭窄的黑褐色环带，中央灰白至灰黄色，以后生有较粗而疏的小黑点。枝条受害时，表皮裂开脱落或凹陷。花受害后花蕊褐变干枯脱落。幼果被害，产生紫褐色病斑，不久会凹陷，后期病斑上散生黑色小点，严重时果实软化腐烂。

2. 斑点病 真菌性病害，又名圆斑病，只为害叶片。病斑初期为赤褐色小点，后逐渐扩大，近圆形，中央灰黄色，外缘赤褐色，多数病斑愈合后呈不规则形，后期病斑上生有较细密的小黑点，有时排列呈轮纹状。发病严重时可造成早期落叶。

3. 角斑病 真菌性病害，只为害叶片。开始时产生褐色小斑点，以后病斑以叶脉为界扩大。呈多角形，赤褐色，周围常有黄色晕环。后期病斑中央稍褪色，长出黑色霉状小粒点。

4. 炭疽病 真菌性病害，主要为害果实，其次是幼苗。初发病时，果实表面产生淡褐色水渍状圆形病斑，以后干缩凹陷，表面密生小黑点，排列成同心轮纹状。潮湿时表面溢出粉红色黏物，病斑继续发展，常数个病斑连成大病斑，致使全果变褐腐烂或干缩呈僵果。

5. 污叶病 真菌性病害，又名煤霉病、煤污病，主要为害叶片。病斑多在叶背面，开始为污褐色小点，后为暗褐色不规则形或圆形，长出煤烟状霉层之后病斑连成大斑块，甚至全叶变成烟煤状。严重时全园大部分叶片污染，造成落叶。

6. 胡麻叶斑病 真菌性病害，大树和苗木均受害，以苗木受害重，又以砧木苗受害最重，常造成大量的苗木枯死。初发病时叶片上出现黑紫色小点，逐步形成直径1～3毫米、周围红紫色、中央灰白色的病斑。发病严重时，许多小病斑连成大病斑，致使叶片枯死脱落。除为害叶片外，果实也受害。

7. 白纹羽病 真菌性病害，主要为害根颈和根部，受害树在根颈周围的土壤表面出现灰白色菌丝，剥开根部皮层，可见结构致密的白色扇形菌丝索，根颈和根系腐烂，丧失吸收及输导功能。病树初期发芽及生长迟缓，新梢瘦弱，叶片萎蔫下垂、枯萎，严重时老叶黄化脱落，全株枯死。发病初期，园内病树零星分布，如不及时防治，蔓延扩大后，会导致全园毁园。

8. 枝干腐烂病 真菌性病害，枝干受害。初发病时，多在靠近地面的根颈韧皮部开始褐变，逐步扩大以至全株死亡。如在根颈以上的树干发病，树皮会开裂翘起，严重时剥落，在多雨或树液流动旺盛季节，会发生软腐和流胶。主枝发病时病斑小、分散，树皮多开裂翘起。发病轻的影响树势，重的落叶枯枝，树势衰弱。嫁接部位也易发病。

9. 癌肿病 细菌性病害，又名芽枯病，主要为害枝干，叶、芽、果实和根亦可发生。枝干及根部发病初为黄褐色不规则形斑，局部增粗或瘤状凸起，以后表面粗糙具环纹状裂纹，露出黑褐色木质部，严重时枝干枯死。新梢发病初时产生黑色溃疡，常使侧芽簇生，病部发生纺锤形龟裂，使芽枯萎。叶上病斑主要发生在主脉上，黑色有黄晕，叶片皱缩畸形。果实发病，果面溃疡粗糙，果梗表面纵裂。

10. 日灼病 生理性病害，枝干、果实和叶片均受害，以枝和果实受害较重。枝干受太阳强光照射，初时韧皮部呈焦褐色，后逐渐干瘪凹陷，燥裂起翘，最后成大焦块，似火烧状，严重者会导致植株死亡。枝干病部易被杂菌感染或成为害虫产卵、潜伏的场所。果实受害，向阳面开始出现不规则的凹陷，后逐渐加深，直至果实大半部的果肉干枯呈黑褐或紫褐色，被害部后期常有腐生菌寄生。被害叶片表现为叶尖部分或整个叶片变成棕褐色干枯。

11. 叶尖焦枯病 主要为害初抽生幼叶。一般在嫩叶长至2厘米左右时开始出现症状。初为叶尖变黄坏死，后呈褐色，并逐渐向下扩展，导致叶尖变黑褐色焦枯。病叶通常生长缓慢，叶小而畸形，重病叶大部分焦枯提前脱落，受害树果实小或失去结果能力。有些严重发病株，新梢生长点枯死，叶片无法抽生，以至全枝枯死，甚至导致植株生长极度衰弱，最后整株死亡。

发病原因尚无定论。陈德禄等（1998）认为病因是钙元素缺乏；林尤剑等（1996）认为该病与丝状菌体状物有关；何富泉等（1999）认为是工业废气污染所致。

12. 裂果病 生理性病害，在果实迅速膨大期至成熟期，若久旱后突然下雨或遇连绵阴雨天气，果肉细胞大量吸水膨胀导致外果皮破裂，果皮薄的品种更为突出。裂果后易受炭疽病等病菌感染和害虫寄生。

13. 果实栓皮病 生理性病害，枇杷果实在生长期间局部果面遭受霜雪冻害引起的。幼果感病初期，果面呈油渍状，随着果实的发育，病斑渐渐成栓皮状，果实成熟时病斑呈黄白色、果皮变脆。

14. 枇杷疮痂病 真菌性病害，果面上形成许多褐色锈斑或形成连片的绒状暗色斑块。

15. 枇杷溃疡病 细菌性病害，由田间带入贮运中。果面呈溃疡粗糙，果梗表面纵裂，病菌主要从剪刀口、采果痕和虫害伤口侵入。

16. 枇杷灰霉病　真菌性病害，果实发褐腐烂，病部表面长出灰色霉层。

17. 枇杷疫病　真菌性病害，果实局部或全部发褐，水渍状，病部与健部无明显界限，颇似灰霉病，所不同的是霉状物白色而稀疏。

（二）枇杷主要病害综合防治

1. 加强检疫，严禁带病的接穗及苗木入境。

2. 做好冬季清园，清除杂草和落叶；疏除过密枝条，改善树冠通风透光；果实采收期结合修剪彻底清除病果、病梢枝叶，进行烧毁或深埋处理，减少病源是减轻发病的重要手段。合理培养树冠，不使枝干受强光照射，冬季树干刷白。

3. 果实套袋是防止果实病虫害，避免或减少农药污染的重要措施，使用银白色牛皮纸袋效果较好。

4. 适时进行化学防治。

（1）对叶斑病、污叶病等病害，在春、夏、秋梢各次枝梢萌发期间喷药防治；对苗木胡麻叶斑病，在发病初期喷药防治；每隔 10～15 天，喷药 1～2 次。可以交替选用下列药剂：0.5％～0.6％等量式波尔多液、25％叶斑清 4 000～5 000 倍液、50％多霉灵可湿性粉剂 800～1 000 倍液、50％多菌灵可湿性粉剂 500～800 倍液、75％百菌清可湿性粉剂 500～800 倍液、70％甲基托布津可湿性粉剂 800～1 000 倍液、65％代森锌可湿性粉剂 500～600 倍液等。

（2）防治炭疽病，注意在幼果期、果实着色期前 1 个月和果实转色期各喷一次药，交替使用 0.5％等量式波尔多液、50％退菌特可湿性粉剂 600～800 倍液、50％甲基托布津 500～600 倍液和 25％叶斑清 4 000～5 000 倍液等。

（3）发生白纹羽病的果园，梅雨前每株大树用70%甲基托布津可湿性粉剂300克（小树减半）对水15千克，泼浇在根颈及其周围表土上预防发病。一旦发现病株，立即扒开根颈及根部土壤剪除病根，先用70%甲基托布津可湿性粉剂100倍液清洗，再用此药液消毒周围土壤；或撒施石灰500克/米^2，晾晒3～5天后盖上不带菌的土壤；或每株树用苯来特150克混土拌匀后填入根部。对重病树要及时刨除烧毁，并将根区土壤移出果园客换新土。

（4）对于剪口、风害等机械伤口，选用0.6%等量式波尔多液、农用链霉素糊剂（黄油1 000克＋农用链霉素1～1.5克）、20%噻菌铜500～600倍液消毒处理，防止癌肿病等病害入侵。经常检查果园，及时刮除枝干腐烂病的病斑，刮下树皮烧毁，伤口涂抹自制的药膏（用70%甲基托布津可湿性粉剂、80%炭疽福美可湿性粉剂和20%三环唑增效超微可湿性粉剂等量混合，再加入总药量10%的地瓜粉，然后用水调成），再用透明胶带和薄膜包扎。

（5）一旦发现癌肿病病斑，先用利刀将病斑刮净削平出现健部，再涂上链霉素糊剂或402抗菌剂。若小枝或苗木患病予以剪除，连同枯枝落叶一起烧毁。

（6）对于受日灼病伤害的枝干，刮净伤口消毒后涂40%多菌灵悬浮剂50倍液、5波美度石硫合剂等。

（7）防治叶尖焦枯病，在发病时全树喷施0.4%氯化钙或喷0.4%氯化钙的同时，每株大树施用石灰5千克，效果很好。

（8）裂果病严重的果园，在幼果迅速膨大期叶面喷施0.2%尿素、0.2%硼砂或0.2%磷酸二氢钾。

二、害虫防治

（一）主要害虫生物学特性

1. 枇杷瘤蛾　又名枇杷黄毛虫、倒挂蝴蝶。幼虫食害枇杷的嫩芽、嫩叶，猖獗时也食害老叶、嫩茎表皮和花果，甚至将整株叶片食光仅剩叶脉。浙江一年发生 4 代，各代发生期为 5 月初、6 月中旬、7 月中下旬和 8 月中下旬。卵散产于嫩叶背面，卵期 3～7 天，初孵幼虫群集在嫩叶正面取食，2 龄后分散取食。

2. 舟形毛虫　又名苹掌舟蛾、枇杷天社蛾、枇杷舟蛾等。寄主广泛，幼虫取食叶片，受害叶残缺不全或仅剩叶脉，严重时可将全树叶片吃光。浙江一年发生 1 代，6 月中下旬开始出现成虫，成虫晚上活动，趋光性强，羽化后数小时到数天交配产卵。卵多产在树冠中下部叶片的背面，数十粒或数百粒密集成块，初孵幼虫多在叶背群集整齐排列，头向外自叶缘向内啃食，低龄幼虫受惊时成群吐丝下垂。幼虫早晚、夜间或阴天取食，白天静伏，头尾翘起如舟状。幼虫期约 30 天，开始将叶片食成纱网状，4 龄后食量剧增，常将整株叶片吃光后再转株为害。9 月下旬至10 月上旬老熟幼虫沿树干下行，或吐丝下垂入土化蛹越冬。

3. 大蓑蛾　又名大窠蓑蛾、大避债蛾、大袋蛾、吊死鬼等。一般一年发生 1 代，以幼虫取食叶片，也食芽和嫩梢，严重时全树叶片被吃光。5 月中下旬成虫羽化，雄成虫有趋光性，以晚上8～9 时诱蛾最多。

4. 柑橘长卷叶蛾　又名褐带卷叶蛾、褐带长卷叶蛾。一年发生 7～8 代，以幼虫为害枇杷新梢幼叶、花穗及果实。第 1 代幼虫为害春梢幼芽及嫩叶，第 2 代幼虫蛀食成熟期果实，第 4、第 5 代幼虫为害夏、秋梢嫩叶，第 7～8 代幼虫为害花穗和早熟品种幼果。

5. 黄刺蛾　俗称洋辣子，属鳞翅目，刺蛾科。一年发生 2 代，以幼虫取食叶片，严重时全树叶片被食光。

6. 梨小食心虫　又名梨小蛀果蛾、桃折梢虫、东方蛀果蛾等，简称梨小。一年发生 4～7 代，以幼虫为害枇杷果实、嫩梢、花穗等，主要为害果实。成虫昼伏夜出，对性诱剂、黑光灯、糖醋液趋性强，卵产在新梢顶端叶背或果面上，尤以两果相接处产卵多。幼虫多从枇杷萼筒蛀入果实，食害种核并留积虫粪。幼虫也钻蛀夏、秋梢，老熟后咬断嫩梢一侧造成枝梢折断枯萎。秋季幼虫蛀食花穗的支梗和花蕾，并在其中越冬。

7. 桃蛀螟　又名桃蛀野螟、桃蠹螟、豹纹斑螟等。一年发生 4～5 代，以幼虫蛀害枇杷枝梢、花穗、嫩叶和果实，不仅影响各次新梢正常抽发和生长，导致幼树树冠扩大受阻，还蛀坏花穗和果实，致使果实腐烂或果内充满虫粪不能食用。成虫吸食花蜜，昼伏夜出，对糖酒醋液及黑光灯趋性较强。多在枇杷花穗上产卵，每穗 2～3 粒，多的可达 20 多粒。

8. 桑天牛　又名粒肩天牛、刺肩天牛。两年发生 1 代，成虫啃食嫩枝皮层，造成许多空洞，幼虫蛀食木质部，使树势衰弱，严重时枝干或全株枯死。成虫产卵前昼夜取食，有假死性，极易捕捉，取食 3～5 天后交尾产卵。产卵前先用上颚咬破皮层和木质部，形成"U"型刻槽，卵即产于刻槽中，槽深达木质部，每槽产卵 1 粒。

9. 星天牛　一年发生 1 代，以幼虫蛀食主干基部和主根，致使树势衰弱，重者整株枯死。成虫羽化后啃食寄主幼嫩枝皮，6 月下旬至 7 月上旬为产卵高峰，喜欢将卵产在距地面 10 厘米以内的主干上。产卵前先在树皮上咬"T"或"人"型刻槽，产卵其中。

10. 吸果夜蛾　在枇杷成熟期常有吸果夜蛾为害，成虫吸食果汁，果实被害后初期不易被发现，以后逐渐腐烂脱落，尤在山区果园危害重、损失大。吸果夜蛾种类多，各地不尽相同，常见的有嘴壶夜蛾、青安纽夜蛾和枯叶夜蛾等，均属鳞翅目，夜蛾科。吸果夜蛾一年发生多代，幼虫通常取食果园附近的植物，成虫在枇杷成熟时飞进果园，夜晚活动吸食果汁，尤在闷热无风的晚上数量多。成虫对糖醋香甜食物趋性强，多数种类对黑光灯趋性亦强。

（二）主要害虫综合防治

1. 建园时远离桃、李、板栗、石榴等果树，园内及周围不种植玉米、向日葵、蓖麻等作物，以避免梨小食心虫、桃蛀螟转主为害。合理套种绿肥或豆科作物等，为天敌生存创造良好的生态环境。

2. 秋季 9 月间树干束草诱集梨小食心虫等害虫进入越冬，入冬后取下束草烧毁。深翻园土，清除果园落叶、杂草，剪除树上枯枝，刮除枝干粗翘皮，集中烧毁或深埋。

3. 冬季用竹刷扫集树干基部的枇杷瘤蛾虫茧，舟形毛虫的越冬蛹，摘除大蓑蛾虫囊和黄刺蛾虫茧，放入纱笼内饲养，其中的天敌蜂类羽化飞出后将虫茧烧毁。

4. 果实套袋，这是防止果实病虫害，避免或减少农药污染的重要措施。通常在最后一次疏果后，喷一次杀虫杀菌剂，然后套袋。

5. 生长季节及时摘除枇杷瘤蛾、舟形毛虫、柑橘长卷蛾和双线盗毒蛾等害虫的卵及初孵幼虫的叶片，或用两块木板相互拍击，拍死群集的幼虫。利用幼虫的假死性振动树干，杀死吐丝下垂的幼虫。结合疏花疏果摘除虫果，及时剪除烧毁干枯或萎蔫的枝梢。

6. 在 6~8 月天牛产卵期，每 5 天检查果园一次，人工捕杀天牛成虫，用铁锤、石块等轻击卵槽杀卵，根据排粪用钢丝钩杀天牛、木蠹蛾入蛀的幼虫。也可用常规杀虫剂 50 倍液制成毒膏、毒泥或毒棉等从排粪孔塞入虫道；或用注射器将常规杀虫剂 100 倍液或 50 青虫菌、白僵菌和绿僵菌等药液注入虫道；或用磷化铝 1/3~1/2 片塞入洞内，注入或塞入后均需以黄泥封孔，毒杀幼虫。注意保护和招引啄木鸟捕杀天牛幼虫。

7. 利用黑光灯或性信息素，诱杀舟形毛虫、大蓑蛾、黄刺蛾等成虫。

8. 若食叶、蛀果害虫发生量大、为害重时，在成虫发生期或幼虫初孵时树上连续喷药 1～2 次，药剂可用 2.5％鱼藤精乳油 500 倍液、80％敌百虫可溶性粉剂或 50％杀螟硫磷乳油 1 000 倍液、20％氰戊菊酯或 2.5％溴氰菊酯乳油 3 000 倍液、1％阿维菌素 4 000 倍液、25％灭幼脲 3 号悬浮剂或 5％抑太保乳油 1 000～2 000 倍液和 Bt 乳剂 300～600 倍液等。防治大蓑蛾，还可用核型多角体病毒制剂 4 000～6 000 毫升/公顷，对水 900 千克喷雾。注意有些枇杷品种如早钟 6 号忌用有机磷农药，以免引起药害落叶。

9. 果实成熟期，夜晚捕捉伏在果实上的吸果夜蛾，或将切成小块的瓜果放在农药里浸泡两分钟，然后挂在果园周围毒杀成虫，效果显著。

三、其他有害动物的预防

枇杷产区受各种鸟、兽害也较普遍，有的果园受害相当严重。如白头鹎（白头翁）、禾花雀等鸟类危害，前者损失可达 50％～60％。害鸟啄食枇杷成熟期果实，仅留剩果核或其下方少许果肉，被害果残留树上不脱落。此外，还有松鼠、野狸等兽类危害，取食枇杷成熟期果实，被害果残留少量果肉，然后落地，此点可与鸟害相区别。

防治鸟害，采取果实套袋、树体罩网、点燃鞭炮驱赶、液化气全自动驱鸟（兽）炮驱赶等方法；防治松鼠等兽害，采用鞭炮驱赶、液化气全自动驱鸟（兽）炮驱赶、诱捕器捕捉、树干基部绑扎丝网阻隔上树等措施，均能收到一定的防治效果。

第十四节　草莓大棚促成栽培

草莓是多年生草本植物，属于蔷薇科草莓属，世界上约有

50个种，我国有7个种。目前世界各国栽培的草莓，主要是18世纪培育出的大果草莓，即凤梨草莓。凤梨草莓是智利草莓和深红草莓的杂交后代，在长期的栽培过程中，已培育出2 000多个栽培品种。由于草莓是人们十分喜爱的水果，具有较高的经济价值，在世界小浆果生产中，无论是栽培面积还是产量，一直居领先地位。

草莓虽然不是木本植物，而且植株矮小、呈平卧丛状生长，高度一般在30厘米左右。但它是人们十分喜爱的水果，因而人们把它的栽培归入果树生产，作为一种特殊的"果树"来对待。

一、草莓大棚促成栽培技术

草莓促成栽培是指冬季温度较低的地区，采用促进花芽分化技术，用不同形式的设施和设备，人工创造适合草莓冬季生长发育、开花结果的温度和光照条件，防止其进入休眠，使草莓提早到11月下旬上市的一种栽培方法。

草莓促成栽培具有上市早、供应期长、产量高、商品果率高、贮藏性好、市场需求量大、经济效益高等优势。据调查，采用双层保温促成栽培法，一般亩产量1 500千克，高产的达到3 300千克；商品果率在90%～96%，单果重大于15克的大果率为58%；果实采收期达7个月（11月下旬至第二年6月上旬）；一般亩产值为1万元，高的可达3万余元。但一次性投资大、花工多、生产成本高、培育管理要求高。近年来，由于草莓促成栽培技术的不断完善，其绝对经济效益仍居高不下，发展面积不断增长。

（一）品种选择

由于草莓是短日照植物，在低温、短日照条件下进行花芽分化，随着温度的进一步下降而进入休眠，在高温和长日照条件下进行生长发育、开花结果。促成栽培是一种以早上市为目标的栽培形式,应选用休眠浅、中日照条件下能花芽分化的早熟品种。休眠浅的品种,感光性和感温性都较弱,能在较高温度(24℃以下)和日照 12.5 小时以下完成花芽分化,对 5℃以下低温只需 0~200 小时,在 5℃以上较低温下能继续生长发育、开花结果,基本不进入休眠。因此,选用这类品种进行促成栽培,是获得成功的关键因素之一。

目前,生产上适合促成栽培的品种有丰香、女峰、静宝、明宝、丽红等。其中丰香仍然是温州市促成栽培的主要品种,丰香具有促进花芽分化容易、休眠浅、成熟早、果形大、着色好、果实整齐度高,具有连续结果的特性;在促成栽培时,一般不休眠;是一个既利于提高前期产量、又利于提高全年产量的优良早熟草莓品种。

(二)选择壮苗

选择健壮、花芽分化早而齐的苗,是草莓促成栽培早上市和高产的关键。必须严格把关,千万不能马虎。壮苗标准:经过假植促花,具 5~6 张展开叶,叶柄短而粗壮,根茎粗 1 厘米左右,有较多的粗而白的初生根。

(三)土壤消毒

土壤消毒是草莓促成栽培的关键技术之一,对减轻病虫害,特别是减轻病害,效果非常显著。同时,对减轻草莓果实农药污染的效果,也是显而易见的。土壤消毒的具体方法有:

1. 高温+农药消毒法 利用 7~8 月高温季节的太阳热能,进行土壤消毒,是一项效果好、成本低、易操作的土壤消毒法。具体做法是,清除田间杂草、杂物,翻耕后喷洒杀虫剂和杀菌剂,于土表用无洞的旧农膜严密覆盖。据测定,膜下最高温度可达 65℃,达到了杀虫、杀菌的作用。

2. 高温、高湿十农药消毒法 利用 7～8 月高温季节，在清园翻耕后，撒上杀虫剂和杀菌剂，淹水浸泡 1 周，从而起到杀虫、杀菌的作用。

3. 熏蒸剂消毒法 在清园翻耕后，每平方米用溴甲烷 20 毫升的药量，均匀喷洒后，立即用农膜覆盖密闭消毒 7 天。此法效果好、土壤无残留物，但成本高，操作时要特别注意安全。

（四）适时整地

土壤经消毒后，高标准、高质量地适时整地作畦，是草莓促成栽培成功的保证。整地作畦应于定植前 15 天完成。

促成栽培草莓，由于采收期长达 7 个月，植株常会出现早衰现象，影响草莓果实的品质和产量。因此，要特别注意基肥的用量和质量。一般情况下，基肥的用量应占总施肥量的 1/2 或 1/3；以目标产量为 2 000 千克草莓果实，则基肥用量为：腐熟栏肥 4 000 千克、腐熟菜子饼肥 100 千克、复合肥 80 千克。这里需要特别强调：栏肥和菜子饼肥一定要充分腐熟，否则易引起肥害"烧苗"和芽枯病。

基肥的施法非常重要。同样的肥料、同样的土地，浅施与深施的效果是完全不同的。浅施、全园撒施，有利于草莓根系的吸收；深施则不利于草莓根系的吸收。这是因为草莓根系大部分分布在 0～20 厘米土层中。因此，基肥不能深施，应全面施用在离畦面 15～20 厘米的土层内。

整地作畦时，要采用深沟窄畦。每畦占地宽 1 米，做成畦面宽 55 厘米、沟宽 40 厘米、沟深 30 厘米的龟背形深沟窄畦。畦面做成龟背形，以防止畦面积水。

（五）适时定植

定植时间以 9 月上中旬为好。每畦双行种植，行距 25 厘米、株距 13～17 厘米也可 20～25 厘米（视品种而定），每亩栽苗

8 000~11 000 株。采苗时尽量带大土块，以缩短缓苗时间、减少对顶花芽的影响。栽苗时，将苗的弓背朝向沟道一侧，使花序着生在同一方向。1 穴栽 1 株，栽植深度以"上不埋心，下不露根"为宜。栽后要立即充分浇水或浇稀人粪，以后 2~3 天，每天浇水 1~2 次；以促进植株迅速恢复生长和顶花芽发育。

影响草莓促成栽培定植时间的主要因素，是假植苗的花芽分化程度。一般以 50％植株顶花芽完成分化为定植适期。定植过早，会影响顶花芽的分化和发育。定植过迟，虽对顶花芽的发育没有影响，但会影响侧花芽的分化；在顶花芽开花结果、果实采收后，会出现侧花芽未开花、不能持续采果的空当，从而影响草莓促成栽培的总产量和产值。因此，定植前必须用解剖镜或显微镜检查植株顶花芽分化过程，以决定定植时间。农民育苗户如没有条件检查花芽分化，可请有条件的科研单位帮助检测，千万马虎不得。

（六）适时盖膜保温

草莓从花芽形成后到开花，需要长日照和高温的环境条件。一般草莓在秋季定植后，会不断发生新叶、新根，继续生长；顶花芽也会继续发育，第一侧花芽也开始分化、发育。随着气温的下降和日照的进一步缩短，植株逐渐进入休眠。待第二年日照时数变长、气温回生后，才恢复生长，抽生新叶、开花结果。

促成栽培，则采用设施保温。点灯延长光照等方法，来满足草莓生长发育、开花结果对温度和日照的要求，防止其进入休眠，达到继续生长和开花结果的目的。从花芽完成分化至开花所需的天数，一般以≥0℃有效积温计算。因品种不同，所需的有效积温差异很大；如春香草莓，当≥0℃有效积温达到 1 050℃时，即能开花。

促成栽培盖膜保温的最佳时间，是第一侧花芽完全分化后、植株尚未进入休眠之前。即在顶花芽完全分化后 25~30 天、第一侧花芽完全分化时，为盖膜最佳时期。一般在 10 月 20 日前后。

(七) 温度管理

草莓各器官耐低温的顺序是：叶＞果＞花。叶片在 -5℃ 低温下也不会出现严重冻害，只是颜色变成紫色。果实的耐低温能力与果实大小关系很大，总的趋势为：大果＞中果＞小果；开花后 10 天内的小果，经 -5℃ 1 小时、-2℃ 3 小时，则果色变黑、停止生长发育；开花后 20 天的大果，经 -5℃ 3～5 小时，果实变成了水渍状，但果心部仍是硬的。花蕾耐低温能力较差，经 -2℃ 以下低温后，外观上能看见雌蕊柱头变色、雄蕊花药变黄，失去了结果能力；开花前中等大小的花蕾，受 -2℃ 低温危害后，外观上看不出变化，但花粉已受害，花粉发芽率很低，不易着果。

草莓的耐高温能力很强，但各器官间耐高温能力有明显差异，其中受影响最大的是花粉。花粉发芽的最适温度为 25～27℃；当温度在 40℃ 以上时，花粉活力下降，授粉受精率低，畸形果增多。而柱头的耐高温能力明显强于花粉，在 45℃ 高温时仍能正常授粉、果实继续发育。当气温高于 50℃ 时，蕾、雄蕊、花、萼片及未展叶都会受到影响而变成褐色。

根据草莓的生长结果习性，大棚温度管理要尽可能地满足草莓各器官对温度的要求，尽量使气温、地温保持在草莓各器官生长发育的最适范围；当灾害性天气到来时，特别是严重冻害天气到来时，要通过大棚温度管理的有效手段，尽可能把损失降到最低点。

1. 覆膜初期的温度管理　覆膜初期，为了增加积温、促进早开花，白天大棚气温应保持在 30℃ 左右，夜间气温保持在 10℃ 以上。开花前，大棚白天气温保持在 25℃，最高气温不能超过 30℃。顶花序开放后至果实膨大期及果实成熟期，白天大棚气温保持在 20～25℃，夜间气温保持在 5℃ 以上。果实膨大期，如白天气温超过 25℃时，要及时换气降温；否则，会出现温度高而缩短果实生长发育时间，使果实成熟提早、个子变小。

2. 大棚加小拱棚双重保温管理 采用一层塑料大棚保温，棚内最低气温可提高 1～2℃，整个冬季很可能出现 0℃以下的气温。采用大棚加小拱棚双重保温的，最低气温可提高 3～5℃，且整个冬季都在 0℃以上。因此，在没有加温条件下，采用大棚加小拱棚双重保温管理是比较安全的。当天气预报发布夜间露地最低气温在 5℃以下时，小拱棚要覆膜保温，使小拱棚内气温保持在 5℃以上。当夜间小拱棚内可能会出现低于 3℃气温的天气时，要采取小拱棚外加盖草帘保温或人工增温等措施。

3. 3 月中旬后温度管理 立春后，气温渐渐回升，当大棚内夜间最低气温稳定在 5℃以上时，可拆除小拱棚。当大棚内白天气温超过 30℃时，要及时揭膜换气降温，有条件的可用排风扇通气降温，使棚内气温保持在 25℃左右。

4. 4 月下旬后温度管理 4 月下旬，气温回升，并且稳定，棚内气温高时可达 37～38℃，这时可拆除大棚在两侧围膜，使棚内气温保持在 30℃以下。

5. 土壤温度管理 草莓的根系生长的最适温度是 20℃，当土壤温度低于 15℃或高于 28℃时，根系的吸收能力变弱；当土壤温度降至 10℃以下时，根系基本停止生长。促成栽培时，大棚内气温上升比土温快，当气温与土温之差大于 20℃时，或当土壤温度降至 10℃以下时，会因生理缺水而阻碍草莓各器官的生长发育。因此，土壤温度管理也是非常重要的。目前，行之有效的方法是覆盖黑色地膜。覆盖黑色地膜，除了提高冬季大棚内土壤温度外，还有减少土壤水分蒸发、保持土壤湿度、降低棚内空气湿度、减少杂草滋生、减少病害和防止土壤对果实的污染而改善果实品质等多项功能。覆盖黑色地膜应在大棚覆膜前进行，也可在大棚覆膜后立即进行。覆盖地膜宜在一天中的午后进行，因此时植株含水量少，操作时不易折伤叶柄和叶片。此外，大量浇水时水温过低会引起短时间的生理缺水，如反复多次，会严重阻碍草莓各器官的生长发育。浇水时应尽量使水温与棚温相近，千万不能大量浇灌温度低于棚温20℃的水和液体肥料。

（八）湿度管理

草莓花粉一般在开花前一天即有授粉受精能力，到开花后3～4天才失去发芽能力。草莓花粉发芽率低是产生畸形果的主要原因。草莓花粉发芽率除温度影响外，还受空气湿度影响。空气湿度在40％左右时，花粉开药率最高，花粉发芽率也最高；当空气湿度在80％以上时，花粉开药率低，花粉发芽率亦低。因此，在草莓开花时，大棚内要尽量保持50％～60％的空气湿度。不仅有利于花药开药和花粉发芽，也有利于防止病害的发生。

降低大棚内空气湿度的有效方法，除了覆盖地膜外，通风换气降低湿度的效果是很好的。因此，即使在寒冷的冬季，白天也要利用中午气温较高掀起两侧薄膜通气降湿。

（九）施肥和灌水

促成栽培的草莓在棚内连续结果达7个月。这期间，棚膜隔绝了雨水的进入，整地作畦时施入的基肥已不能满足草莓生长结果的需要。如不及时、充分、不断地供给水分和养分。就会使草莓植株早衰而减产。

促成栽培草莓的施肥和灌水是结合进行的，一般每次每亩施1 500～2 000千克、浓度为0.3％～0.4％的液肥，即可达到施肥和灌水的目的。目前，生产上普遍采用的灌水灌肥设备是薄膜滴灌带。这种薄膜滴灌带具有成本低、省工、灌水灌肥量足、效果好等优点。若无灌水设备，可采用浇注法进行施肥灌水。

一般第一次追肥在顶花序的顶果达到拇指大时进行，第二次追肥在顶果采收时进行，第三次追肥在顶花序采收盛期进行。以后在各花序采收时，酌情进行施肥灌水，一般 15～20 天施肥灌水 1 次。肥料种类为速效氮、磷、钾肥，化肥、有机肥均可。并视草莓植株生长结果情况，酌情增加氮、钾肥的用量，植株生长弱时增施氮肥，结果量多时增施钾肥。

（十）光照管理

草莓是喜光性植物，也是比较适合在低照度条件下栽培的作物，光饱和点在 2 万～3 万勒克斯，要求光照强度在 1 万～5 万勒克斯。据测定，大棚促成栽培时，无论是前期还是后期，阴天大棚内光照强度均在 1 万勒克斯以上，晴天大棚内光照强度均在 3 万勒克斯以上。因此，一般不需要人工补光。

（十一）植株整理

促成栽培草莓，自定植至采收结束，植株一直处于不断的生长中，叶、花茎不断进行更新，腋芽也不断发生。为了保证有足够的叶面积和合理的花茎数，以及保证良好的田间通风透光条件，要经常进行植株整理工作。

1. 摘除匍匐茎和老叶　每天要进行田间巡视检查，发现长匍匐茎，要随时摘除。随着新叶的生长，要定时摘除老叶、黄叶和病叶。减少养分消耗，改善田间通风透光条件，减少病害的发生。一般每株保留 15～16 张展开叶即可。

2. 疏花蕾　一株草莓通常有 3～5 个花序，每个花序着生 7～20 个花蕾。迟开的往往成为无效花或成为小果。在现蕾期适量疏除花蕾，可使养分集中、开花着果整齐、果个增大品质提高。

3. 疏果　据试验，1 个花序最多留 7 个果，则产量较高、品质较好。因此，及时疏去畸形果、病虫果、发育不良的果实和过多的果实，对提高果实品质是有利的。

4. 果下垫草　果实膨大后逐渐下垂在地面上，容易造成果面不卫生、受地下害虫啃咬和烂果。在草莓结果期，将梳理好的稻草、芒萁、山草等4～5棵平铺在花下，用来托果，可有效地解决这些问题。若采用覆盖黑色地膜栽培的，可以不用果下垫草。

5. 掰花茎 为了促进新花序的抽生，在每个花序结果时，要及时掰除老花茎。

（十二）人工辅助授粉

草莓属于自花授粉植物，但促成栽培时，常因气温低、通风不良、湿度大等原因，造成花粉传播困难而影响授粉出现着果率低、畸形果多等不良现象。如能进行人工辅助授粉，可以大幅度地提高着果率、减少畸形果和提高产量，果个也明显增大。人工辅助授粉方式有4种：

1. 品种搭配授粉 一个大棚可栽2～3个品种，使互相授粉。

2. 人工授粉 在开花旺季，进行人工点授，以提高授粉受精率。

3. 利用中午放风、电风扇通风等外力，改善大棚内部通风条件、降低棚内湿度，从而提高草莓的着果率。

4. 蜜蜂授粉 据调查，采用养蜜蜂辅助授粉的促成栽培草莓，12月至次年月份，畸形果率仅2.3％，顶花序着果率达到100％，第二侧花序着果率也达到92％。一般一个大棚放一箱，蜂种可选用熊蜂和意大利蜜蜂，放蜂时间可安排在大棚覆膜后至第二年3月份。放蜂期间，不能使用对蜜蜂毒性大的农药，喷施农药前要关闭蜂箱或将蜂箱搬出棚外，以防药害；在放风口要加遮纱网，以防蜜蜂飞走。

二、草莓主要病虫害防治技术

为害草莓的主要病害有：草莓病毒病、青枯病、草莓灰霉病、白粉病、草莓褐斑病、草莓炭疽病、草莓蛇眼病、草莓叶枯病、草莓芽枯病、草莓萎黄病、草莓萎凋病、草莓根腐病等。目前，有许多草莓病害尚无有效的治疗手段，只能采取土壤消毒、选用无毒苗、消除病原、倒茬轮作和及时防治蚜虫、线虫等防预措施。因此，防治草莓病害的关键技术为：以防为主、防治结合。为害草莓的主要虫害有蚜虫、叶螨、斜纹夜蛾、蛴螬、线虫等。防治害虫要做到：治早、治少、治了。严禁使用高毒农药。

第十五节 草莓主要病虫害防治技术

近年来，许多草莓主产区的果农普遍反映：刚种大棚草莓时，既缺技术又没经验，而草莓却很好种；种了几年大棚草莓后，技术也掌握了，经验也丰富了，反而草莓却很难种了。这主要是长期连作导致土传病害严重发生的结果。因此，病虫害（特别是土传病害）已成为草莓老产区的主要限制因子；有效的病虫害防治技术，已成为草莓老产区大棚促成栽培的成功保证。

一、主要病害防治关键技术

为害草莓的主要病害有：草莓病毒病、青枯病、草莓灰霉病、白粉病、草莓褐斑病、草莓炭疽病、草莓蛇眼病、草莓叶枯病、草莓芽枯病、草莓萎黄病、草莓萎凋病、草莓根腐病等。目前，有许多草莓病害尚无有效的治疗手段，只能采取土壤消毒、选用无毒苗、消除病原、倒茬轮作和及时防治蚜虫、线虫等防预措施。因此，防治草莓病害的关键技术为：以防为主、防治结合。

（一）草莓病毒病

为害草莓的主要病毒有草莓斑驳病毒、草莓皱缩病毒、草莓轻型黄边病毒和草莓镶脉病毒四种。多数情况是数种病毒同时侵染，染病植株表现为：新叶展开不充分，叶片变小、无光泽，小叶叶缘锯齿尖锐，心叶黄化，长势衰弱，植株矮化；开花提早，果实变小，畸形果增多，产量下降；匍匐茎抽生数锐减。染病后，一般减产 20%～30%，严重时可达 50%。但是，这四种病毒无论哪一种单独侵染时，通常都表现为隐症或症状不明显。

此病主要由蚜虫、线虫和匍匐茎苗传播，目前尚无有效的治疗手段，只能采取土壤消毒、选用无病毒苗、消除病原、倒茬轮作和及时防治蚜虫、线虫等预防措施。

（二）青枯病

细菌性病害。病原菌能侵染茄科等 100 多种植物，是广谱性病原菌。是夏季高温时草莓育苗地和大棚促成栽培草莓 4～5 月份的主要病害。发病初期叶柄变紫红色，植株生长不良；发病严重时，基部叶凋萎脱落，最后整株枯死。叶柄基部感病后，叶片呈青枯状凋萎；根部感病则不会出现青枯现象。横切根茎，可见维管束环状褐变，并有白色混浊黏液溢出。

此病的主要传播媒介是土壤和水，连作是主要诱因。预防方法：①忌连作。②避免与茄科作物轮作。③发病地种植前，必须进行土壤消毒。

（三）草莓灰霉病

真菌性病害。是我国草莓主产区普遍发生的主要病害，染病后，一般可减产 10%～30%，严重的可减产 50% 以上。主要为害果实、花梗、叶片。在果实上，从果基近萼片处开始发病，初期病斑呈水渍状，渐渐变褐、形成褐色长形病斑，后期果实腐烂、并出现灰色霉层。该病靠风、雨传播，浆果成熟期是发病高峰，高湿是发病的重要条件，连续阴雨天可诱发该病的流行。

深沟窄畦，适度密植（7 000 株/亩），及时清除老叶、病叶、病果、病花，可减轻发病。大棚栽培可用"一熏灵"等烟雾剂防病，效果很好；一般 6 米宽、30 米长的大棚每次用 3 粒，15～20 天熏 1 次，连续 2～3 次，阴雨天应缩短间隔时间。也可在发病初期连续喷施 50%速克灵 800 倍液或 50%多菌灵 500 倍液或 70%甲基托布津 1 000 倍液 2～4 次，每次间隔 7 天。

（四）白粉病

真菌性病害。主要为害叶、果、果梗、叶柄、匍匐茎，但多发生在老叶、果实和果梗上。叶片受感染时，初期叶背出现薄霜状白粉，以后扩展至全株，随着病势加剧，叶片向上卷曲呈匙状。花蕾和花感病时，花瓣呈红色、花蕾不能开放。果实染病后，果面覆盖白色粉状物，果实停止发育。

该病主要在匍匐茎抽生的育苗期和大棚覆膜后发生。发病适温为 15～20℃，5℃以下和 35℃以上均不发病，高湿条件下该病容易蔓延。发病初期喷施 25%三唑酮可湿性粉剂 3 000～5 000 倍液 2～3 次，基本能控制该病的蔓延。

（五）草莓褐斑病

真菌性病害。是夏季高温季节育苗地的主要病害。主要侵害叶片，也在叶柄和匍匐茎上发生。叶片受侵染时，先出现近圆形紫红色小斑点，扩大后，中间部分呈浅紫色，随后病斑扩展至半叶和全叶；病斑呈轮纹状，周围紫褐色，中间灰色至灰褐色，易破碎。叶缘发病时易形成楔形大斑，褐变、枯死，病斑枯死部分度出小黑点。

该病由空气传播。发病初期喷施 75%百菌清可湿性粉剂 500～700 倍液或 70%甲基托布津可湿性粉剂 800 倍液。

（六）草莓轮纹病

真菌性病害。主要为害叶片，是育苗地的主要病害，秋季高温季节发病严重。染病初期，叶片上形成数个近圆形紫色小斑，以后渐渐扩大成椭圆形、菱形，沿叶脉构成"V"形。病斑中心浅褐色，向外构成数圈轮纹状，后期出现小黑点。严重时，数个病斑连成一片，叶片枯死。

及时清除病叶可减轻病害的发生。发病初期可用 80％代森锰锌可湿性粉剂 1 000 倍液或 70％代森锌可湿性粉剂 1 000 倍液或 70％甲基托布津可湿性粉剂 800 倍液喷洒防治。

(七) 草莓炭疽病

真菌性病害。是育苗期和定植期的主要病害。主要为害匍匐茎、叶片、叶柄、果实和根茎。病斑初为水渍状，后呈黑色，或中央褐色、边缘棕红色。在温度高时，病斑部可见浅红色胶状物。当全株出现枯萎时，在根茎横切面上，可见自外而内的棕红色或褐色病斑。

该病发病适温为 28～32℃，属高温型病菌。该病药剂防治比较困难，要把重点放在预防。可采用水旱轮作、及时清除病叶病株、苗地搭建防雨棚等预防措施，忌连作。防治药剂有：70％代森锌可湿性粉剂 600～800 倍液、75％百菌清可湿性粉剂 600～800 倍液，在匍匐茎抽生前和雨季前喷洒 2～3 次。

(八) 草莓蛇眼病

真菌性病害。整个生长期都可发生，子苗繁殖园和假植苗培育园发病较多。主要为害叶片，也为害叶柄、果梗、嫩茎，叶片受害时，初期为紫红色小圆点，后扩大至 3～6 毫米，周缘紫红色，中央棕色，后期为灰白色，形似蛇眼。病斑上下不形成小黑点。发病严重时，数个病斑并成一个大病斑，直至叶片枯死。

及时摘除病叶，并于发病初期喷施 75％百菌清可湿性粉剂 500～700 倍液 2 次，每次间隔 10 天，可收到明显的防治效果。

（九）草莓叶枯病

真菌性病害。主要发生在叶、叶柄、萼片、果梗等部位。在叶上，初期形成紫褐色、周缘不明显的不规则斑点，继而扩大成3～4毫米的不规则病斑；一张叶片上若发生多个病斑，则叶呈暗色，进而呈黑褐色、枯死。在病斑中央有散生小黑点。果梗和叶柄上病斑黑褐色，最初斑点状，后扩大成条状。

该病在低温期发生和蔓延，秋冷季节发病增多，初冬时发生最剧烈。在缺乏有机质土壤上的草莓易发此病。加强培育，可增强植株的抗性。在发病初期可喷施70％代森锌可湿性粉剂600～800倍液或50％速克灵可湿性粉剂800倍液或70％甲基托布津可湿性粉剂800倍液防治。

（十）草莓芽枯病

真菌性病害。主要侵害花蕾、芽、新出幼叶、果梗和根茎，也侵染老叶。感病后的芽、花蕾、幼叶逐渐枯萎，呈灰褐色。老叶感病时，病斑所在的叶正面深于背面。而且脆而易碎，呈灰褐色。温度高时，病斑上产生小黑点。

该病发病适温为22～25℃，对肥对湿易发病，种植过深、密度过大会加重发病。目前尚无良法，只能注意预防。

（十一）草莓萎黄病

真菌性病害。感病植株地上部生长不良，新叶畸形，3片小叶中有1～2片变狭小，呈舟形；叶色变黄，表面粗糙无光泽，然后叶源变褐、向内凋萎枯死；畸形叶发生集中在植株一侧。根冠部维管束变褐，根量减少，根系变成黑褐色、甚至腐败，但中心柱不变色，子苗繁殖园7月上旬发病，8月份加重；假植苗培育园9月份发病；大棚栽培地9～10月份及第二年3～5月份发病。

该病由土壤、水源、农具传播，自根部侵入。发病适温为：气温28℃以上、土温20℃以上，温度越高为害越重。土壤过干过湿均会加重该病的发生。该病目前尚无有效的治疗方法，预防该病的有效方法为：土壤消毒、选择无病苗、避免连作；同时，发现病株要及时拔除。

（十二）草莓萎凋病

真菌性病害。发病时期为3～5月。最初叶柄出现黑褐色长形条斑，基部叶自叶缘开始变为黄褐色；病重时，叶片下垂变成淡褐色，植株矮化，最后凋萎而死。

土传病害，发病适温20～24℃。目前尚无有效的治疗方法。有效的预防措施为：土壤消毒、忌连作、忌与茄科作物轮作。

（十三）草莓根腐病

真菌性病害。此病主要在露地栽培发生。主要症状：雨后天晴，叶片萎蔫，根尖端变成黑褐色，根茎横切面可见中心柱变成红褐色。若冬季生长不良，感病植株会黄化萎缩，甚至枯死。

该病由土壤和水传播，自根部侵染植株。发病适温为：气温20℃，土温10℃。目前尚无有效的治疗方法。预防措施有：土壤消毒、忌连作、避免在低洼地、湿度大的地方栽培、覆盖地膜和搭小拱棚。

二、主要虫害防治关键技术

为害草莓的主要虫害有蚜虫、叶螨、斜纹夜蛾、蛴螬、线虫等。防治害虫要做到：治早、治少、治了。严禁使用高毒农药。

（一）蚜虫类

为害草莓的蚜虫种类很多。蚜虫是传播的主要媒介，在吸食汁液、抑制植株生长的同时，还传播草莓斑驳病毒、草莓皱缩病毒、草莓轻型黄边病毒和草莓镶脉病毒。如防治不及时，虽然治住了蚜虫，但已感染了病毒病。因此，防治蚜虫关键在于"治早"。

防治方法：10％吡虫啉（蚜虱净、扑虱蚜、一遍净）可湿性粉剂1 500倍液或25％唑蚜威（灭蚜灵、灭蚜唑、灭蚜松）乳油1 000～1 500倍液或50％避蚜雾可湿性粉剂3 000倍液。

（二）叶螨类（红蜘蛛类）

叶螨虫体很小，只在草莓的叶背吸食汁液，少量为害时很难被发现。草莓植株受害后，叶片呈锈色，生长受到抑制。当人们发现其为害状时，植株往往已严重受害，产量也受到明显影响。因此，防治叶螨的关键在于"早发现，早治疗"。

防治方法：73％克螨特乳油2 000～2 500倍液或5％霸螨灵悬浮剂2 000～3 000倍液或10％必螨立克可湿性粉剂2 000～3 000倍液或15％哒螨灵（速螨酮）乳油1 000～2 000倍液。

（三）线虫

为害草莓的线虫主要有草莓线虫、草莓基线虫和草莓芽线虫。草莓受线虫为害后，常出现新叶歪曲、畸形，叶色变浓、光泽增加；病重植株出现萎蔫，芽和叶柄变成黄色、红色，往往可见到草莓"红芽"症状。花芽受侵害后，轻的使已发生的花蕾、花和萼片、花瓣变为畸形，重的无花芽，严重影响草莓的产量。受线虫为害后，植株生活力降低，易受细菌、真菌等病原生物的侵染，有的还传播病毒病。

防治方法：①建立无病毒苗繁殖基地或选择无病苗定植。②土壤消毒。③定植缓苗后，用80％敌百虫可湿性粉剂灌根3～4次，每次间隔7～10天，可收到较好的防治效果。

(四) 蛴螬

蛴螬是金龟子的幼虫，是为害草莓的主要虫态。主要在5～10厘米处的土壤内取食草莓须根，造成全株萎蔫死亡。为害草莓的蛴螬主要是铜绿金龟子的幼虫，一般6月份为蛴螬活动、为害盛期。

防治方法：防治蛴螬的关键技术在于规范化施药，第一是药量要准，第二是要将药剂渗入到蛴螬栖居处。可用50％辛硫磷乳油1 000倍液浇灌。

(五) 小地老虎

小地老虎又叫地蚕、土蚕、切根虫，是草莓的主要地下害虫之一。1～2龄幼虫有趋光性，3龄后怕光，5龄开始进入暴食期，并有迁移为害能力。高龄幼虫在黎明前有猛食习性，在早晨查苗极易发现新受害苗，土下也易找到幼虫。小地老虎幼虫间自残习性很强，一个穴很少有2头以上高龄幼虫。

防治方法：由于小地老虎低龄幼虫的生命力很强，除人工捕杀外，采用其他农业防治措施效果并不理想。因此，防治小地老虎应突出化学防治的作用，并以此作为消灭该虫的主要手段。

1. 毒土、毒沙 用50％辛硫磷乳油0.5千克加水适量稀释，喷拌125～175千克细沙，顺垄低撒，施在草莓苗根茎附近，每亩约撒20千克，形成一条药带；或用25％溴氰菊酯（敌杀死）乳油用1 000倍沙土稀释，或用20％氰戊菊酯（速灭杀丁、中西杀灭菊酯）乳油用2 000倍沙土稀释，在草莓根茎附近撒成一条药带，对防治小地老虎幼虫效果很好。

2. 喷洒药液 用50％辛硫磷乳油1 000倍液或2.5％溴氰菊酯乳油用1 000倍液洒在草莓苗的根茎处，对小地老虎幼虫有好的防治效果。

3. 毒饵、毒草 用5％敌百虫粉剂0.15～0.25千克（或用

50％辛硫磷乳油 50 毫升）拌合 5 千克碾碎的菜籽饼（或切碎的鲜草、鲜菜叶）拌合成毒饵、毒草，在傍晚堆放诱杀，有一定的防治效果。

（六）斜纹夜蛾

以幼虫为害草莓地上部。1～2 龄幼虫群集叶背啃食叶肉，叶片被啃食成筛网状。3 龄后幼虫开始分散，怕光，白天隐蔽，傍晚和晚上活动、取食，暴食叶片，被害叶片仅剩叶脉。5～6 龄食量大增，食量占一生总食量的 80％以上。该虫一年发生 6～8 代，以 8～10 月（3～5 代）虫口密度最高、为害最严重。

防治方法：防治该虫应在 1～2 龄幼虫为害时进行最有效，可人工捕杀，也可喷药点治，既经济、又高效。3 龄后，幼虫开始分散，怕光，白天隐蔽，傍晚和晚上活动、取食，宜在傍晚 7～8 时进行喷药防治，喷药时务必仔细周到，使药液充分接触虫体。5 龄后，幼虫抗药性增强，喷药防治往往效果不理想。防治药剂：①1～2 龄幼虫可用 5％抑太保乳油 3 000 倍液或 Bt 乳剂 600 倍液喷雾。②3 龄后可用 2.5％功夫乳油 2 000 倍液＋80％敌敌畏乳油 1 000 倍液或 25％杀虫双水剂 600 倍液＋80％敌敌畏乳油 1 000 倍液喷雾。

第四篇
家禽养殖

第一节　绿色养鸡新技术

　　鸡蛋、鸡肉是老百姓餐桌上的常见食品，如今人们对无公害、绿色食品的要求越来越高，对广大养鸡户来说，如何生产绿色鸡产品，降低饲养成本，扩大利润是迫切需要了解的知识。

一、鸡的生物学特性

　　体温高、代谢旺盛，标准体温为 $41.5℃\pm0.5℃$，心跳较快，基础代谢特别旺盛，而且对饲料营养要求高，必须科学配给饲料营养，供给鸡易消化、营养全面的配合全价饲料；繁殖能力强，蛋鸡的高繁殖潜力大使得鸡能适应工厂化的孵化和饲养；抗病能力差，对环境变化敏感，各种外在条件的变化都会影响鸡的健康状况和产蛋性能，所以要对鸡舍的噪音、温度、湿度、空气和光照等加以控制。根据以上特点，要求鸡场制定严格的卫生防疫措施，加强饲养管理，减少疾病的发生。此外，自然换羽是鸡的一种正常生理特征，现在人们根据鸡生理性自然换羽的特性，采取人工强制换羽，不仅改善了蛋的品质，提高了种蛋的合格率、受精率和孵化率，增加了经济效益。

二、鸡的品种

根据生产性能，鸡分为肉鸡和蛋鸡两大类。前者根据蛋壳颜色又可以进行细分：

（1）白壳蛋鸡　北京白鸡。

（2）褐壳蛋鸡　依莎褐蛋鸡、海兰褐蛋鸡、黄金褐壳蛋鸡、罗曼褐壳蛋鸡。

（3）粉壳蛋鸡　亚康蛋鸡、海兰粉壳鸡、京白939粉壳蛋鸡。

（4）绿壳蛋鸡　三凤青壳蛋鸡、东乡绿壳蛋鸡，绿壳蛋率为88%。

（5）快大型白羽肉鸡　爱拔益加（AA）白羽肉鸡。

（6）黄羽肉鸡　三黄胡须鸡、清过麻鸡、石岐杂鸡、广东黄鸡、新浦东鸡、北京油鸡、桃源鸡、红宝鸡、河田鸡等。

温州地区特有的蛋肉兼用鸡品种为灵昆鸡，是浙江省优良的蛋肉兼用型地方品种之一。灵昆鸡因原产于温州市灵昆岛而得名，1938年当地船民从上海引进浦东鸡不断杂交，经长期选育逐步形成，是一个以"三黄"（喙、胫、毛羽黄色）和具有"头带冠、腿穿裤"的独特外型为特征的体型大、成熟早、产蛋多、肉质好、风味优和抗病力适应性强的蛋肉兼用型品种。据最新测定10周龄平均体重达到1 003.2克，料肉比为2.9：1，成活率为87%。作为温州当地的土鸡品种，因为风味和口感都比较好，所以价格高，相对来说效益较其他鸡的养殖效益好。

三、营养需要与饲料配制

（一）鸡的营养需要

鸡和其他动物一样，都有生长、运动、繁殖等生命活动，其生长发育和产蛋所需的营养物质，通过饲料和饮水供给，主要营养成分为水、蛋白质、碳水化合物、脂肪、矿物质和维生素等。

（二）绿色鸡饲料的配制原料

组成绿色饲料的原料必须是无污染、无药残、杜绝使用激素，这是生产绿色饲料的前提。

1. 能量原料一般有玉米、稻谷、小麦、大麦、米糠、甘薯等。

2. 蛋白质原料一般有豆籽饼、菜籽饼、干酒糟、鱼粉、肉骨粉、血粉、蝇蛆、蚯蚓等。

3. 矿物质原料一般有食盐、贝壳粉、骨粉等。

4. 饲料添加剂有营养性添加剂（如氨基酸添加剂、维生素添加剂、微量元素添加剂等）和非营养性饲料添加剂也叫绿色饲料添加剂（如有益菌制剂、酶制剂、中草药添加剂等）。

肉鸡育雏期和育成期的饲料配方可参考表4-1、表4-2。

表4-1　肉鸡育雏期饲料参考配方

名　　称	玉米	麸皮	豆饼	鱼粉	贝壳粉	磷酸氢钙	蛋氨酸	其他添加剂	食盐
比例（%）	59	4	24	10	1	1	0.1	0.5	0.4

表4-2　肉鸡育成期饲料参考配方

名　　称	玉米	麸皮	豆饼	鱼粉	贝壳粉	磷酸氢钙	蛋氨酸	其他添加剂	食盐
比例（%）	60	10	14	6	7.5	1.5	0.1	0.5	0.4

四、饲养管理新技术

（一）育雏期的饲养管理

肉仔鸡的饲养方式主要有地面平养、网上架养和笼养三种，其中较常见的是前两种。育雏期指孵化出雏到8周龄，育雏期主要要做好以下几方面的工作。

1. 前期准备　育雏舍要求保温性能好，且有一定的通风。其余设备包括供热器、食槽、照明灯、饮水器等备足。进雏前两周要对育雏舍进行消毒，进雏前一天先预热。

2. 初生雏的选择和运输　尽量选择健壮、活泼的雏鸡，计算好运输时间使雏鸡在天黑夜晚时抵达，减少应激反应。将健雏和弱雏分开饲养，及早淘汰病残雏。

3. 饮水和开食　雏鸡一般在毛干后 3 小时即可饮水，初饮时在水中加入电解多维和适量葡萄糖育雏效果好。开食一般在孵出后 24～36 小时进行，喂以全价配合饲料，以后定时定量，育雏期不可以喂食过饱。

4. 育雏适宜温度和高低极限值　见表 4-3。

表 4-3　育雏温度（℃）

周　龄	0	1～3 天	2	3	4	5	6～9
适宜温度	35～33	33～30	30～28	28～26	26～24	24～21	21～18
最高温	38.5	37	34.5	33	31	30	29.5
最低温	27.5	21	17	14.5	12	10	8.5

5. 湿度　一般控制在 50%～70%，不宜超过 75%，不宜低于 40%。

6. 通风　保持室内二氧化碳浓度低于 0.5%，氨气浓度低于 20 毫升/米^3。

7. 饲养密度　雏鸡不同饲养方式饲养密度见表 4-4。

表 4-4　雏鸡饲养密度

地面平养		立体笼养		网上平养	
周龄	鸡数/米	周龄	鸡数/米	周龄	鸡数/米
0～6	13～15	1～2	60	0～6	13～15
7～12	10	3～4	40	7～18	8～10
12～20	8～9	5～7	34		
		8～11	24		
		12～20	14		

8. 光照 1～7日龄为23～24小时，2～18周龄为8～9小时。

肉仔鸡的生产性能主要包括生长速度、体重、屠宰率和屠体品质。早期生长速度是肉用仔鸡生产的一个重要的经济指标，早期生长速度的测定多以6～7周龄的体重来表示。体重越大，产肉越多，屠宰率越高。计算方法为：屠宰率＝屠体重/活重×100%，肌肉丰满，屠体呈圆柱形，产肉量高，则屠宰率越高。屠体品质主要影响肌肉的等级，直接影响价格和经济效益。

经常观察鸡群是肉仔鸡管理的一项重要工作。观察的内容有：鸡群分布情况，羽毛与精神状况，粪便有无异常，呼吸道有无异常声音，采食与饮水是否正常。根据观察的结果综合分析鸡群健康与否，及时采取相应的措施。通过观察鸡群，一方面可促进鸡舍环境的随时改善，避免环境不良所造成的应激；二是可尽早发现疾病的前兆，以便早防早治。还要认真作好日常饲养记录，主要记录每日的死亡、淘汰、用料、用药、免疫接种等，定期称重。

（二）育成期的饲养管理

雏鸡从第9周龄开始即进入育成阶段，这一阶段的管理主要有以下几个要点：

1. 育成鸡的选择、淘汰 第一次选择时间在6～8周龄，第二次在18～20周龄，被选留的鸡生长发育要好，身体要健壮。

2. 限饲 通过人为限制鸡的采食量来控制鸡的体重和性成熟。限饲有限时、限量、限质等多种方法。鸡群生长发育过快，以营养过剩时开始限饲，一般从6～8周龄开始到18周龄结束。

3. 转群 有些养鸡场采用阶段式饲养方式，需要转群，转群时要注意鸡舍需清洁卫生，尽量减少鸡群的应激反应。

（三）产蛋期的饲养管理

产蛋期一般指从21周龄起到72周龄为止，若蛋鸡的产蛋性能很高，饲养管理条件好，产蛋期即可延长到 76 周龄至 78 周龄，甚至可达 80 周龄以上。产蛋鸡饲养管理的主要任务是最大限度地消除或减少各种对蛋鸡不利的因素，为它们提供最有利于产蛋和健康的环境条件，使鸡的生产潜力能充分发挥出来，用最少的成本生产出最多的优质产品。

产蛋母鸡从产蛋开始一般可以利用到 70 周龄，产蛋期的饲养管理主要应做好以下四点：

1. 光照要稳定 光照对于蛋鸡尤为重要，实践表明，产蛋期时间长短、光线的强弱与鸡的产蛋量呈正相关。因此，要适时开灯、定时开灯。不管采用那种光照制度一经确定就应该严格执行，不能随意改变。一般控制在 14～16 小时之间。

2. 自由采食，注意补钙

3. 减少应激因素，保持环境稳定 饲养员要按时完成各项工作包括照明灯泡的启闭、上水、喂料、捡蛋、清粪、清毒等日常工作都要按规定保质保量地完成。产蛋鸡对环境的变化非常敏感，任何环境条件的突然改变都能引起强烈的应激反应，其突出的表现是食欲不振，产蛋下降，产软蛋，神经质，到处乱窜，引起内脏出血而死亡。因此，饲养员和兽医工作人员在工作中动作轻，尽量减少人为的应激，维持鸡群有个安全良好的生产环境。

4. 定期选择，淘汰低产、停产母鸡 养鸡饲养管理要点主要体现在坚持"全进全出制"，就是要求同一范围内进鸡时间一致，出鸡时间一致，前后时间不超过 7 天。只有做到全进全出，才能便于对鸡场环境实行彻底的消毒和净化，在饲养过程中减少不同日龄鸡群间的交叉感染的机会。第一，进鸡前必须根据鸡场的规模、经济能力、销售能力等等制定全年的生产计划等方案。第二，对鸡舍和用具进行检修，饲料、垫料、疫苗、药物等应该及时补给，并对鸡舍、用具及场区进行有效而彻底的消毒，这样才能保证一个卫生的饲养环境；第三，要严把苗鸡质量关和苗鸡运输关，接鸡前应对苗鸡的质量进行严格的验收，因为苗鸡质量的好坏直接关系到后期的饲养成绩；最主要的是加强鸡舍环境的控制，特别是温湿度、通风等，这些与鸡的生产直接相关，丝毫不能马虎，才能提高经济效益。

五、常见鸡病及其防治

鸡场生产水平与疫病的防控水平直接相关，只有切实加强综合防治工作，消除各种病因，才能把商品鸡的生产纳入健康发展的轨道。

(一) 鸡新城疫

鸡新城疫俗称"鸡瘟"，由鸡新城疫病毒引起，一年四季可发，以寒冷和气候多变季节多发。各种日龄的鸡均能感染，20～60日龄鸡最易感，死亡率也高。主要特征是呼吸困难，神经机能紊乱，黏膜和浆膜出血和坏死。

(1) 临床症状　病鸡食欲减退或拒食，排出绿色或黄白色稀粪。甩头时常见黏液流出。嗉囊充满气体或液体。张口呼吸，喘、咳嗽，耐过鸡神经症状。产蛋鸡产蛋量下降，畸形蛋明显增多。

由于免疫程序或免疫方法不合理等多种因素造成鸡群免疫力不均衡而发生鸡的新城疫常呈非典型的经过，其特点为发病率和死亡率低，临诊表现和病理变化不明显。

(2) 剖检病变　典型新城疫腺胃黏膜水肿，乳头出血，内脏器官黏膜可见出血或出血性坏死。蛋鸡卵泡充血、出血、有时破裂。心冠和腹腔脂肪有出血点。气管黏膜充血，出血，气管内有多量黏液，有时见有出血。

非典型新城疫病理变化常不明显，往往看不到典型病变，常见的病变是心冠脂肪的针尖出血点，腺胃肿胀和小肠的卡他性炎症。如若继发感染支原体或大肠杆菌，则死亡率增加。

（3）防治　免疫预防是防治新城疫的重要措施，发病鸡群立即采取紧急接种措施，并严格进行消毒，雏鸡应用Ⅳ系苗，每只鸡3～5头份量进行滴鼻点眼；成年鸡可用Ⅳ系苗进行喷雾或用Ⅰ系苗进行肌肉注射。

（二）禽流感

禽流感是由 A 型流感病毒引起的禽类的一种从呼吸系统到全身性败血症的严重疾病。其主要表现为精神萎顿、吃食减少、产蛋量骤减、腹泻、轻度到重度呼吸症状，重者死亡等症状。病毒广泛分布于各种家禽和野禽中。与易感禽的直接和间接接触、人员流动与消毒不严促进了禽流感的传播。

（1）临床症状　雏鸡和育成鸡感染死亡率高。蛋鸡产蛋下降，有咳嗽、打喷嚏、尖叫、甚至呼吸困难。病鸡头和颜面部水肿，冠和肉垂发绀，有的腹泻，消瘦。

（2）剖检病变　可见气管黏膜充血、水肿，有浆液性或干酪样渗出物。气囊壁增厚，混浊，有时见有纤维素性或干酪样渗出物。肠道黏膜为卡他性出血炎症。有卵黄性腹膜炎，其他脏器肝、脾、肾、心、肺多呈瘀血状态，或有坏死灶形成。

目前，世界上禽流感发病多采用严格捕杀、彻底消毒的措施。

（三）鸡传染性法氏囊病

鸡传染性法氏囊病是由病毒引起的一种急性高度接触性传染病。本病鸡最易感，一年四季均可发生，在育雏阶段发病率最高，以 20～40 日龄多发。其特征为突然发病，病鸡腹泻、精神沉郁，法氏囊肿大、出血，肾肿大和肌肉出血。由于病鸡对新城疫、马立克等疫苗的免疫应答降低，并且易继发感染大肠杆菌，新城疫等病。

（1）剖检病变　病死鸡脱水，皮下干燥，胸肌和两腿外侧肌肉出血，呈现涂刷状。法氏囊肿大，发黄，浆膜下水肿或出血。囊腔黏膜出血，腺胃与肌胃交界处或腺胃与食道交界处多见有出血带。肾脏肿大、苍白，见有尿酸盐沉积。

(2) 防治　生产中可参考以下接种方案：①种鸡群，2～3周龄弱毒疫苗饮水，4～5周龄中等毒力疫苗饮水，开产前油佐剂灭活疫苗肌肉注射。②商品蛋鸡，14～15日龄弱毒疫苗饮水，24～25日龄中等毒力疫苗饮水。③商品肉鸡可在10～14日龄首免，20～25日龄二免；若母源抗体较高，可在18～24日龄只免疫一次。

发病可及时注射高免血清或高免卵黄抗体，每只鸡1～2毫升。生产中可应用抗病毒药物，如富特口服液，进行治疗；同时使用广谱抗菌素防止继发感染。

(四) 传染性支气管炎

由鸡冠状病毒引起的急性高度接触性呼吸道传染病。只感染鸡，雏鸡易感，临床表现有呼吸道型和肾型两种。经呼吸道传染。对雏鸡饲养管理不善，如过热、过冷、拥挤、潮湿、通风不良、维生素和矿物质缺乏等均可促进本病的发生。

(1) 症状与病变　以呼吸道症状为主的传染性支气管炎，表现为咳嗽、喷嚏、张口呼吸。剖检可见气管、支气管内有浆液性和纤维素性团块。产蛋鸡发病主要表现为产蛋下降，产畸型蛋，鸡蛋质量下降。产蛋鸡输卵管发育不全，管壁薄、腔小、不能产蛋。

肾型传染性支气管炎表现为病鸡流泪、眼肿、极度消瘦、拉稀和死亡并伴有呼吸道症状，发病率可达100%，死亡率3%～95%不等。后期因脱水而死。剖检主要病变是肾脏明显肿大、色淡、肾小管和输尿管充盈尿酸盐而扩张。

(2) 防治　加强雏鸡阶段的饲养管理，做好卫生消毒工作，减少过冷、过热、拥挤、通风不良等诱发因素，制定合理的免疫程序做好免疫预防工作。

发生以呼吸道症状为主的传染性支气管炎后，使用普乐健可有效防止细菌继发感染，减轻症状，缩短病程。发生以肾病为主的传染性支气管炎可使用肾肿解毒药等提高肾功能的药物，起到辅助治疗的作用，同时使用抗病毒药物有较好效果。

（五）鸡痘

鸡痘是由禽痘病毒引起的鸡的一种接触性传染病，以夏秋蚊虫多的季节多发。其特征是皮肤或口腔和喉部黏膜发生痘疹。皮肤型：在鸡冠、肉垂、眼睑和爪趾部等无毛部位发生结节状痘疹。黏膜型：在口腔、咽喉处出现溃疡或黄白色伪膜，又称白喉型。雏鸡和育成鸡多发且较严重。病鸡是主要的传染来源。本病鸡痘的流行常易暴发葡萄球菌病。应引起重视。

防治　平时应加强饲养管理，认真执行环境卫生消毒制度，提高鸡只抵抗力是防病的重要手段。做好定期预防接种，接种方法在 20～30 日龄和开产前各进行翅内皮肤刺种。另外，可选择抗病毒药物添加硫酸新霉素、庆大霉素等药物进行治疗。

（六）鸡白痢

鸡白痢是由鸡白痢沙门氏菌引起的在各种日龄均可发生的一种传染病。雏鸡通常表现为复性败血性经过，病雏鸡精神倦怠，排白色稀便；成鸡则表现为慢性或隐性感染。本病一年四季均可发生。本病为鸡的一种卵转性疾病，病鸡和带菌鸡成为主要传染来源，通过消化道感染。

（1）症状

雏鸡：出壳后 3～7 天发病增多，开始死亡，7～15 日龄为发病死亡高峰。病鸡精神萎缩、生长发育不良，排白色浆糊样粪便，肛门污秽甚至糊堵。剖检病变见有卵黄吸收不良，外观呈黄绿色，肝脏瘀血肿大，表面可见灰白色坏死点，有的可见心肌形成灰黄色坏死结节，严重时心脏变形。

成年鸡：多呈慢性经过或隐性感染，可明显影响产蛋量、产蛋高峰不高，维持时间亦短，死淘率增高。病死鸡主要病变在卵巢。慢性感染有时见有肝脏肿大破裂、出血。

（2）防治　首先种鸡场应做好鸡白痢的净化工作，并持之以恒。雏鸡防治鸡白痢，应进行预防性投药，在进雏后，选用氧氟沙星等饮用3～5天，可有效地防止雏鸡白痢的发生。

（七）鸡大肠杆菌病

由致病性大肠杆菌引起，包括多种病型，且复杂多样，是目前危害养鸡业重要的细菌性疾病之一。病原广泛存在于饲料、饮水、垫草、粪污和禽舍的灰尘中，也作为常在菌存在于正常运动的肠道中，当机体抵抗力不降，特别是应激情况下（如长途运输、气温骤变、饲喂不当等），使感染的鸡发病，本病常常成为某些传染病的并发病或继发病。

（1）症状与病变　本病根据发病的年龄、侵害部位以及与其他疾病混合感染的不同情况而表现为不同的病型。临床常见的有以下几种：雏鸡脐炎、急性败血症、气囊炎、全眼球炎等。

（2）防治　本病的预防措施主要是搞好环境卫生，排除各种应激因素，选择优良的消毒剂，如氯制剂、碘制剂、过氧化物等，进行带鸡喷雾消毒，同时还应进行药物预防。

进雏后使用恩诺沙星3～5天、42～45日龄雏鸡转育成鸡时，使用恩诺沙星或氟苯尼考3～5天；在蛋鸡开产前使用恩诺沙星或氟苯尼考3～5天。有条件的鸡场可进行药敏试验选择敏感药物交替使用。

鸡群发生大肠杆菌病，应立即服氟苯尼考、氧氟沙星、恩诺沙星等。早期投药可控制早期感染的病鸡，促使痊愈防止新发病例的出现。对于已出现明显症状，体重已减轻的病鸡，应及时淘汰。

（八）鸡慢性呼吸道病

鸡慢性呼吸道病又称鸡败血支原体病，是由鸡败血支原体所引起的鸡的一种慢性呼吸道传染病。其发病特征为气喘，呼吸音，咳嗽、流鼻液及窦部肿胀。本病的发展缓慢，病程较长。可经卵垂直传播，带菌现象普遍，是本病的主要传染源，可通过呼吸道、消化道感染。在气候多变和寒冷的秋冬季多发，当环境卫生条件差、通风不良、鸡群过密、气雾免疫等因素，均可促使本病的发生。

（1）症状与病变　本病主要发生在1～2月龄的雏鸡，成鸡多呈隐性经过。雏鸡病初流鼻液，打喷嚏，咳嗽、气喘、气管音，采食量减少及生长停滞。鼻腔和下窦中蓄积分泌物，则导致眼睑肿胀，眼部突出，内蓄干酪样渗出物，眼球萎缩，常造成一侧或两侧失明，成年鸡发病症状较轻，体重降低。部检可见，鼻腔、喉头、气管内有多量的灰白色黏液或干酪样物质。气囊混浊，增厚，囊腔中含有大量干酪样物。

（2）防治　减少各种应激因素对鸡群的影响是预防本病的关键。选用的药物有泰乐菌素、红霉素、支原净、环丙沙星、强力米先等。其中泰乐菌素是治疗支原体病的首选药物。药物防治支原体病，应定期投药，使之程序化，具体方法：进雏后使用拜百利3～5天，在15～18日龄使用泰乐菌素3～5天，42～45日龄雏鸡转成鸡时，使用泰乐菌素3～5天。采用此方法可以有效减少支原体病的发生。种鸡场可考虑用疫苗接种来防治本病。

（九）鸡球虫病

鸡球虫病是艾美耳属的多种球虫寄生在鸡肠黏膜内而引起。本病是危害养鸡生产的一种重要寄生虫病，在潮湿闷热的季节发病严重。

（1）症状与病变　病鸡表现精神不振，羽毛蓬松，排出带血的稀便，重者排血便。运动失调，贫血，鸡冠和面部苍白。患盲球虫的病死鸡，剖检可见两侧盲肠明显肿胀，外观呈现暗红色；黏膜出血及坏死，肠内容物血样。患小肠型球虫的病死鸡，在卵黄蒂前后的肠管高度膨胀，浆膜面见有大量白色斑点和出血斑。肠壁增厚、肠黏膜高度肿胀。

（2）防治　首先应做好环境卫生，处理好粪便。地面饲养的雏鸡，特别是肉鸡需不断填垫料，保持地面或垫草干燥，并应用药物防治。目前常用的鸡球虫药有地克珠利溶液、氨丙林、氯苯胍、马杜拉霉素、克球粉等。

第二节　养鸭技术

人类按照一定的经济目的，经过长期驯化和选择培育成三种用途的鸭品种，即肉用型、蛋用型和兼用型三种类型。

（1）肉用型　有樱桃谷鸭、北京鸭、狄高鸭、番鸭、天府肉鸭。

（2）蛋用型　有金定鸭、绍兴鸭、攸县麻鸭、江南1号、江南2号、卡叽—康贝尔鸭等。

（3）兼用型　有建昌鸭、高邮鸭、巢湖鸭、桂西鸭等。

一、肉鸭的饲养管理

（一）饲养品种的选择

肉用鸭是指专业化的肉用型品种的鸭和兼用型品种的鸭。目前饲养比较普遍的品种主要有北京鸭、樱桃谷鸭、狄高鸭、天府肉鸭等，这些品种在良好的饲养条件下，50日龄活重可达3千克以上，且鸭肉品质好、瘦肉率高、肉嫩多汁、风味独特，很受消费者的青睐，市场销路好。

（二）饲养方式的确定

目前常见的饲养方式主要有离地网上饲养、地面饲养两种。集约化饲养肉仔鸭多以舍饲地面圈养为主，或在有条件（近处有池塘、水库等）的地方多采用前期（1～3周龄）地面圈养，后期（4～7周龄）圈放结合方式。离地网养是一种新型的饲养方式，不设运动场、不设游泳池、不用垫料，全期在圈内网上饲养，肉鸭能在圈内连续觅食、饮水和排泄。

（三）选好健壮雏鸭

雏鸭必须来源于健康的种鸭，种母鸭在产蛋前经免疫接种过鸭瘟、禽霍乱、病毒性肝炎等疫苗，以保证育雏期内免受这些传染病的危害。选购雏鸭在出壳后羽毛干后即可挑选，健壮雏鸭大小基本一致，体重55～60克，无大肚脐、歪头、拐脚等不良外形，毛色以蜡黄色为佳。

（四）提供适宜的环境温度

不同周龄的雏鸭育雏最适宜温度是：雏鸭出壳当天，育雏舍在离地面或网底5～10厘米的温度要求在34～32℃，第2～7日龄时为30～28℃，第8～14日龄时为28～25℃，第15～21日龄时为24～21℃，第22～28日龄时为20～21℃，直至与环境温度一致。肉仔鸭生长期最适宜的温度为15～20℃，育雏室在第1周内的相对湿度应为70%，其后降为60%，3周龄后保持在55%为宜。

夏秋季育雏时，雏鸭一般在育雏室保温2～3天后，选择早上或傍晚气温适宜的时候赶雏鸭至室外或下水活动，晚上赶回室内继续保温，1周后就可以完全脱温了，此时要注意防止中暑，若室内温度超过35℃或1周龄以上的雏鸭室温超过30℃时，就要做好通风和喷水降温等防暑工作。

冬春季育雏时，雏鸭应在保温室育雏 7～10 天，阴雨寒冷天气需保温 14 天左右，并选择在温暖的中午赶雏鸭漂水和逐渐脱温，让其尽快适应外界环境。

（五）合理的饲养密度

一般地面圈养饲养密度：0～7 日龄时每平方米饲养 15～20 只，8～14 日龄时每平方米饲养 10～15 只，15～21 日龄时每平方米 8～10 只，22～49 日龄时每平方米饲养 6～8 只，采用离地网养时，饲养密度可以增加 1～1.5 倍。

（六）加强光照管理

一般在使用普通电灯泡作光源时，光照强度每平方米鸭舍以 4 瓦为宜，即每 10 米^2 鸭舍安装 1 只 40 瓦的灯泡，有利于提高日增重和饲料利用率。

（七）做好点水、漂水和放水等工作

（1）点水　雏鸭到达育雏舍后在开食前就必须调教雏鸭饮水，传统方法是将雏鸭分批放入到水深 0.5～1 厘米的浅水盆浸脚，浸水 2～3 分钟，俗称为点水，现在养鸭多采用饮水器和用浅水盆盛水，放在育雏室保温伞附近，让雏鸭学会饮水。雏鸭的第 1 次饮水，水温以 30℃左右为宜，在水中加入 5％的葡萄糖或速补-14，另按每只鸭加入 1 万单位的土霉素，即可补充营养，又可预防肠胃病。

（2）漂水　肉鸭在 1 周龄左右，调教雏鸭下水，俗称漂水。漂水的时间要根据天气和季节的不同，气温和水温的高低而灵活掌握。原则上夏季、晴天、气温和水温高时，漂水可以较早些，冬春季、阴天、气温和水温较低时，漂水则应推迟。雏鸭一般是在喂食后漂水，夏天应在上午 9：00～10：00 时有阳光时进行，冬天最好是在中午有阳光时进行。开始每天 1～2 次，每次漂水 5

分钟左右，以后的次数和时间可逐渐延长。

（3）放水　采用传统放牧饲养时，在夏季或较暖和的天气，2周龄的肉仔鸭便可开始放水和放牧。

（八）正确喂养

雏鸭出壳6～12小时后，绒毛已干，行动开始较活泼，尽快转入育雏室，在开食之前先供给饮水，即先饮水，后开食。饮水后将雏鸭放在干燥柔软的垫草上，便可喂食。喂养幼雏鸭的饲料应选择营养丰富、体积较小而易消化、适口性好、便于啄食的小颗粒饲料，最好是采用全价颗粒饲料，全天供料，给足饮水，直至出售。肉仔鸭一般划分育雏、中鸭、大鸭三个饲养阶段，阶段换料应有3天时间的过渡期。

（九）搞好防疫保健

搞好清洁应贯穿养鸭的整个过程，这是防疫保健的最根本措施。要注意保持鸭舍环境清洁卫生，每日清除鸭舍内鸭粪，经常洗刷食槽，定期消毒，不喂腐败劣质饲料，保证料槽内饲料不湿、不霉。

二、蛋鸭的饲养管理

（一）蛋鸭品种选择

选择生产性能好、性情温驯、体型较小、成熟早、生长发育快、耗料少、产蛋多、饲料利用率高、适应性强、抗病力强的品种。成年母鸭2年内留优去劣，第3年全部更新。

（二）饲料配制及配方

按谷物类占50％～60％、饼粕类占10％～20％、鱼粉或豆

粉 10%～15%、贝壳粉 1%、食盐 0.5%、多种维生素 0.2%～
0.5%的比例来配制饲料。产蛋期参考配方：玉米 45%、米糠
20%、麸皮 6%、豆饼 10%、鱼粉 10%、菜籽饼 6%、贝壳粉
1%、骨粉 1%、食盐 0.5%、禽用多种维生素 0.5%，有条件的
亦可用商品蛋鸭饲料。

(三) 饲喂方法

饲料粉碎配制后加水拌匀、以手捏成团松手即散为度，一般
每昼夜饲喂 4 次，即早晨 5 时、上午 10 时、下午 3 时、晚上 9～
10 时各投喂 1 次，最后 1 次应增加喂料，让鸭吃饱。每只鸭日
喂量 125～150 克。休产期的鸭群日喂 2 次即可。

(四) 适时开产

蛋鸭开产时间为 150 日龄前后。控制青饲料，以防撑大肠
胃，120 日龄后逐渐增加喂食数量，提高饲料质量。

(五) 放水

每天饲喂后下水，夏天每日 4～5 次，也可自由放水，夜间
鸭群吵闹不安时仍需放水 1 次，每次 20 分钟，冬天每天上午 10
时，下午 2～3 时各放水 1 次，每次 5 分钟。放水后，冬季让鸭
晒太阳、夏季让鸭在阴凉处休息，切忌暴晒。

(六) 公母搭配

小群饲养每 100 只母鸭配一只公鸭，大群饲养每 200 只母鸭
配养 1 只公鸭；蛋用种鸭每 20～30 只母鸭配养 1 只公鸭。商品
鸭在产蛋期、休产期、换羽期将公鸭隔离，以免骚扰。

(七) 老鸭补料

产蛋 1 年后的老鸭要补喂鱼肝油，每月补喂 7 天，可使老鸭

多产蛋，并可延长高产年限。

（八）强制换羽

夏末秋初蛋鸭停产换羽，此时应采取人工强制换羽，方法是：头两天停食停水，第 3～5 天给水停食，第 6 天起喂正常料量的一半且供水，第 7 天恢复正常，以促使换羽快而整齐，使蛋鸭统一开产。

（九）垫料

舍内地面用稻草、麦秸、谷壳或木屑等作垫料，隔天加垫料 1 次，在产蛋处垫高一些。结合鸭舍的通风透光，防暑降温使鸭舍保持清洁、干燥。

（十）补充光照

秋冬季节须人工补充光照。一般要求每天的连续光照时间应达到 16 小时，可在鸭舍内每隔 30 米安装一个 60 瓦灯泡，灯泡悬挂离鸭背 2 米高，并装配灯罩。每天早晚 2 次开灯，即凌晨 4 时开灯，上午 8 时关灯，下午 5 时开灯，晚上 8 时关灯。开关灯的时间要严格固定，同时还要在每间鸭舍内安装 2 只 3～5 瓦弱光灯泡照明，以免关灯后引发惊群。如遇大雪、浓雾、连日阴雨等阴暗少光天气，晚上要适当提前开灯，早上则可延长关灯的时间，必要时可全日照明。实践表明，补光的蛋鸭比不补光的蛋鸭其产蛋率提高 20%～25%。

（十一）减少应激

蛋鸭代谢旺盛，对污染的空气特别敏感，因此平时应注意通风换气。每当鸭群戏水时要将鸭舍所有的窗子打开。平时在鸭舍内不要大声喧哗，更不能手拿竹竿追赶，恐吓鸭群。冬要保暖夏要降温，尽量减少冷热应激对蛋鸭的不良影响。

（十二）防异常

当蛋鸭出现蛋的个体变小，蛋壳变薄，产蛋时间延长，喂水、上岸羽毛潮湿即往鸭舍里钻等情况时，要及时采取有效措施加以防治。一般常用以下几种方法：①提高饲料质量，特别要增加蛋白质饲料。②经常赶动鸭群，增加运动量。③增加光照。④鸭舍保温，最好加喂液体鱼肝油，每天每只用1毫升拌料，饲喂3～4天。

（十三）搞好卫生

鸭舍的室内外运动场要经常打扫干净，食槽、水槽要经常洗刷消毒，饲料一定要新鲜，切忌饲喂霉变饲料，饮水要清洁。鸭舍要加强通风透气，保持空气清新，防止氨气对鸭的刺激。垫草要勤换，确保干净、干燥。鸭爱好清洁，羽毛弄脏后，就立即将鸭赶入水中清洗，否则鸭会因羽毛污损而感染发病，甚至停止产蛋。

（十四）定期消毒

每周可用20％的生石灰乳或用2％的氢氧化钠或3％的复合酚（消毒灵）等对圈舍运动场进行消毒，饲槽及用具可用百毒杀等消毒。对饲喂的青饲料和饮水可采用0.02％高锰酸钾溶液进行处理。

三、番鸭饲养管理技术

（一）选择雏鸭

按番鸭的羽色不同，有白番鸭、黑番鸭和黑白花番鸭之分。在采购雏鸭时，根据产品用途，如供厂方加工或分割的宜选白番鸭，如供活鸭零售的宜选黑番鸭或黑白花番鸭。同时，为保证雏鸭质量，应尽可能向持有《种畜禽生产经营许可证》的种鸭场采购。

（二）保温

一般从出壳到 3 周龄为雏鸭。雏番鸭比水鸭耐热，需要较高的环境温度，一般 1 日龄时温度要达到 35℃，以后每日下降 1℃，至 20 日龄或 20℃时脱温，因而雏鸭期须注意保温。冬春季节气温较低，群养育雏保温多采用红外线灯，一般每盏 250 瓦红外线灯可保温 100～120 只雏鸭。室温控制标准为：第一周 28℃左右，第二周 25℃左右，第三周 22℃左右。

（三）光照

出壳雏鸭 3 天内需昼夜光照，如育雏室光照不足，用电灯来补充。以后可逐渐减少光照时间，有鼠害地区，应整夜点 15～25 瓦电灯，晴天尽量让阳光充分照射。

（四）饮水喂食

雏鸭出壳后 24 小时，先饮水，后开食。雏番鸭宜用玻璃瓶饮水器给水，以不致沾湿鸭毛。喂料时间不宜过短，可选用较深的料槽给料。

（五）雏番鸭防扎堆

雏番鸭入舍饲养的前 10 天，夜间常扎大堆睡觉，极易引起死亡。所以饲养雏番鸭时，每个小间养鸭数不得超过 200 只，且每隔 2 小时要将成堆的鸭群扒开，直至鸭群不扎堆之日为止。

（六）洋鸭喜欢打斗

如果饲养环境污秽、拥挤和空气不流通，冬春季极易发生啄斗，有时鸭子互相啄得鲜血淋漓。故应在 1 周龄时将雏鸭喙前端的 1/4 剪掉，并对断面进行消毒（碘酒或烙铁）。农村中有的养鸭户在中后期敞放或水塘饲养，雏鸭则不需断喙。

（七）中雏鸭（一般指 4～7 周龄的鸭）

此阶段鸭生长最快，食量大增，尤喜食动物性饲料，所给饲料可减精加粗，一般饲料配方为：玉米 50％、四号粉 14％、麸皮 7％、细糠 10％、豆饼 14％、鱼粉 4％、矿物质与维生素适量。多数专业户采用圈养办法，但也有采用放牧加补料的，即使圈养，一般鸭舍边都有江河池塘，让鸭戏水。由于番鸭不会换毛，特别怕热，因此在夏秋季应注意鸭舍的通风与凉爽。

（八）番鸭的育肥时间，应根据个体的差异和生长发育的快慢来决定

太早会影响正常发育，太晚则降低饲料转化率。一般在 50～60 日龄开始育肥，肥育 20～30 天，当皮下与腹内脂肪沉积形成时出售。在此期间，适当增加能量饲料比例，限制其运动，保持安静、干燥、清洁的环境，促进鸭的肥育和羽毛整洁，有利于销售。

四、麻鸭的饲养管理技术

（一）保温

从出壳到 30 日龄为雏鸭。气温较低时，应把雏鸭放进提前供温的室内。第一周温度控制在 28～30℃，第二周 25～27℃。以后每周下降 3～4℃，至室外温与室内温接近时不再加温。温度是否合适，可根据雏鸭表现进行调整。

（二）光照

1～3 日龄雏鸭需 24 小时的光照，3～10 日龄需 12 小时光照。一周后天气晴暖时，将鸭赶到室外运动，并逐日增加运

动量。

(三) 合理的密度

一般掌握在每平方米 18～20 只。并随着日龄的增大，降低饲养密度。

(四) 育雏舍管理

育雏舍一周换晒一次垫草，并在中午打开窗门通风换气。

(五) 及时试水开食

在雏鸭出壳后 24～26 小时，把雏鸭放到 20～25℃的浅水盆内，仅使鸭脚浸水，让其边饮水边嬉水。并把煮至八成熟的小米或碎绿豆撒在草席或深色塑料布上，让其自由采食。3 日龄后加喂青绿饲料，由少到多，但不可超过日粮的 1/3。5 日龄后改喂配合饲料。

(六) 开荤

3 日龄补给小鱼、小虾和蚌、螺，日喂量由少到多，逐渐增加。

(七) 日粮的配合

把饲料配成高能量、高蛋白、营养全面的日粮，其营养水平为代谢能 11.297～12.552 千焦/千克，粗蛋白 19%～20%。

第三节　常见鸭病防治技术

一、鸭场的卫生防疫措施

疫病是危害集约化养鸭的大敌。若卫生防疫稍有疏忽，往往引起大批发病，甚至死亡。因此，养鸭必须贯彻"预防为主，防重于治，严格消毒，及时治疗"的总目标。

（一）育雏舍

育雏舍门口设消毒槽或池，育雏舍每次用过后进行彻底消毒。铁丝网床或竹板床的床面、角落隔板、墙壁地面等处，用高压水笼头冲洗干净，不应有粪便滞留，待凉干后，关闭门窗，用福尔马林熏蒸消毒或用 0.2％过氧乙酸喷雾消毒整个鸭舍与床面等。育雏应采用全进全出制度（即同日龄的鸭进入，同日龄的鸭转出，中途不得引进新鸭，以便彻底消毒饲养管理）。严禁从有疫情的鸭场或专业户购入雏鸭，注意剔出病残弱鸭。

（二）中鸭舍

中鸭生长阶段是多种疾病暴发的适宜日龄。如鸭病毒性肝炎、鸭传染性浆膜炎、鸭大肠杆菌性败血病、鸭链球菌病、鸭副伤寒和鸭球虫病以及营养代谢病等。

鸭舍进口处设消毒槽或池（2％火碱水），非本舍工作人员禁止入内。

每天清扫鸭舍与运动场，加铺干沙，垫草或锯末垫料。鸭舍应通风良好，每平方米 12～15 只鸭为宜。定期加喂驱虫药预防球虫病的发生。加强饲养管理与环境卫生对提高成活率至关重要。

（三）育成鸭舍

鸭舍与运动场应每天清扫，垫干沙土或木屑。夏天炎热季节设凉棚，防潮防暑，冬天垫草防寒保温。每批鸭全部出售后进行一次大消毒。如果是按活重鸭分批出售，亦半月左右消毒一次。同时加强鸭霍乱及鸭瘟等病防治。

（四）新生雏鸭的保健

雏鸭入舍前对育雏舍和用具进行彻底消毒，提前 12 小时达到育雏要求的温度。雏鸭入舍后先饮水后喂料，并饲喂一些糖水和抗应激的电解质和维生素，或微生态制剂。

（五）鸭的免疫程序

1 日龄注射鸭病毒性肝炎苗 1 毫升；2 周龄颈部皮下注射鸭瘟鸡胚弱化毒疫苗 0.5 毫升，28 日龄再注射一次；1 周龄和 3 周龄时分别注射一次鸭浆膜炎铝化苗 0.5 毫升；60～70 日龄和 120日龄各注射一次禽霍乱苗；成年鸭每半年注射一次鸭肝炎弱毒疫苗 0.5～1 毫升，鸭瘟鸡胚弱毒疫苗 0.5 毫升，鸭霍乱苗 1～2毫升。

同时定期在日粮中添加磺胺-六-甲氧嘧啶 0.05%，磺胺甲基异恶唑 0.1%，广虫灵 0.05%，复方新诺明 0.02%～0.04%，优素精 0.5%～0.6%等药物饲喂以预防球虫病发生。

二、鸭主要疾病防治

（一）鸭霍乱

鸭霍乱又名鸭巴氏杆菌或鸭出血性败血症，是一种由多杀性巴氏杆菌引起的急性败血性传染病。

1. 本病菌的抵抗力不强，在直射阳光和干燥条件下很快死亡。3%石炭酸、0.1%升汞、1%漂白粉、5%～10%石灰乳 1 分钟、56℃ 5 分钟可将该菌杀死。

2. 流行病学　本病对各种家禽都有感染性，但鸭的易感性很高，且多呈急性发病，鸭群中发病多呈流行性。各种日龄的鸭均可发病，但有地区差异。

3. 临床症状　本病潜伏期为 12 小时至 3 天。按病程长短可分为最急性、急性和慢性 3 种类型。

（1）最急性型　流行初期，无明显可见的症状，常在吃食时或吃食后，突然倒地，迅速死亡。

（2）急性型　病鸭精神委顿，不愿下水，行动缓慢，常落于鸭群的后面，或独蹲一隅。羽毛松乱，食欲减少或废绝，口渴，嗉囊内积食或积液，将病鸭倒提时，有大量恶污液体从口和鼻流出。呼吸困难，为排出积在喉头的黏液，病鸭常摇头，所以有"摇头瘟"之称。病鸭排出腥的白色或铜绿色粪便，不能走，常在1～3天内死亡。

（3）慢性型　流行后期，病鸭消瘦，一侧或两侧局部关节肿胀，发热疼痛，行走困难，呈现跛行或完全不能行走。

4. 防治　磺胺类药物和抗生素对鸭霍乱均有良好的预防和治疗效果。但在使用药物治疗时，一定要保证足够药量和坚持疗程。

磺胺嘧啶、磺胺甲基嘧啶、磺胺二甲嘧啶、磺胺喹恶啉按0.4%～0.5%混于饲料中喂服，或用0.05%～1%的土霉素混于饲料或饮水中，连用3～4天。

也可用喹乙醇，按每千克体重30毫克剂量拌于饲料中喂服，每天1次，连用3～5天，即可获得良好的疗效。

目前使用的禽霍乱疫苗，适用于两个月龄以上的鸭群，免疫期为3～6个月。

（二）鸭疫里默氏杆菌

鸭疫里默氏杆菌病又称鸭传染性浆膜炎，是小鸭的一种急性或慢性败血性疾病。主要临床表现为眼鼻分泌物增多，眼眶湿润并形成"眼圈"，黄绿色下痢，运动失调，头颈发抖和昏睡。病理特点为纤维素性心包炎、纤维素性肝周炎和气囊炎、脑膜炎和关节炎。

1. 流行病学　1～8周龄的鸭易自然感染，而以2～4周龄的小鸭最易感。发病率与死亡率差异较大，死亡率为5%～7%不等，与饲养条件密切相关。

2. 临床症状与病变　潜伏期为 1～3 天，有时也可长达 7～8 天。最急性病例往往见不到明显症状就突然死亡。咳嗽、打喷嚏、眼和鼻孔有浆液性或黏液性分泌物，并常使眼睛周围的羽毛黏结而形成眼镜框样的湿圈，俗称"眼圈"，时间稍长，还可见眼眶周围羽毛脱落。病鸭粪便稀薄，呈绿色。濒死前出现神经症状，全身发抖，头颈震颤，倒向一侧，伸腿呈角弓反张，最后痉挛而死。

鸭的最具特征性的病变是全身浆膜表面的纤维素性渗出物，以心包膜、肝脏表面、气囊为主。渗出物可部分机化或干酪化，形成纤维素性心包炎、肝周炎、气囊炎。

3. 防治　预防本病要改善育雏卫生条件，保持通风干燥，防寒，地面育雏要勤换垫草，用具、料槽、饮水器要保持清洁，定期洗刷干净，勤消毒。饲养密度要合适。

多种抗菌药物对本病都有一定疗效，但易形成耐药性。因此，进行药物治疗前，最好先进行药敏试验。目前，较常用的药物为土霉素（0.04％混料）、氯霉素（0.05％混料）、利高霉素、庆大霉素等。

免疫接种是控制本病更有效的措施，福尔马林灭活苗、氢氧化铝胶苗、油乳佐剂灭活苗经皮下接种，8 日龄雏鸭 1 毫升，都可在免疫后 1 周得到保护。

（三）鸭大肠杆菌

鸭大肠杆菌病又名鸭大肠杆菌败血症，是由大肠杆菌引起的一种非接触性传染病。它的特征是发生败血症，纤维素性渗出物或肿瘤样病灶。

1. 流行病学　各品种和年龄的鸭都可感染，但发病率和死亡率不高，卫生条件差，潮湿，饲养密度过大，通风不良的鸭舍常有发病。发病季节多以秋末和冬春为主。

2. 临床症状与病变　本病常突然发生，死亡率较高，其临床表现为沉郁，不好动，食欲减少或不食，嗜眠，眼鼻常有分泌物，有时见有下痢。雏鸭表现为衰弱、闭眼、腹部膨大、下痢，常因败血而死亡。成年鸭表现喜卧，不好动，站立或行走时可见腹部膨大和下垂，呈企鹅状，触诊腹腔有液体。

本病的病变特征是浆膜渗出性炎症，主要表现在心包膜、肝脏和气囊表面有纤维素性渗出物，呈浅黄绿色。肝脏肿大呈青铜色或胆汁色，脾肿大发黑且呈斑纹状。剖解腹腔时常有腐败气味，并常见渗出性腹膜炎、肠炎和卵黄破裂等。

3. 防治 本病主要在饲养管理环境不良、卫生条件差、通风不良、饲养密度过大、潮湿等应激因素的影响下发生，因此，改善饲养环境卫生是预防本病的重要措施。

大肠杆菌对多种抗生素敏感，如卡那霉素、新霉素、氯霉素、链霉素、四环素以及磺胺类、呋喃类药物，但长时间使用易产生耐药性，从而降低治疗效果，因此，最好对所分离细菌作药物敏感试验，可收到较好的治疗效果。

将本场大肠杆菌菌株制成福尔马林灭活苗或和鸭疫里默氏杆菌制成二联苗，对此病的预防可起到较好作用。

（四）鸭沙门氏菌病

鸭沙门氏菌病又名鸭副伤寒，是由沙门氏菌属的细菌引起的鸭急性或慢性传染病。它可引起小鸭大批死亡，成年鸭则呈慢性或隐性感染。

1. 本菌对热及常用消毒剂抵抗力不强，60℃下5分钟即可被杀死。碱和酚类化合物常用作鸭舍的消毒剂，甲醛对鸭蛋、孵化器和出雏室的熏蒸消毒有良好的效果。

2. 临床症状与病变 急性病例发生于1～3周龄的雏鸭。雏鸭感染后，两翅张开或下垂，缩颈呆立，腿软，下痢且腥臭，腹部膨大，卵黄吸收不全，脐部红肿，常于孵出数日后因败血症、脱水或被践踏而死。2～3周龄小鸭发病后表现精神不振，双翅下垂，两眼有分泌物，下痢，颤抖，共济失调，最后抽搐而死，呈角弓反张。

慢性病例常发生于 1 月龄左右的中鸭。病鸭表现为精神不振，下痢，严重时粪便带血，也可能出现张口呼吸或关节肿胀、跛行等症状，通常死亡率不高，常成带菌者，当有其他并发症时，可使病情加重，导致死亡。

雏鸭的主要病变是卵黄吸收不全和脐炎，俗称"大肚脐"。卵内黏稠，色深，肝稍肿，有郁血，肠黏膜呈卡他性或出血性炎症。

周龄较大的小鸭常见肝肿胀，表面有坏死灶，最具特征的病变是盲肠肿胀，呈斑驳状，内容有干酪样的团块。直肠和小肠后段亦肿胀，呈斑驳状。

3. 防治　在预防上必须采取综合预防措施，才能奏效。防止蛋壳被污染，防止雏鸭感染发生脱水而死亡，育雏室的温度要恒定，且要防潮；鼠常为本病的带菌者或传播者，一定要注意鸭场灭鼠等等。

土霉素、氯霉素等药物对本病有较好的疗效，但可产生耐药性，因此，最好对分离出的细菌进行药物敏感试验后，有针对性地进行治疗，方可取得好的防治效果。

（五）鸭病毒性肝炎

1. 诊断　依据本病的流行特点、临床症状、病理变化一般可在现场作出初步诊断，而确认则需要实验室检查，用鸭胚等分离病毒，用已知阳性血清等鉴定病毒。

（1）现场诊断要点　①雏鸭发病多在 20 日龄以内，主要是在 4～10 日龄，发病急，死亡率高。②死前头颈扭曲于背上，腿伸直向后张开，角弓反张（故鸭病毒性肝炎俗称"背脖病"）。③肝表面有血斑点。

（2）鉴别诊断　要将本病与鸭瘟、禽霍乱、鸭疫里默氏杆菌病、鸭链球菌病（发病小鸭脚软，肝脏有密集、局限性小出血点，脾脏肿大，可分离到链球菌）、番鸭细小病毒病（主要是 3 周龄内番鸭发病，10 日龄左右达死亡高峰，病鸭拉稀，呼吸困难，脚软，胰腺上有灰白色坏死点，肠黏膜出血、坏死、脱落，肝、脾无出血，可分离、鉴定番鸭细小病毒）、鸭丹毒（心外膜小点状出血，肝、脾肿大，出血、坏死，可分离到丹毒杆菌）等进行鉴别。

2. 防治

（1）控制　在发病的早期每羽注射 0.5 毫升鸭病毒性肝炎高免血清或高免卵黄液，重者重复一次；并用中草药黄芩、黄柏、黄连、连翘、双花、茵陈、枳壳、甘草各 25 克（供 500 只雏鸭用量），水煎取汁拌料饲喂。当天喂服，次日续服一剂。

（2）预防　鸭病毒性肝炎的预防主要依赖于疫苗及合理的免疫程序。①成年种鸭开产前皮下注射鸭肝炎鸡胚化弱毒苗 2 次，间隔 2 周，以后每隔 3 个月重复免疫一次，以保护孵出的雏鸭免遭鸭病毒性肝炎的危害。也有先接种弱毒疫苗，后给种鸭（22 周龄）注射疫苗的。②对无母源抗体的雏鸭，在 1 日龄注射鸭病毒性肝炎弱毒苗。种鸭不免疫，可避免雏鸭体内母源抗体不一致的情况出现。这对制定免疫程序较有利。

（六）鸭病毒性肠炎（鸭瘟）

1. 诊断　依据本病的流行特点（在自然流行中，一月龄以内的雏鸭少见大批发病）、临床症状、病理变化一般可在现场作出初步诊断，而确诊需要实验室检查，分离和鉴定病毒。

（1）现场诊断要点　①病鸭高热，流泪，脚软，排绿色稀粪。部分病鸭头颈部肿大［故鸭病毒性肠炎（鸭瘟）俗称为："大头瘟"］。②食道黏膜具有纵行排列的灰黄色假膜，假膜容易剥离，剥离后留有溃疡。小肠淋巴聚结呈环状出血。肝脏表面有不规则的坏死灶及出血点。

（2）鉴别诊断　要将本病与鸭霍乱、鸭疫里默氏杆菌病、鸭链球菌病、鸭病毒性肝炎、番鸭细小病毒等进行鉴别。

2. 防治

（1）控制　①给病鸭每只颈背皮下注射高免血清 1 毫升或高免卵黄 0.5 毫升，或注射鸭瘟鸡胚化弱毒苗紧急接种。②带鸭喷雾消毒，如用百毒杀（1∶1 000 稀释），每天 1 次，连用 3～7 天。

（2）预防　①在疫区，给 14～20 日龄受威胁的肉鸭注射 0.5 毫升鸭瘟鸡胚化弱毒苗。②坚持良好的饲养管理，严格执行隔离消毒制度、全进全出制度。定期用碘制剂或抗毒威或百毒杀或 1210 对鸭场进行消毒。

（七）鸭啄羽发生原因及对策

一般鸭群发生啄癖首先要分析原因，然后再根据原因，寻找对策。

1. 使用真正的完全配合饲料　全价料可防止因粗蛋白质、氨基酸、维生素、微量元素、电解质缺乏引起的啄癖。如果是因为饲料中含硫氨基酸缺乏可在饲料中按 0.5％比例添加蛋氨酸。如果是因微量元素、电解质、维生素缺乏可在饮水中加入速补-14 饮水 3～5 天。

2. 加强饲养管理减少应激　鸭舍要保持安静，无闲杂人员流动、无噪声干扰，光线勿过强，育肥期鸭每 30 米^2，有 10～15 瓦白炽灯照明即可，如灯光过强，应采取遮黑措施。饮水、喂料最好定时、定量。更换不同的饲料要有过渡期。对于已经啄伤的鸭，应立即挑出，伤口处用 1％的高锰酸钾，清洗并涂紫药水或鱼石脂。到处追啄的"行凶者"要单独饲喂。

3. 改善饲养环境　鸭育雏时，湿度要求稍高，育肥期稍低（一般育肥期在 50％左右），育雏初期温度应放在首要地位。但育雏 10 日龄后通风显得特别重要。减少舍内氨气、二氧化碳、硫化氢的含量，对于网上平养的养殖户，网架高度不宜过低。

（至少不低于 30 厘米，否则不利清除积粪）。另外，刚开产的蛋鸭一定要加强管理，该淘汰的应立即淘汰。

4. 防蚊灭蝇消灭寄生虫　夏秋季节要注意因啄癖出血部位蚊蝇叮咬。春秋季节对鸭体表的寄生虫应采用 1‰的敌百虫进行药浴。

5. 适时断喙，适当增加运动　雏鸭一般 7～9 日龄便可断喙，断去喙尖即可。另外稍增加群养鸭运动，在栏舍内挂一些有颜色的物体，让鸭嬉戏，使鸭转移注意力，减少啄癖。

6. 补充生石膏或盐分　有些啄癖的发生可能与日粮中钙、磷或食盐缺乏有关。可在饲料里添加 2‰的生石膏粉或在饮水中添加口服补液盐饮水，也有很好的效果。

第五篇
家畜养殖

第一节　科学养兔技术

一、家兔生理学特性

家兔具有昼静夜动的特点，因此在晚上要喂足草料，饮足水；兔系胆小动物，在饲养管理中，动作要尽量轻稳，防止生人或其他动物进入兔舍；家兔喜爱清洁干燥的生活环境，潮湿污秽的环境，易造成家兔传染病和寄生虫的蔓延；家兔具有打洞并在洞内产仔穴居的本能行为；家兔吃自己部分粪便的本能行为，对家兔有益。根据这些特点，在管理上要注意观察舍内情况，应及时对家兔进行健康检查，做到有病早治，减少损失。

二、投资兔类项目前期准备工作

因地制宜选好建好养兔场舍，购置兔笼、排污系统、产仔箱、饲槽、草架、饮水器、固定箱等设备。

准备好植物饲料，如青绿饲料、干草。还有麦麸、大麦、豆饼等。引种前要全面、多方位了解肉兔供种货源，掌握选择种兔的基本知识，要坚持到有种苗经营资格单位购买的原则、坚持比质比价比服务的原则、坚持就近购买的原则，把好种兔的质量关。

三、饲养管理兔类的基本知识

1. 春季饲养管理 我国南方春季多阴雨、湿度大，兔病多；北方春季多风沙，早晚温差大，是养兔不利季节之一，因此，在饲养管理上应抓好防湿、防病。

（1）确保饲料供应 春季虽野草已逐渐萌芽生长，但因含水量高，容易霉烂变质或带泥浆、堆积发热的饲料。阴雨高湿天气要少喂高水分饲料，适当增喂干粗饲料；雨后收割的青饲料要晾干后再喂。饲料中最好拌入少量大蒜、洋葱、韭菜等杀菌性饲料，以增强家兔抗病力。

（2）搞好笼舍卫生 春季因雨量多、湿度大，对病菌繁殖极为有利，所以一定要搞好笼舍的清洁卫生，做到笼舍清洁干燥，要勤打扫，勤清理，勤洗刷，勤消毒。地面湿度较大时，可撒上草木灰或生石灰进行消毒、杀菌和防潮。

（3）加强检查 春季是家兔发病率最高的季节，尤其是球虫病的危害最大。每天要检查兔群健康情况，发现问题及时处理。对食欲不好，腹部膨胀，腹泻拱背的兔要及时隔离治疗。北方春季雨量较少，温度适宜，唯有风沙较大，气候较干燥，在管理上应特别注意做好疫病防治工作。

2. 夏季饲养管理 夏季的气候特点是高温多湿，家兔因汗腺不发达，常因炎热而食欲减退，抗病力降低，尤其对仔、幼兔的威胁很大。因此在饲养管理上应注意防暑降温和精心饲养。

（1）防暑降温 夏季兔舍应做到阴凉通风，不让太阳光直接照射到兔笼上，笼内温度超过30℃时，可采用地面泼水降温，露天兔场要及时搭好凉棚，及早种植瓜类、葡萄等攀缘植物。

（2）精心饲养 夏季中午炎热，影响食欲，因此，每天喂料一定要做到早餐早喂，晚餐迟喂，中午多喂青绿饲料，并供给充足的清洁饮水，可在饮水中加入2%的食盐，以补充体内盐分的消耗，又可解渴防暑。

（3）搞好卫生　夏季因蚊蝇多，病菌容易繁殖，一定要搞好清洁卫生工作。食槽及饮水器具每天必须洗涤1次。笼舍要勤打扫，勤消毒，饲料要防止发霉变质。要特别注意防治球虫病。

3. 秋季饲养管理　秋季气候干燥，饲料充足，营养丰富，是饲养家兔的好季节，在饲养管理上应做到：

（1）抓紧繁殖　秋季家兔繁殖较困难，配种受胎率低，产仔数少，但气候温和，饲料较丰富，仔兔发育良好，体质健壮，成活率高。有条件的地方，7月底8月初就可安排配种。如果9～10月再安排配种就要看是否有取暖设备，没有则应停止冬繁。

（2）加强饲养　成年兔在秋季正值换毛期，换毛期的家兔体质虚弱，食欲较差。因此，应多喂青绿饲料，适当增喂蛋白质含量较高的饲料。换毛期的兔严禁宰杀剥皮。

（3）细心管理　秋季气温，早晚与午间温差大，有时可达10～15℃，幼兔容易患感冒、肠炎、肺炎等疾病。因此，必须细心管理，群养兔每天傍晚应赶回室内，每逢遇到大风或降雨，不能让其露天活动。

4. 冬季饲养管理　冬季气温低，日照时间短，缺乏新鲜青绿饲料。因此，必须加强饲养管理。

（1）防寒保温　冬季兔舍温度，除新生仔兔外，并不要求十分暖和，但温度要保持相对稳定，切忌忽冷忽热。室内笼养兔要关好门窗，严防贼风侵袭；室外笼养兔，笼门应挂好草帘或棉布帘，防止寒风侵入，笼底可垫草或用其他材料进行保温。

（2）备足饲料　冬季因气温低，兔热量消耗多，所以不论大小兔，每天供给的日粮应比其他季节增1/3，特别要多喂一些含能量高的精饲料。另外因冬季缺乏青饲料，易发生维生素缺乏症，每天应设法喂一些菜叶、胡萝卜、大麦芽等，以补充维生素的不足。

（3）认真管理　冬季不论大小兔，均应在笼内放入少量干草，以备夜间栖宿。白天应选择风和日暖的天气，将兔放在运动场活动，但必须每个兔有耳号的情况下，否则不可这样做。对仔兔巢箱要加强管理，勤清理，勤换扩建草，做到清洁、干燥、卫生。冬季是最好的宰杀取皮季节，商品兔在宰杀前应专门饲养，以提高毛皮质量。

四、几种饲料不能单独喂兔

1. 白萝卜叶　白萝卜叶中含叶绿素很高，水分多，家兔过多采食后易发生膨胀病、腹泻、伤食等。因此，用白萝卜叶喂兔，应与其他牧草、菜叶等搭配在一起混合饲喂。

2. 花生藤　花生藤营养丰富，兔爱吃，但由于其含粗纤维多、水分多，兔采食过易发生大肚病、拉稀、伤食等，故不宜单独多喂。另外，在用花生藤喂兔时，结合喂给兔一些洋葱、大蒜头等，可有效地防治兔病的发生。

3. 甘薯藤　甘薯藤中缺少维生素 E（即生育酚）如果长期单独用它去喂种兔，可使公兔精子的形成减慢，使母兔受胎率降低。因此，在用甘薯藤喂兔时，应和其他牧草搭配一起喂，且每次喂量控制在 30% 左右为宜。

4. 菠菜　菠菜中含有较多的草酸，草酸与钙生成的草酸钙沉淀，不能被兔吸收，故不宜单独给幼兔饲喂，幼兔吃了菠菜容易得佝偻病、软骨症。

第二节　家兔疾病防治

一、幼兔腹泻、痢疾及球虫病的预防

从断奶到 3 月龄的幼兔，对疾病的抵抗能力和对环境的适应能力较差，容易得病，死亡率高，比较难养。饲养过程中必须重视防病工作。

预防幼兔腹泻、痢疾以及球虫病等多发病，可以采取以下方法：

（1）将大蒜、洋葱头切碎后拌入饲料中喂服。

（2）用车前草、鸡眠草、铁苋菜或橘树叶等作青绿饲料饲喂。

（3）取等量车前草、鸭趾草、凤尾草，煎水拌饲料喂服，连服 5～7 天。

（4）用 200 毫克/千克的碘溶液作饮水。

（5）用土霉素拌饲料喂服，每只兔半片。

有条件的可以安装紫外灯，每天照射笼舍 1～2 次，也可以照射晾干的青饲料。这样既可以杀灭病原微生物和球虫卵囊，又可以增加紫外线照射，促进幼兔体内钙、磷的代谢。

二、春季家兔三种常见病

1. 兔感冒 多因气候突变，寒热温差过大，使兔受凉而引起。症状：呼吸加快，打喷嚏，鼻中流水样鼻涕，呼吸困难等。治疗：用桑叶或桑根皮 20 克，加水适量煎服，日服 1～2 次，每次 2 汤匙，或内服阿司匹林半片，幼兔减半。

2. 兔球虫病 这是一种寄生虫病。病初食欲减退，眼结膜苍白，背毛粗乱，排尿增多。治疗：把鲜洋葱头或韭菜切碎，拌到饲料中投喂，每日 2 次，或内服磺胺间甲氧嘧啶，每千克体重 100 毫克，日服 2 次，连服 3～5 天。

3. 兔痢疾 多因吃了潮湿或霉烂的饲料而引起。症状：病兔精神萎靡，食欲减退，排出的粪便稀薄带有半透明胶状物，气味恶臭。治疗：用绿茶叶 2～3 克，加水 100 毫升，煎成 40～50 毫升的浓茶汁灌服，每日 4～5 次；内服磺胺脒或小苏打，每日 3 次，每次 0.5～1 片。

三、常见兔病的民间疗法

1. 便秘　取植物油、蜂蜜各 10 毫升，混匀加适量水，分 2 次内服；也可用芒硝 4 克，加开水适量内服；如遇急性发作，还可用温肥皂水灌服，每次 20～30 毫升。

2. 疥癣　先用淡碱水浇患处后，再用敌百虫、麻油各等量，混匀后涂患处，每日 2 次，连涂 3 天。也可用敌百虫、硼酸粉各 3%、黑火药 4%、凉开水 90%，混匀后涂患处，每天 2 次。

3. 肺炎　取川贝、冬花、知母、桔梗、鱼腥草各 2 克，加水煎服。

4. 腹泻　可在饲料中加内服痢菌净，每千克体重 5 毫克，幼兔减半，每天 1 次，连服 3 天。或用适量木炭灰拌于饲料中混喂 2～3 天。如果是细菌性痢疾，可内服止痢片，日服 2 次，每次 1 片，或将大蒜捣烂，加浓茶水灌服。

5. 感冒

（1）桑根皮、嫩桑枝任选一种，开水煎服，每日 2～3 次，每次 10 克。

（2）将大蒜捣烂浸泡半天，取浸液洗鼻，一天数次。

（3）用链霉素 50 万单位，用蒸馏水 5 毫升稀释滴鼻，每日 3 次，每次 3～4 滴。

（4）喂安乃近、维生素，成年兔一次一片，幼兔一次半片，每天早晚各一次，拌入饲料让兔自由采食。

6. 食用醋精治疗兔耳炎　每只发病的兔耳内灌入 2～3 毫升食用醋精，连灌 3～5 天。

7. 柴油治疗兔疥癣　用柴油涂患部，每天涂 1～2 次，连涂 4～5 天。

8. 鸡蛋外壳治疗兔佝偻病　把鸡蛋外壳洗净后炒黄，研成细粉末。每天早、晚各灌服 1 次，每次 20 克，连灌服 6～7 天。

9. 食醋治疗兔腹胀　成兔每只每次灌服食醋 30～40 克，幼兔减半，早、晚各 1 次，连服 3～5 天。

10. 仙人掌治疗兔乳房炎　把新鲜的仙人掌去刺剥皮捣成糊状，涂于患处，每天 1 次，连涂 4～6 天。

11. 杏树叶治疗母兔缺乳　将饲草全部改用杏树叶，连喂半月，母兔产乳明显增加。

12. 炒糊的高粱治疗兔腹泻　把高粱炒糊研末喂 1 周。

13. 白酒与大蒜配合治疗兔副伤寒　将大蒜放入含酒精 44 度以上的白酒中，大蒜与酒的比例为 1∶2，浸泡 3～4 天后，取出浸泡液加入 2 倍的凉开水，让病兔口服，连服 6～7 天。

14. 疥癣病　取橘叶、烟叶等量，加 20 倍水，煮到 10 倍量止，取上清液备用。用 2% 来苏儿液清洗患部，然后再用清水冲洗，擦干后涂抹上清液，每 3～5 天洗擦 1 次，一般 2～3 次即愈。

15. 胃肠炎　将晒干的大蒜茎放于干净的器皿中，用火点燃烧成炭，然后碾细备用。幼兔每次用 1.50～2 克，成兔每次 3～4 克，每天 3 次，连用 2～3 天即愈。

16. 球虫病　取黄莲、黄柏、黄芩、大黄、蒲公英各等量，研为细末。大兔 4 克，小兔 3 克，每日 1 次。

17. 积食　山楂、神曲、麦芽（怀孕或哺乳母兔改用谷芽）各 3～6 克，水煎服有良效。

18. 便秘　取蓖麻油 5～10 毫升内服，1～2 次即愈。

19. 产后缺乳　活蚯蚓 5～10 条，清水洗净之后用开水烫死，切成约 3 厘米的小段，拌入少量的饲料饲喂，不久即可泌乳。若泌乳量不足，可再加喂 1 次效果显著。

四、家兔防疫常用疫苗及药品

1. 兔瘟灭活疫苗　用量 1 毫升、免疫期 6 个月、保存期 1 年（2～8℃、阴暗处）用于预防兔瘟和紧急预防接种 45 日龄幼兔，初免2毫升、60日龄加强免疫1毫升、紧急预防加倍量。

2. 兔瘟蜂胶灭活疫苗 用量1毫升、免疫期6个月保存期1年（2～8℃、阴暗处）用于紧急预防接种以及45日龄幼兔和60日龄幼兔。

3. 兔多杀性巴氏杆菌病灭活疫苗 用量1毫升、免疫期6个月保存期1年（2～15℃、阴暗处）、用于预防兔巴氏杆菌病、仔兔断奶免疫、母兔皮下注射1毫升。

4. 兔波氏杆菌病灭活疫苗 用量2毫升、免疫期6个月，保存期1年（2～15℃、阴暗处）用于预防兔支气管败血波氏杆菌病、18日龄首免皮下注射1毫升、1周后加强免疫皮下注射2毫升。

5. 兔产气荚膜梭菌病（A型）灭活苗 即兔魏氏梭菌病（A型）灭活疫苗，用量2毫升、免疫期6个月、保存期1年（2～8℃、阴暗处）用于预防兔魏氏梭菌病（A型）、仔兔断奶后皮下注射2毫升。

6. 兔大肠杆菌病多价灭活疫苗 用量2毫升、免疫期6个月、保存期1年（2～15℃、阴暗处）用于预防兔6个血清型的大肠杆菌引起的腹泻、20日龄首免皮下注射1毫升、断奶后再免1次、注射2毫升。

7. 兔克雷伯氏菌病灭活疫苗 用量2毫升、免疫期6个月、保存期1年（2～15℃、阴暗处）用于预防幼兔和青年兔因克雷伯氏菌腹泻、用法同大肠杆菌苗。

8. 兔葡萄球菌病灭活疫苗 用量2毫升、免疫期6个月保存期1年（2～15℃、阴暗处）。用于预防哺乳母兔因葡萄球菌引起的乳房炎、母兔配种时皮下接种2毫升。

9. 兔瘟巴氏杆菌病二联灭活苗 用量1毫升、免疫期6个月保存期1年（2～15℃、阴暗处）。用于预防兔瘟和兔巴氏杆菌病、按说明书使用。

10. 兔巴氏杆菌病魏氏梭菌病三联灭活疫苗 用量2毫升、

免疫期 6 个月、保存期 1 年（2～8℃、阴暗处）用于预防兔瘟、巴氏杆菌病和魏氏梭菌病（A 型）。按说明书使用。

11. 兔瘟巴氏杆菌病波氏杆菌病三联灭活疫菌　用量 2 毫升、免疫期 6 个月、保存期 1 年（2～8℃、阴暗处）、用于预防兔瘟、巴氏杆菌病和波氏杆菌病。按说明书使用。

12. 兔鼻炎净　每支溶于 10 千克净水中任兔饮用，连用 1 个月为一疗程，亦可用此水溶液洗鼻、滴鼻。

13. 兔霉净（喷雾剂）　用于预防和治疗兔霉菌性脱毛、每支溶于 10 千克净水中带兔笼舍喷雾。

14. 兔霉净（涂擦剂）　用于治疗兔霉菌性脱毛，患部外涂。

15. 氯羟吡啶　为驱球虫药，每 50 千克饲料中加 12 克混饲。

16. 灭虫丁　用于预防和治疗兔疥癣，每千克体重肌肉注射 0.2 毫升。

五、影响仔兔成活率的原因及应对措施

从出生到断奶的小兔称仔兔。其特点为：生长发育快、机体发育尚未完善、对外界的抵抗力和适应性差；因此，仔兔阶段较其他阶段更易发生死亡。所以，减少仔兔死亡、提高其成活率就成为提高养兔经济效益的重要环节。

（一）仔兔死亡原因

1. 季节　刚出生的仔兔，体表无毛，无体温调节能力，盛夏易热中暑死亡，寒冬易冻死。

2. 饲养　常因饲料营养水平过低，不能满足母兔泌乳的需要，造成泌乳不良，仔兔因吃不饱或强弱悬殊，最终因长期营养不良而饿死。

3. 母兔食仔、伤仔 母兔因气味、意外受惊、产后口渴等，将仔兔吃掉或咬伤致仔兔死亡。

4. 断奶 仔兔从吃奶转变到吃料，因不适应这种突然变化而死亡或因断奶过早导致仔兔体质虚弱而死亡。

5. 仔兔病害 仔兔吃了患有乳腺炎母兔的奶引起腹泻而造成死亡。

6. 意外 如鼠害、被母兔压死及仔兔从高处落下而摔死等。

7. 繁殖 近亲繁殖，仔兔生活力弱而造成死亡。

（二）应对措施

1. 仔兔房的温度要适宜 盛夏，为防止仔兔中暑死亡，必须避免产箱内温度过高，应检查垫草、上盖毛是否过厚、仔兔房的通风是否良好。冬季则需注意垫草厚度是否太薄、上盖毛是否太少，防止仔兔房内有贼风和穿堂风。仔兔房的室温至少应保持在 20℃ 左右，产仔箱的温度应保证不低于 28℃，必要时可用加热电器进行辅助供暖。

2. 哺乳的措施要合理

（1）母兔的营养 为避免母兔因泌乳不良而饿死仔兔，应根据泌乳母兔的营养需要合理配制饲料，使泌乳母兔获得全面、丰富的营养。泌乳母兔的营养需要为：粗蛋白 18%、消化能 11.3 兆焦/千克、精氨酸 0.8%、赖氨酸 0.75%、蛋氨酸＋胱氨酸 0.6%、钙 1.1%、磷 0.8%、钠 0.4%、氯 0.4%。

（2）把握好初哺乳时间 初哺乳应在产后 1～2 小时内进行，最迟不应超过 10 小时。对于母性不强的母兔，必须每天 2 次人工强制哺乳，3～5 天后母兔基本上就会自动哺乳。

（3）掌握好合理的哺乳数量 在泌乳正常的情况下，每只母兔能哺乳 6～7 只仔兔。应根据母兔的哺乳能力合理安排哺乳数量，泌乳能力弱的母兔应适当减少受乳仔兔数量，进行调整寄养。对寄养仔兔应注意出生日期不超过 2～3 天，体形大小、体质强弱不应相差太大。

3. 防止母兔食仔 母兔常因识别出寄养仔兔的气味而吃掉仔兔，因此，在寄养前就要采取一些措施。例如取出产仔箱，将寄养仔兔放入 1～2 小时后，让寄养仔兔与亲生仔兔气味相混合；或搅乱母兔嗅觉，在母兔鼻孔周围涂抹大蒜汁，使其无法识别寄养仔兔。母兔也会因受惊吓、产后口渴等原因食仔，因此，应保持产房安静，并时刻提供充足的饮水以减少食仔现象的发生。

4. 认真做好断奶工作

（1）补料 为防止因突然断奶而造成仔兔死亡，必须做好断奶前的补料工作。仔兔到 16 日龄就应开始补料，补料起始阶段要少量、多餐，一般 1 天 5～6 次，每次要喂给易消化的食物，例如胡萝卜丝、新鲜嫩草等。20 日龄逐渐补喂少量精料及添加助消化、健脾胃的一些中药，如健胃散等。这样，既能防止因补料引起的消化道炎症，又为仔兔顺利断奶打下了基础。

（2）断奶 当仔兔 40～45 日龄、体重达到 800 克左右就可以断奶。若全窝仔兔生长发育良好、体质强壮均匀，可一次性断奶；若生长发育不匀，就要分期断奶。断奶后 1 周内饲料要保持不变。

5. 做好疾病防治工作

（1）防治球虫 仔兔开食后，因食入污染了球虫的饲料及母兔粪便而感染球虫。因此，要及时清理粪便，定期消毒兔舍及用具；同时饲料中添加抗球虫药物，例如氯苯胍等。

（2）防治黄尿病 仔兔出生 1 周后，若母兔患有乳腺炎、或乳头被周围环境所污染，仔兔便会发生黄尿病而很快死亡。目前尚无特效疗法，因此，平时应特别重视母兔及环境的卫生工作，至少应每周进行 1 次母兔乳房的清洗及兔笼的喷雾消毒。一旦发现母兔患有乳腺炎，应立即停止哺乳。

6. 重视灭鼠工作 仔兔出生 10 天内，最易遭受鼠害，严重时能造成相当大的损失。因此，除做好日常工作外，灭鼠工作应引起足够的重视。

7. 加强育种工作 大型养兔场或专业户，对自己的兔群一定要不断选育提高。要选留那些毛绒好、繁殖力高、哺育能力强、抗病力强的留作种用；凡繁殖力差、哺育能力差、抗病力差的母兔，一律淘汰，并严格注意避免近亲繁殖。

第三节 科学养羊技术

一、山羊引种要点

(一) 选择优良的品种是养羊获得高效的基础

优良品种要求体型大、个体产肉量高、四季发情、繁殖率高、肉质鲜美、口味好、适宜舍饲、早期生长快、性成熟早；可选养波尔山羊、马头山羊、萨能奶山羊、南江黄羊等品种与本地羊杂交的后代，因为这种杂交山羊育成率和屠宰率高、生长速度快。通过养殖优良肉羊品种，经科学繁殖，精心喂养，便可提高产羔和产肉率。

(二) 要注意生长环境相适应

引种羊原产地的气候、地形、植被、饲养方式和饲养管理水平要求与本地环境差异不大，才能尽快适应新环境，缩短驯养时间。

(三) 要注意引进的品种

一定要求引进已育成、生产性能优良的新品种，不可引入低劣的老品种，也不要引进经济杂交的山羊品种，因为杂交山羊不宜作种用。引入的山羊要健康，发育良好，四肢粗壮，四蹄匀称，行动灵敏，眼大明亮，无眼屎，眼结膜呈粉红色，鼻孔大，呼吸均匀，呼出的气体无异臭味，鼻镜湿润，被毛光滑紧凑，有光泽。排尿正常，粪便光滑呈褐色稍硬。母羊要求乳头排列整齐，体躯长，外表秀丽，叫声优美，具有母性特征。公羊要求睾丸发育良好，无隐睾或单睾羊，叫声宏亮，外表雄壮，具有雄性特征。年幼的山羊适应能力相对较强，但也不能太小，以1～2岁最好。

（四）注意引种的季节

冬季水冷干枯，缺草少料，引种羊经过一路颠簸，一方面要恢复体质，适应新环境。另一方要面对冬季恶劣的气候，引种羊成活率很低。所以冬季是引种的大忌。夏季高温多雨，相对湿度大，山羊又怕热和潮湿，夏季放牧和运输都易发生中暑，夏季也不宜引种。最适宜引种的季节是春季和秋季，这两个季节气候温暖，雨量相对较少，地面干燥，饲草丰富，最适宜引种。

（五）合理的起步基础羊群

实践证明山区多数农户兴办养羊场，起步基础羊群以不超过30只为宜，最好在15只左右。有条件、有能力饲养较大群体的农户，可以从此群体生产的羊中选留种羊，扩大种羊数量，这样，羊群的适应性、合群性、抵抗力等就可以较好的解决了。

（六）要注意疫病防治

引种前要先到引种地调查了解疫病情况，严禁到疫区引种，对山羊要严格检疫，并且"三证"（场地检疫证，运输检疫证和运载工具消毒证）齐全。引进种后，应隔离饲养半个月，若未出现异常，方可混养。

二、种公羊的饲养管理

饲养管理好种公羊，使其膘体保持适中、精力旺盛、性欲强、精液品质优良，从而提高配种效果，延长种公羊使用寿命。

（一）饲养

种公羊的饲养应根据其膘体、精液质量好坏、配种需要、性欲、食欲强弱不断调整饲养水平。在配种淡季或非配种期以放牧饲养为主；配种旺季，在放牧饲养同时，应适当补充适口性好，富含蛋白质、维生素、矿物质的混合精料和青干草。混合精料每天每只补饲 0.1～0.3 千克，若 1 天配种三四次，每天还要补喂一二只鸡蛋。

（二）管理

种公羊要单独放牧、关养，不与母羊混群。放牧时应防止树桩划伤阴囊。单栏关养面积要求 1～1.2 米^2，青年公羊在 4～6 月龄性成熟，6～8 月龄体成熟，方宜配种；每天配种一二次为宜，旺季可日配种三四次，但要注意连配 2 天后休息 1 次；舍饲时应保证每天至少运动 6 小时。

三、种母羊的管理

（一）早做准备

在配种前 1～1.5 个月，应对繁殖母羊抓膘复壮，为配种妊娠贮备营养，尤其是膘情不好的母羊，要实行短期优饲，多补饲精料，使羊群膘情一致、发情整齐、产羔集中、便于管理。配种后怀孕的母羊，前 3 个月除保证供给充足青粗饲料外，每天补饲配合精料 200 克。3 个月后，每天补饲配合精料 300～500 克，每天每只还应补饲食盐 10～15 克。

（二）适当运动

晴天要放种羊到比较平坦的地方吃草晒太阳；不要惊吓母

羊；出入圈门要控制，防止由于拥挤而造成机械流产。

（三）隔离放养

孕羊日常不要与公羊、成年羊等混合放牧，以防乱触、乱爬而冲撞母羊，也不要与其他羊关在一起吃草休息。

（四）严防拉稀

饲草要注意青干搭配，别让羊吃露水草和雨水草以及霉烂腐败的草料。饲喂要定时定量，注意草、料、水的清洁卫生，禁喂发霉变质的草料，做到六净：料净、草净、水净、圈净、槽净、羊体净，才能防止病原微生物的侵害，或因饲料中毒而流产。

（五）谨慎用药

除搞好环境卫生与定期消毒工作外，要定期按防疫程序注射疫苗，随时观察羊群状态，发现病症及时处理。特别注意天气炎热的午间要趟群，以防羊扎窝热死。对患病的妊娠母羊，不要投喂大量泻剂、利尿剂、子宫收缩剂或其他烈性药，免得因用药不当而引起流产。

（六）安全接产

每年的 3～4 月份是羊产羔旺季，在分娩前 3～5 天，应做好产房的清洁消毒工作，产房要通风透光，羊有分娩症状时给羊后躯消毒。生产时遇有胎儿过大而母羊无力产出时，用手握住羊羔两前肢，随着母羊努责，轻轻向下方拉出，羔羊产出后要用碘酒涂擦其脐带头，以防脐炎。遇有胎位不正时，把弱母羊后躯垫高，将胎儿露出部分送回，手入产道，纠正胎位试着向外拉 3～4 次，直到胎位复正顺利产出为止；羔羊出生后人工掏出嘴、鼻、耳中的黏液，让母羊舔干羔羊身上的黏液。有些初产母羊恋羔性差，可将胎儿黏液涂在母羊嘴上或撒麦麸在羔羊身上让母羊舔食。若遇上冷天，可用干布把羔羊身上擦干，母仔关在一个栏内。产后羔羊脐带会自然扯断，有的脐带不断，可用手拧断，然后消毒；产后母羊应供给温水，最好加进少量麸皮和食盐。分娩结束，用剪刀剪去母羊乳房周围的长毛，然后用温热消毒水清洗乳房，擦干，挤出最初的几滴乳汁，帮助羔羊及早吃到初乳。

对冻僵的羔羊，应立即转移到暖房内，放到 38℃ 水中并使水温逐渐升高到 40℃（露出头部），经过 20～30 分钟的温水浴后，再进行人工呼吸，一般可救活。

四、繁殖母羊的管理

繁殖母羊分为空怀期、妊娠前期（妊娠 3 个月内），妊娠后期（妊娠 4～5 个月），哺乳前期和哺乳后期 5 个阶段。妊娠前期胎儿发育较慢，需要的营养物质和空怀期相差不多；妊娠后期和哺乳前期是胎儿迅速生长时期和羔羊成活的关键时期，要重点做好这两个时期的饲养管理工作。

（一）配种前的饲养管理

配种前，要做好母羊的抓膘复壮，为配种妊娠贮备营养。日粮配合上，以维持正常的新陈代谢为基础，对断奶后较瘦弱的母羊，还要适当增加营养，以达到复膘。种羊场饲养的波尔母羊也以舍饲为主，干粗饲料如山芋藤、花生秸等任其自由采食，每天放牧 4 小时左右，此时期每天每只另补饲混合精料 0.4 千克左右。

（二）妊娠期的饲养管理

在妊娠的前 3 个月由于胎儿发育较慢，营养需要与空怀期基本相同。在妊娠的后 2 个月，由于胎儿发育很快，胎儿体重的 80％在这两个月内生长，因此，这两个月应有充足、全价的营养，代谢水平应提高 15％～20％，钙、磷含量应增加 40％～50％，并要有足量的维生素 A 和维生素 D。羊妊娠前期基本同空怀期一样，妊娠后期，每天每只补饲混合精料 0.6～0.8 千克，并每天补饲骨粉 3～5 克。产前 10 天左右还应多喂一些多汁饲料。怀孕母羊应加强管理，要防拥挤，防跳沟，防惊群，防滑倒，日常活动要以"慢、稳"为主，不能吃霉变饲料和冰冻饲料，以防流产。母羊在妊娠后期要加强管理，防止拥挤。放牧的羊只应选择在距暖棚羊舍较近且平坦、牧草丰盛的草场放牧。暖棚舍内应设置产羔栏，并做好接羔的准备工作。

（三）哺乳期的饲养管理

产后 2～3 个月为哺乳期。母羊产羔后因过度疲劳而口渴，应饮淡盐水或温米汤，水温在 12～15℃ 为宜。第一次饮水量以 1～1.5 升为宜。为防止母羊患乳房炎，在母羊产羔期应减少饲料喂量，只喂给优质青干草或块根类饲料。待产后第三四天起，逐渐加喂精料、多汁料和青贮料。在产后 2 个月，母乳是羔羊的重要营养物质，尤其是出生后 15～20 天内，几乎是唯一的营养物质，应保证母羊全价饲养。波尔羊羔羊哺乳期一般日增重 200～250 克，每增重 100 克需母乳约 500 克，而生产 500 克乳，需要 0.3 千克风干饲料，即 33 克蛋白质，1.8 克钙和 1.2 克磷。到哺乳后期，由于羔羊采食饲料增加，可逐渐减少直至停止对母羊的补料。

哺乳母羊的管理要注意控制精料的用量，产后 1～3 天内，母羊不能喂过多的精料，不能喂冷、冰水。羔羊断奶前，应逐渐减少多汁饲料和精料喂量，防止发生乳房疾病。母羊舍要经常打扫、消毒，胎衣和毛团等污物要及时清除，以防羔羊吞食发病。种羊场饲养的在哺乳期除青干草自由采食外，每天补饲多汁饲料 1～2 千克，混合精料 0.6～1 千克。为加快母羊的繁殖，羔羊出生 15～20 天，开始补饲商品乳猪全价料，并逐步喂些青饲料，一般羔羊到 2 月龄左右断乳。

五、哺乳期羔羊的饲养管理

（一）初乳期

应让初生羔羊尽量早吃、多吃初乳，吃得越早，吃得越多，增重越快，体质越强，发病少，成活率高。对孤羔、弱羔和双羔要采取代乳和人工哺乳的方法。清扫圈舍卫生，预防羔羊痢疾。羔羊出生后 1 周内最容易发生痢疾，此时应十分注意卫生，特别对人工哺乳的羔羊更要注意。

（二）常乳期（6～60 天）

从初生到 45 日龄，是羔羊体重增长最快的时期，此时母羊的泌乳量最高，营养也很好，但羔羊要早开食，训练吃草料，以促进前胃发育，增加营养的来源。一般从 10 日龄后开始给草，将幼嫩青干草捆成把吊在空中，让小羊自由采食。生后 20 天开始训练吃料，在饲槽里放上用开水烫后的半湿料，引导小羊去啃，反复数次小羊就会吃了。在 15～20 日龄就开始训练吃青干草，以促进其瘤胃的早期发育。1 月龄后让其采食混合精料，草料要多样化，精料要粉碎，并注意添加一定比例的食盐和骨粉。一般 1 月龄羔羊每只每天补饲混合精料 50～100 克，2 月龄为 150～200 克，3 月龄为 200～250 克，4 月龄为 250～300 克。注意烫料的温度不可过高，应与奶温相同，以免烫伤羊嘴。

（三）奶、草过渡期（2 月龄至断奶）

2 月龄以后的羔羊逐渐以采食为主，哺乳为辅。羔羊能采食饲料后，要求饲料多样化，注意个体发育情况，随时进行调整，以促使羔羊正常发育。日粮中可消化蛋白以 16%～20% 为佳，可消化总养分以 74％为宜。此时的羔羊还应给予适当运动。羔羊舍应常备有青干草、粉碎饲料和盐砖，让其自由采食，并保证充足饮水。

六、育肥羊的饲养管理

（一）饲养

选择产草量高、草质优良的草场，放牧育肥，放牧时间要求冬春每天 4～6 小时，夏秋 10～12 小时，保证每天吃 3 个饱肚；在枯草季节或放牧场地受到限制时，可利用氨化秸秆、青贮饲料、微贮饲料、优质青干草、根茎类饲料、加工副产品以及精料对山羊进行舍饲育肥；实行半舍饲、半放牧、采青与补料相结合的办法育肥。

（二）管理

育肥前整群驱虫，公羊去势；放牧采用冬阳夏荫方式，夏秋季要选择荫凉地方，冬春季选择向阳温暖地方放牧，同时注意饮水和补充食盐，防止感染寄生虫，避免吃寒露草和霜冻草；饲喂氨化饲料和青贮饲喂料要掌握用量，谨防氨中毒和酸中毒。氨化饲料饲前通风二三天，待无刺鼻氨味后方可饲喂。

第四节　常见羊病防治技术

一、羊病的一般性防治技术

（一）平时的预防措施

1. 加强饲养管理，提高羊群的抗病力。

2. 建立健全防疫制度，制订防疫计划，切实执行防疫制度与防疫计划。

（1）如引种的兽医卫生制度，到非疫区、了解病史、现场检查、检疫、隔离观察、免疫接种等。

（2）定期防疫。

（3）定期消毒。

（4）参观接待。

（5）疫苗、药品定购等。

3. 检疫

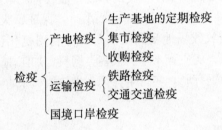

检疫证的开具和要求。

4. 消毒

（1）羊舍消毒　10%～20%的石灰乳、10%的漂白粉、3%的来苏儿、5%的热草木灰或1%的石炭酸水溶液。每年春秋各消毒1次。也可交替性使用毒菌杀、百毒杀、火碱进行定期消毒。

（2）运动场消毒　3%的漂白粉、4%的福尔马林或5%的氢氧化钠水溶液，每年春、秋各消毒1次。

（3）门卫消毒　在出入口处经常放置浸有2%～4%的氢氧化钠或10%的克辽林消毒液的麻袋片或草垫。

（4）皮肤、黏膜消毒　70%～75%的酒精、2%～5%的碘酊或0.01%～0.05%的新洁尔灭水溶液，用其涂擦皮肤或黏膜。

（5）创伤消毒　用1%～3%的龙胆紫、3%的过氧化氢或

0.1%～0.5%高锰酸钾水溶液冲洗污染或化脓创伤。

（6）粪便污水消毒 粪便采用生物热消毒法，即在离羊舍100米以外的地方把粪便堆积起来，上面覆盖10厘米厚的细湿土，发酵1个月后即可。污水应引入污水处理池，加入漂白粉或生石灰进行消毒，消毒药用量视污水量而定，一般每升污水用2～5克漂白粉。

5. 预防接种

（1）免疫程序。

（2）疫苗及其质量。

（3）接种方法。

（4）接种后护理与观察。

（5）及时补免。

6. 药物预防 预防性药物驱虫是防治羊寄生虫病的有效方法，驱虫时间是每年的春秋两季，驱虫方法是：用1%的伊维菌素注射液，按每千克体重0.2毫升的剂量，一次性进行颈部皮下注射（切勿肌肉或静脉注射）。用量准确，疗效确切。或者用灭虫丁按每千克体重0.1克的剂量拌于少量饲料中喂服或灌服，对体内各种线虫和羊狂蝇、螨、虱等体外寄生虫有很好的驱虫效果。治疗病羊时，应间隔7～10天后重复用药1次。也可以用左旋咪唑片，按每千克体重8毫克的剂量拌料喂服或灌服。

（1）驱虫 驱虫是综合防治中的主要环节，通常是用药物杀灭或驱除寄生虫。有两种意义：一是杀死或驱除体内或体表的寄生虫，使宿主康复；二是减少了寄生虫向外界扩散的机会，对健康的动物起到预防。

预防性驱虫：按照寄生虫的流行规律，不论发病与否，定时投药。如冬季驱除消化道线虫，防止来年春季对羊的危害和对牧场的污染；媒介蚊虫活跃的季节使用伊维菌素，驱除丝虫；虫体成熟前驱虫，如驱除莫尼茨绦虫，中间宿主是地螨，夏季感染，地螨被摄入小肠幼虫 30 天成熟，成虫寿命仅 3 个月，一般 6 月上旬感染，因此于 6 月下旬至 7 月上旬两次驱虫。

（2）药浴　既是治疗又是预防，消灭羊疥癣或体表寄生虫。

注意：①药浴前，让羊休息好，饮足水；②应在晴朗无风的日子；③时间 1 分钟；④把头压入药液中 2～3 次；⑤温度 36～38℃，不能低于 30℃；⑥大批羊药浴时应及时添加新药；⑦一次不彻底，可于 7～8 天后进行 2 次药浴；⑧分群、发批；⑨让羊体药液自然干燥，药浴后 1～2 天不能渡水；⑩药浴后发现精神不好、战栗、呼吸紧迫，口吐白沫，应立即灌服 1‰盐水解救。

（二）发生传染病时的扑灭措施

1. 上报疫情。
2. 准确诊断。
3. 隔离。
4. 封锁。
5. 紧急消毒。
6. 紧急免疫接种。
7. 淘汰患畜与治疗。
8. 尸体的处理。

二、羊主要疾病防治

（一）梭菌性疾病

梭状芽胞杆菌属的微生物引起的一类疾病，包括羊快疫、羊肠毒血症、羊猝狙、羊黑疫、羔羊疫疾。

1. 羊快疫

（1）症状　突然发病、腹部膨胀、疝痛、衰竭、昏迷、几分钟至几小时死亡，罕见痊愈。

（2）病变　①真胃黏膜出血性炎症。②胸、腹、心包大量积液，暴露于空气易于凝固。③心内外膜、肺、肠道出血。④尸体迅速腐败。

（3）诊断　肝被膜触片，可见两端钝圆、单在及呈短链的细菌，呈无关节的长丝状，在其他脏器涂片中有时也可发现。

（4）防治　①加强平时的防疫措施。②发病时转移牧地。③消除诱因。④接种疫苗，三联苗或五联苗。

2. 羊肠毒血症

（1）流行特点　①多发于绵羊，山羊较少发生。②以 2～12月龄、膘情好的羊为主。③诱因，进食大量谷类或青嫩多汁富含蛋白质的饲料后容易发生。④呈散发性。

（2）症状　①突然发作，倒地死亡。②以抽搐为特征：四肢划动、肌肉颤搐、眼球转动磨牙、头颈后仰、口鼻流沫。③以昏迷和静静地死去为特征：昏睡，于昏迷中死去。④高血糖，每 100 毫升正常 40～65 毫克，发病时高达 360 毫克。⑤糖尿，正常为 1%，发病时达 6%。

（3）病变　①真胃含未消化的饲料。②心包积液，心内、外膜出血。③肾软化（死后病变）。④小肠充血、出血。⑤胸、腹腔积液。

（4）诊断　①肠道内发现大量 D 型菌。②小肠内检出 ε 毒素。③肾软化，检出 D 型菌。④尿内发现葡萄糖。

（5）防治　①发病时移转牧地或搬圈。②接种疫苗，三联或五联苗。③少抢青抢茬。④加强羊的运动。⑤来不及治疗或无治疗办法。

3. 羊猝狙

（1）症状与病变　急性死亡、腹膜炎、溃疡性肠炎，死后 8 小时骨骼肌有气性裂孔。1～2 岁绵羊多发。

（2）防治　防治参考羊肠毒血症和羊快疫。

4. 羊黑疫（传染性坏死性肝炎）

（1）流行特点　①2～4岁绵羊多发。②营养状况好的多发。③与肝片吸虫的感染密切相关。

（2）症状　病程短促、不食、呼吸困难、体温41.5℃、昏睡，毫无痛苦地死亡。

（3）病变　①尸体皮下静脉显著充血，因而皮肤呈黑色外观。②胸部皮下组织水肿。③浆膜腔有液体渗出，暴露于空气易凝固。④真胃幽门部与小肠出血。⑤肝脏充血肿胀，有一个到多个凝固性坏死灶，直径2～3厘米。

（4）防治　①控制肝片吸虫感染。②接种疫苗。③转移牧地到干燥地区。

5. 羔羊痢疾

（1）流行特点　①主要危害7日龄内的羔羊，以2～3日发病最多，7日龄以上很少发病。②通过消化道、脐带或创伤感染。③不良诱因：母羊孕期营养不良，羔羊体质瘦弱，天气寒冷、受冻，饥饿不匀，草差时未较好补饲。

（2）症状　①低头拱背，不想吃奶。②腹泻，粪便恶臭，有的稠有的稀，后期血便。③有的腹胀而不下痢或只排少量稀粪，主要表现神经症状。

（3）病变　①尸体脱水。②四胃内有未消化的凝乳块。③小肠溃疡，肠系膜淋巴结胀大，出血。④心包积液。

（4）防治　①抓膘保暖、合理哺乳、消毒隔离。②每年秋季注射羔羊痢疾疫苗或羊五联苗，产前2～3周再接种一次。③羔羊生后12小时内，灌服土霉素0.15～0.2克，1次/日，连续3日。④治疗：方一，土霉素0.2～0.3克或再加胃蛋白霉0.2～0.3克，加水灌服，每日两次；方二，磺胺脒0.5克，鞣酸蛋白0.2克，次硝酸铋0.2克，重碳酸钠0.2克，加水灌服，每日3次；方三，先灌服含福尔马林0.5％的6％硫酸镁溶液30～60毫升，6～8 小时后再灌服 1‰高锰酸钾 10～20 毫升，每日两次；方四，青霉素 40 万～80 万国际单位，链霉素 50 万国际单位，一次肌肉注射，2 次/日，连用 3～5 日。

（二）羊大肠杆菌病

1. 主要症状

（1）败血型　①多发生于 2～6 周龄羔羊。②病羊体温 41～42℃，精神沉郁。③迅速虚脱，有轻微的腹泻。④有的带有神经症状，运步失调、磨牙、视力障碍，也有的病例出现关节炎，多于病后 4～12 小时死亡。

（2）下痢型　①多发生于 2～8 日龄新生羔。②病初体温略高，出现腹泻后体温下降，粪便呈半液状，带有气泡，有时混有血液。③羔羊表现腹痛，虚弱，严重脱水，不能起立。④如不及时治疗，可于 24～36 小时死亡，病死率 15％～17％。

2. 防治

（1）搞好饲养管理与环境卫生工作。

（2）药物　土霉素、氨苄青霉素、庆大霉素、卡那霉素、先锋霉素，根据药敏试验选择药物。

（3）疫苗接种　用本场菌苗或本地区菌苗。

（4）微生态制剂　如促菌生。

（三）巴氏杆菌病

1. 临床症状

（1）最急性　多见于哺乳羔羊，突然发病出现寒战、虚弱、呼吸困难等症状，于数分钟至数小时内死亡。

（2）急性　①精神沉郁，体温升高到 41～42℃。②咳嗽，鼻孔常有出血，有时混于黏性分泌物中。③初期便秘，后期腹泻，有时粪便全部变为血水。④病羊常在严重腹泻后虚脱而死，病期 2～5 天。

(3) 慢性 ①病羊消瘦不思饮食，流黏脓性鼻液咳嗽，呼吸困难。②有时颈部和胸下部发生水肿。③有角膜炎，腹泻。④临死前极度衰弱，体温下降。

2. 防治

(1) 发现病羊和可疑病羊立即隔离治疗 ①庆大霉素按 1 000～1 500 国际单位/千克体重或四环素 5～10 毫克/千克体重，或 20％磺胺嘧啶钠 5～10 毫升，均肌肉注射，每日 2 次。②使用复方新诺明或复方磺胺嘧啶，口服，每次 25～30 毫克/千克体重，1 日 2 次；直到体温下降，食欲恢复为止。

(2) 预防本病平时应注意饲养管理，避免羊受寒。

(3) 发生本病后，羊舍用 5％漂白粉或 10％石灰乳彻底消毒；必要时用高免血清或疫苗给羊作紧急免疫接种。

(四) 羊支原体肺炎 (传染性胸膜肺炎)

1. 临床症状

(1) 咳嗽，流浆液性—黏脓性鼻漏，常粘附于鼻孔、上唇，呈铁锈色。

(2) 病羊多在一侧出现胸膜肺炎变化、眼睑肿胀，流泪或有黏液—脓性分泌物。

(3) 怀孕母羊可发生流产，部分羊肚胀腹泻，有些病例口腔溃烂，唇部、乳房等部位皮肤发疹。

2. 防治

(1) 坚持自繁自养，勿从疫区引进羊只。

(2) 加强饲养管理，增强羊的体质。

(3) 对引进的羊，严格隔离，检疫无病后方可混群饲养。

(4) 本病流行区坚持免疫接种，用山羊传染性胸膜肺炎氢氧化铝灭活疫苗，半岁以下羊只皮下或肌肉接种 3 毫升，半岁以上羊接种 5 毫升。

（5）羊群发病，及时进行封锁、隔离和治疗。

（6）治疗　①新砷凡纳明（914），用生理盐水稀释成5％一次静脉注射，按5～10毫克/千克体重用药，视病情隔5～7天再用1～2次。②土霉素2～4克，用含氯化钠0.9％盐酸普鲁卡因2％的稀释液作10倍稀释后一次肌注，5～10毫克/千克体重，每天1次，连用5～7天。

（五）口蹄疫*

1. 临床症状

（1）患羊体温升高，精神不振，食欲低下，常于口腔黏膜、蹄部皮肤下形成水疱、溃疡和糜烂，有时病害也见于乳房部位。

（2）口腔损害常在唇内面，齿龈、舌面及颊部黏膜发生水疱和糜烂，疼痛、流涎，涎水呈泡沫状。

（3）一般呈良性经过，死亡率不超过1％～2％。

（4）羔羊发病则常表现为恶性口蹄疫，发生心肌炎，有时呈出血性胃肠炎而死亡，死亡率可达20％～50％。

2. 防治　羊只发生口蹄疫后，一般经10～14天可望自愈，在严格隔离的条件下，及时对病羊进行治疗。

（1）口腔可用清水、食醋或0.1％高锰酸钾洗漱，糜烂面涂以1％～2％明矾溶液或碘酊甘油（碘7克、碘化钾5克、酒精100毫升，溶解后加入甘油10毫升）；也可外敷冰硼散（冰片15克、碘砂150克、芒硝18克，共为末）。

（2）蹄部可用3％来苏水或3％臭药水洗涤，干后涂拭松馏油或鱼石脂软膏等，并用绷带包扎。

（3）乳房可用肥皂水或2％～3％硼酸水洗涤，再涂拭青霉素软膏或其他防腐软膏，并定期将奶挤出以防发生乳房炎。

（4）恶性口蹄疫患畜除局部治疗外，可补液强心（用葡萄糖盐水、安钠咖），每日2次，可收良效。

---

　　*　口蹄疫等一类传染病按防疫法，只能扑杀不能治。

（六）羊绦虫病

1. 症状

（1）食欲减退出现贫血与水肿。

（2）被毛粗乱无光，喜躺卧，起立困难，体重迅速减轻。

（3）有时病羊亦可出现转圈、肌肉痉挛或头向后仰等神经症状。

（4）后期，患畜仰头倒地，经常作咀嚼运动，口周围有泡沫，对外界反应几乎丧失，直至全身衰竭而死。

2. 治疗

（1）丙硫咪唑，剂量按 5～20 毫克/千克体重，做成 1‰的水悬液，口服。

（2）氯硝柳胺，剂量按 100 毫克/千克体重，配成 10％水悬液，口服。

（3）硫双二氯酚，剂量按 75～100 毫克/千克体重，包在菜叶里口服，亦可灌服。

（4）硫酸铜，将其配制成 1‰水溶液，1～6 月龄的绵羊 15～45 毫升；7 月龄至成年羊 50～100 毫升；成年山羊不超过 60 毫升。

（5）仙鹤草根芽粉，绵羊每只用量 30 克，1 次口服。

3. 预防

（1）羊放牧后 30 天内进行第一次驱虫，再经 10～15 天后，进行第二次驱虫。

（2）有条件的地区可实行科学轮牧。

（3）尽可能避免雨后、清晨和黄昏放牧，以减少羊吃入中间宿主——地螨的机会。

（七）螨病（疥癣、疥疮）

1. 症状

（1）皮肤剧痒，在圈栏、墙上磨擦。

（2）阴雨天、夜间、通风不好时痒觉加剧。

（3）啃咬患部，患部皮肤出现丘疹、结节、水疱、脓疱、痂皮、龟裂。

（4）绵羊"石灰头"。

（5）被毛脱落。

（6）消瘦、衰竭而死。

2. 治疗

（1）伊维菌素，按 0.2 毫克/千克体重一次肌注，隔日重复一次。

（2）螨净，1∶300～400 稀释后羊体表喷洒，或 1∶1 000 药浴。

（3）药浴疗法，该法适用于病畜数量多且气候温暖的季节，也是预防本病的主要方法。药浴时，药液可选用 0.025%～0.030%林丹乳油水溶液，0.05%蝇毒磷乳剂水溶液，0.5%～1.0%敌百虫水溶液，0.05%辛硫磷乳油水溶液，0.05%双甲脒溶液等。

3. 预防

（1）每年定期对羊群进行药浴，可取得预防与治疗的双重效果。

（2）加强检疫工作，对新购入的羊应隔离检查后再混群。

（3）经常保持圈舍卫生、干燥和通风良好，定期对圈舍和用具清扫和消毒。

（4）对患畜应及时治疗，可疑患畜应在隔离饲养。

（5）治疗期间，应注意对饲管人员、圈舍、用具同时进行消毒，以免病原散布，不断出现重复感染。

（八）羊鼻蝇蛆病

1. 症状

（1）流大量浆液、黏液、脓性鼻液。

（2）呼吸困难，打喷嚏，摇头，摩鼻，眼浮肿，流泪，消瘦。

（3）神经症状，运动失调，转圈。

（4）极度衰竭死亡。

2. 防治

（1）皮下注射阿维菌素 0.2 毫克/千克体重，或内服同等剂量的粉、片剂，每周 1 次，连用 2 次。

（2）用 0.1% 滴鼻净滴鼻，每次 4～8 毫升，每日 3～4 次，连用 3 天。

第五节　科学养猪

一、改变观念，科学养猪

发展畜牧业是增加农民收入，调整农业产业结构的重要途径之一。养猪是我国的传统养殖业，有着悠久的历史和广泛的群众基础，是我国畜牧业的主角，在畜牧业生产中有着举足轻重的作用，猪生产状况直接影响畜牧业的发展和养猪业的经济效益。随着规模养猪的发展，规模经济优势的凸现，养猪的风险也增大了。为了减少风险，提高养猪效益，在发展规模养猪中应改变传统观念，顺应市场需求，改良品种，学习科学的养猪知识，以逐步提高养猪水平，提高市场竞争力。

（一）要科学养猪，首先要改变观念

中国是世界上养猪数量最多的国家，占全世界一半以上。养猪事业是一个大有可为的事业。养殖场和农村的养猪专业户虽然已开始重视品种改良、饲料营养和饲养管理，但还是不能从根本上改变许多老观念。随着时代的进步，市场经济的逐步成熟，养猪开始进入微利时代，养猪要赚钱，根本之道在于科学养猪。要科学养猪，首先要改变以下错误的养猪观念和养猪行为：

1. 不注重消毒误区

（1）忽视定期的严格消毒工作，片面认为一年一次的消毒后就"万事大吉"。

（2）忽视日常清洁卫生工作，认为猪是肮脏的，猪吃得脏，睡的脏，照样长得好。

（3）忽视消毒药、紫外灯的质量，不关心是否达到杀灭细菌、病毒的作用。

（4）忽视人员管理，认为重外来人员的消毒和饲养员之间的"串栏"无关紧要。

（5）忽视工具的清洁消毒，没有意识到工具也是一种病原传播途径。

2. 免疫误区

（1）把疫苗当成万能的，认为注射了疫苗，猪就不该发生疾病；发病了，就认为是疫苗有问题，忽视了疫苗的种类和疫苗产生的抗体是需要时间等因素。

（2）不依当地疫情，盲目套用异地免疫程序。

（3）购买疫苗不注意观察有无批准文号、批号、有效期及冷藏设施，见便宜就买。

（4）使用时不注意疫苗是否注入猪体内、量是否足够。

3. 用药误区

（1）不按规定疗程用药，盲目地要求兽医加药或更换其他药。殊不知任何药物的药理作用，须在体内保持一定浓度和维持一定的时间，才能抑（杀）菌达到治愈的目的。并不是用药一次就能见效，要么见效就停药。

（2）滥用抗菌药，有的养猪户把抗生素、化学合成药当作治疗猪病的"万能药"。不合理配伍、大剂量用药或长期在饲料中添加，导致消化机能障碍和毒副作用，甚至出现药物过敏（应激）性疾病和细菌耐药性的产生。

（3）用违禁药，如盐酸克伦特罗（瘦肉精）、氯霉素、呋喃唑酮等，导致药残严重，影响肉产品质量和销售。

4. 生产上的误区

（1）贪便宜，饲料、药品往往买到质次价高的甚至买到假冒伪劣产品。

（2）养猪搞投机取巧，不作为长期坚持的事业。

这些生产中的误区直接或间接地增加了猪只感染病原或诱发疾病的机率，往往会造成猪生长水平的大幅度下降，增加猪场疾病防治的难度，只有改进这些养猪业的错误观念，学习科学养猪，才能真正实现养猪致富。

（二）养猪赚钱，根本之道在于科学养猪

要科学养猪，就必须抛弃旧的传统观念，突破养猪观念上的盲点，了解猪的生理特性、行为特点、品种特点，了解杂交优势和最佳杂交组合；掌握猪的防病治病技术，关键是要掌握如何让猪不发病或少发病，尽可能地降低各种成本。只有科学养猪，才能使你的养猪事业在激烈的市场竞争中立于不败之地，获得最佳的经济效益。

二、猪的品种

（一）世界著名的瘦肉型猪的品种

据有关资料报道，世界猪的品种有100多种；而我国的地方品种猪也有100多种，且以早熟、易肥、耐粗饲、繁殖力强而著称于世。英、美等国在18世纪就引进我国南方猪种，英国的著名猪种巴克夏、约克夏就含有中国猪的血统。

目前，世界最为著名的瘦肉型猪品种有：

1. 大白猪（Edelschwein）　原名大约克夏，原产地英国的约克夏及其附近的萨福克、兰克夏等地的大型白色猪种，是理想

的瘦肉型猪，肉质紧、脂肪少、四肢粗壮、体质结实，繁殖力及泌乳能力强，活产仔数达 11.6 头，且对环境不易发生应激反应。目前我国各地的规模猪场饲养该猪种用作母本比较普遍。

2. 长白猪（Danish Landrace）　原名兰德瑞斯猪，始产于丹麦，是英国大白猪与当地土种白猪杂交改良而成，至今已有近百年历史，是世界最优秀的瘦肉型猪种。该猪种以体长、毛全白而得名，体呈流线型、瘦肉率高，繁殖性能好、泌乳量高，窝均活产仔达 11.2 头，目前世界上养猪业发达的国家均有饲养，该猪种的缺点是四肢尤其是后肢比较软弱，对环境可能发生应激症，据统计，我国 20 世纪 90 年代中期引进的大白猪和长白猪瘦肉率已达 64% 以上，平均日增重达 750～800 克，料肉比（日饲料用量千克：日增重千克）2.6：1 左右。这两个品种在杂交繁殖过程中，既做父本也做母本使用。

3. 杜洛克（Duroc）　原产地美国东北部，是美国纽约州的杜洛克和新泽西州的泽西红为主要亲本育成的。该猪种被毛棕红色、肌肉丰满、体格强健、耐热，对环境的适应能力强，繁殖力强，活产仔 9.8 头，生长快、肉质好，瘦肉率达 65%，是美国饲养最多的猪种。我国多用于作为父本繁殖杂交二代商品猪。

4. 皮特兰（Pietrain）　又叫黑白花斑猪，原产地比利时，1955 年才被公认，后在欧洲流行，在德国的改良品种很多。毛色灰白并夹有黑斑，体躯较短，肌肉发达，产仔数平均 9.7 头，最高产仔可达 11 头。突出优点是胴体瘦肉率高达 66% 以上，并具有杂交优势。该品种早期弱点是生长较慢，肌肉纤维较粗。经过不断选育，我国 20 世纪 90 年代中期新引进的皮特兰猪种平均日增重已达 800 克以上。我国多用于作为二元杂交的父本。

（二）温州本地优秀猪种

1. 虹桥猪　原产乐清市，该猪体型大，头中等，较平直，额狭有皱纹、多为横斜行、横路深，耳大下垂，颈粗短，胸宽深，背宽广微凹，腰稍长，后躯较高，腹部疏松下垂，臀倾斜，四肢较短，飞节稍靠拢，被毛黑色，皮有皱褶。成年母猪体重94千克，公猪体重1～2岁重82千克。头胎产仔7～8头，三胎以上12头。肥育期日增重454克，屠宰率为69％，瘦肉率为36％。

2. 雅阳猪 主要产于泰顺雅阳地区。主要特性：分为粗糙结实型和细致结实型两类，前者耳大而下垂，头大、额宽，半双背胸开宽，腰部较平直，四肢粗壮结实；后者耳较小而下垂，头较小，软腰明显，四肢细致结实。毛色全黑。成年公猪体重为126.8千克，母猪体重97.1千克。经产母猪平均窝产仔为10～11头，肥育期日增重为450克，屠宰率为74.5％，膘厚8.5厘米。

3. 北港猪 主要产于平阳苍南一带。主要特性：头大小适中，耳略小而盖眼，眼大、圆而有神，嘴较长，背腰平直略带微凹，腹大而不拖地，四肢较粗壮，体质紧凑而结实，被毛黑色。成年公猪体重为112.7千克，母猪体重90.6千克。经产母猪平均窝产仔为13头左右，肥育期日增重为396克，屠宰率为70.6％。

4. 温州白猪 以温州市虹桥猪为基础，将长白猪×（苏联大白猪×虹桥猪）组合作为育种材料，经过杂交、横交固定和建系扩群三个阶段，于1980年11月培育成功并通过专家鉴定。温州白猪因其具有生长快、适应性好、耐粗饲、屠宰率高、胴体品质优良等特性，很快成为温州地区的当家猪种。生产性能测定结果显示，初产母猪产活子数9.78头，经产母猪12.6头，初生重达到1 500克以上，料肉比3.2∶1，瘦肉率59.2％。

三、种公猪的选择、饲养和使用种公猪应注意的问题

（一）种公猪的选择

俗话说"母猪好，好一窝；公猪好，好一坡"，种公猪的好

坏，决定着猪场生产水平的高低。一头公猪本交时可负担 $25\sim$ 30 头母猪的配种任务，一年可繁殖 $500\sim600$ 头仔猪，如果采用人工授精，则可繁殖仔猪万头。

选择公猪应从以下几个方面着手：

1. 该种公猪是否来自健康的猪群，决不能从疫区购进种公猪。

2. 必须具备本品种的体形和外貌特征，四肢尤其后肢强健有力、姿势端正、大腿丰满。腹部既不下垂也不过分上收，乳头 7 对以上。

3. 繁殖系统器官健全，睾丸大而明显，左右对称，摸时感到结实而不坚硬，禁选隐睾和单睾。

4. 对其同胞的性状也要进行查证，如产仔数、断奶头数、日增重和饲料报酬等。

5. 至少要提前在配种前 60 天购进，以适应环境，隔离观察。

（二）种公猪饲养管理

1. 后备种公猪体重达 50 千克左右逐渐显示出雄性特征，此后要与后备母猪分开饲养。

2. 后备种公猪要饲喂配合饲料并适当添加鱼粉等动物性饲料，要特别注意青饲料和矿物质的补充。注意切勿将公猪饲养过肥，种公猪过肥则性欲减退，母猪受胎成绩不良。

3. 配种公猪对营养水平的要求比妊娠母猪要高，蛋白质和各种必需氨基酸、各种矿物质和维生素的不足，会延缓性成熟、降低种公猪的精液量、精液浓度和精子密度，降低性欲，以至降低种公猪的繁殖力。

4. 种公猪的日粮要以精料为主，中等体重的成年种公猪日喂风干料量 2 千克左右，以保持种公猪的体况不肥不瘦，精力旺盛为原则。在严寒的冬季饲喂量要增加 $10\%\sim20\%$，配种旺季日粮中应搭配鱼粉、鸡蛋、牛羊奶等动物性饲料以提高性欲和精液质量。饲喂方法一般采取每日早晚各喂一次。

（三）公猪使用及注意事项

1. 种公猪要求体躯和四肢坚实、体姿雄健，因此，育成公猪不仅要在运动场放养，每天还必须施行驱赶运动，以锻炼其四肢，要妥善为种公猪安排饲喂、饮水、运动、休息、配种或采精、洗刷等活动日程且不要轻易变动，使之养成良好的习惯。

2. 出生后 8 个月、体重达 130～150 千克左右的种公猪才可使用。种公猪交配过早会抑制其发育，不但不能生产出性能优良的仔猪，而且会导致早衰。种公猪一般 2～3 年就得淘汰。

3. 在使用初期，交配次数不宜过多，使用过度是得不偿失的，要随月龄的增加而增加交配次数，表 5-1 所列的配种头数可供参考。

表 5-1　1 周种公猪标准配种头数

月　龄	本交（头）	人工授精（头）
7～9	1～2	2
9～12	2～3	3～4
12～18	3～4	5～6
18 月龄以上	4～5	6～7

4. 1 岁以内的青年公猪每日只可配种一次，每周最多 5 次；成年公猪每日可配两次，每周最多 10 次。配种或采精宜在早晚饲喂前进行，日配两次时应早晚各一次，间隔 8～10 小时以上。配种后不要立即饮水、洗浴和饲喂。

5. 夏季天热时，公猪体力消耗显著，受胎率下降，因而在酷热的夏季要做到猪舍通风良好，常给公猪洗澡，并注意预防睾丸炎，尤其在育成公猪过第一个夏天时要特别注意这个问题。

6. 造成公猪突然无精或死精的常见原因有：环境温度过高，睾丸炎，使用过度，营养不全等。因此在配种季节要注意精液品质的检查，根据精液品质及时调整营养、运动和配种次数。发生无精或死精时还可采用丙酸睾丸素进行治疗。

7. 要特别注意做好交配记录，做到谱系清晰，防止近亲繁殖。

四、母猪的选择、饲养和应注意的问题

(一) 后备母猪选育

种母猪必须具备生产足量的健康仔猪并能全部哺乳存活的能力，要达到这一目的，必须注意以下几个问题：

1. 选择和培育理想体形的种猪 首先是要选择中等肥瘦的体形，所谓中等肥瘦，其测量方法是以体长（两耳之间上额中突起至尾根部的背线）和胸围（肘后部用绳绕胸围拉紧的长度）两者相比，中型品种母猪理想的体长和胸围之比为 10∶9.0～9.2，大型品种母猪理想的体长和胸围之比为 10∶8.0～8.5。如果两者无差别或胸围大于体长，即表示过肥，不适于作种用。合理饲养使其营养丰富、体躯紧凑、后躯丰圆、充满活力的健康的长方形体态尤为理想。

2. 饲料要定量 母猪不易过肥。后备母猪体重达 80 千克后要离开肥猪群，按种猪方法定量饲养以控制其发育，喂以含纤维素较多的配合饲料，限制饲喂高热能的饲料，到 8 月龄配种期间，日增重要控制在 450～500 克。

3. 适当的运动和调教 阳光与猪的发育与疾病有密切的关系，给予后备母猪一定量的舍外运动，不仅使躯干发达、四肢结实，也能吸收太阳的紫外线照射，对种猪的健康十分重要。

4. 后备母猪对某些矿物质、维生素的需要量比生长肥育猪

要高一些，如后备母猪在 50～120 千克阶段，对钙、磷和有效磷的需要量比生长肥育猪要高 0.05～0.1 个百分点。

5. 当后备母猪大于 140 日龄，体重大于 95 千克时，应将性欲高且口中有沫的公猪（必须喂饱）赶入后备母猪栏内（每次 15 分钟）进行充分接触试情，以提高后备母猪的发情率。

6. 后备母猪第一次配种的条件　①大于 190 日龄。②体重 120～130 千克。③背膘厚应在 16～18 毫米。④第二个发情期。⑤是否处于生产流程的最佳阶段。

（二）母猪适时配种

所谓适时配种，就是正确掌握母猪的发情和排卵规律，及时交配或输精，使精子与卵子在活力最旺盛的时候相遇，达到受胎的目的。

配种合适时间为发情母猪接受公猪爬跨或用手按压母猪腰部呆立不动，就可以让母猪第一次配种，再过 8～12 小时进行第二次配种，效果较好。观察到母猪的阴门肿胀开始消退，阴门开始裂缝，颜色由潮红变为淡红，便是适宜的配种时间。配种时应注意以下几点：

1. 交配时间应选在饲喂前或饲喂后两小时进行，交配地点以母猪舍附近为好，绝对禁止在公猪舍附近配种，以免引起其他公猪的骚动不安。

2. 配种前用毛巾蘸 0.1％的高锰酸钾溶液擦拭母猪臀部、肛门和外阴部以及公猪的包皮周围及阴茎，以减少母猪阴道和子宫的感染机会，减少流产和死胎。

3. 当公猪爬上母猪后要及时拉开母猪尾巴，避免公猪阴茎长时间在外边摩擦受伤或造成体外射精。交配时要保持环境安静，交配结束后要用手轻轻按压母猪腰部，不让它弓腰或立即躺卧以防止精液倒流。

4. 准确及时记录配种日期和公、母猪耳号。

（三）促进母猪发情排卵方法

为促使不发情母猪和屡配不孕的母猪正常发情排卵，在加强饲养管理的基础上可采取如下催情措施：

1. 诱情　用试情公猪追逐久不发情的母猪，或把公母猪关在同一圈内，公猪的接触、爬跨等刺激可促进发情排卵。

2. 并窝　如实行季节分娩，母猪可在较集中的时间产仔，将产仔少的母猪所产的仔猪给其他母猪寄养，使这些母猪不再哺乳，就可很快发情配种。

3. 激素催情　在生产中使用的激素有孕马血清、绒毛膜促性腺激素及合成雌激素等。

4. 按摩乳房　每天早晨按摩乳房 10 分钟，连续 3～5 天，可促进母猪发情。

5. 合圈　使不发情的母猪与正在发情的母猪合圈饲养，通过发情母猪的爬跨可促进未发情的母猪发情排卵。加强运动也有利于母猪发情。

（四）妊娠母猪饲养管理注意事项

1. 妊娠母猪一般合群饲养，以提高圈舍利用率。分群时应对母猪大小、强弱、体况、配种时间等加以区分，以免大欺小，强欺弱。妊娠前期每圈可养 4～5 头，妊娠后期每圈 2～3 头，临产前 5～7 天转入分娩舍（产房）。

2. 适当运动，在妊娠的第一个月为了恢复母猪体力。重点是保证营养供给，使母猪充分休息，少运动。一个月后应使妊娠母猪每天自由运动 2～3 小时，以增强体质并接受充足的阳光，妊娠后期应适当减少运动，临产前 5～7 天停止运动。

3. 注意防暑降温和防寒保温，注意防病和猪体卫生，并要避免因机械损伤造成流产。

（五）提高哺乳母猪泌乳量的方法

影响母猪泌乳量的因素有品种、胎次、产仔数、分娩季节、饲养管理和疾病等，而饲料的营养水平是决定泌乳量的主要因素。因此，按照哺乳母猪的营养需要量配制并供给合理的日粮是提高母猪泌乳量的关键，在饲喂过程中应注意以下几点：

1. 平衡地配制母猪日粮 在配制哺乳母猪饲料时，必须按饲养标准（营养需要量）进行，一要保证适宜的能量和蛋白质水平，最好添加一定量的动物性饲料，如鱼粉、肉骨粉等，二要保证矿物质和维生素的需要，否则母猪不仅泌乳量下降，还易发生瘫痪。如日本养猪将 VB_{12}、VB_1、VB_2、烟酸、泛酸等配制成催乳素添加在母猪饲料中取得了良好的效果。

2. 科学地控制饲喂量 产前 1～2 天减料，分娩当日不喂料（可适当输液），分娩后第一天喂 0.5 千克，第二天喂 2 千克，第三天喂 3 千克，产后一周母猪能吃多少喂多少。在给母猪加料的同时应给予大量饮水以增加泌乳量和哺乳次数。分娩后精饲料增加过快，母猪过食，会导致消化道阻塞性消化不良，造成泌乳量减少，并可能诱发乳房炎。

3. 定时饲喂，促进母猪多采食 随着母猪泌乳量的增加，要达到日采食量 6 千克是很困难的，因个体不同，采食量有很大差别，若不能满足泌乳母猪的营养需要，母猪的泌乳潜力就无从发挥。因此，应尽可能促进母猪多采食。饲喂次数以日喂 3 次为佳，可定时为 7～9 时、13 时、20 时，且早晚饲喂饲料量要大，这样有利于增加采食量，提高泌乳量。

4. 注意饲料稳定 整个泌乳期的饲料要保持相对稳定，不要频繁变换饲料品种，不喂发霉变质饲料，不宜喂酒糟，以免母乳变化引起仔猪腹泻。

5. 创造利于母猪泌乳的适宜环境 哺乳猪舍内应保持温暖、

干燥、卫生，及时清除圈内排泄物，定期消毒猪圈、走道及用具；尽量减少噪音，避免大声喧哗等。

6. 按摩 试验证明，按摩母猪的乳房可提高母猪的泌乳量。用手掌前后按摩乳房，一侧按摩完了再按摩另一侧，也可用湿热毛巾进行按摩，这样还可以起到清洗乳房和乳头的作用。

五、仔猪的饲养管理及注意事项

（一）仔猪保温

1. 厚垫草保温 在没有其他取暖设施或有其他取暖设施欲加强取暖效果时，可在产房和乳猪保温箱内铺上厚度达 10 厘米以上的垫草，以防止地面导热。

2. 红外线灯保温 将 150～250 瓦的红外线灯悬挂在乳猪保温箱上方，根据保温箱的大小选择不同功率的红外线灯并调节灯的高度，可创造适宜的乳猪床面温度。

（二）乳猪断奶时间及断奶应注意问题

我国传统养猪、仔猪多于 60 日龄断奶，哺乳期过长，母猪的年产仔数较少，发达国家养猪多于 21～28 日龄或更早断奶，以提高母猪的繁殖率。目前我国各规模猪场尚达不到早期断奶所需的设备和饲料条件，仔猪一般于 28～35 日龄断奶较为合适，此时仔猪已经基本上适应饲料和环境条件，育成率较高、发育较为整齐。

乳猪断奶应注意以下问题：

1. 断奶前 4～6 天起控制哺乳次数，由第一天的 4～5 次逐渐减少至完全断奶，使母子均有个适应过程。

2. 断奶当天要将母猪隔离出去，将仔猪留在原圈饲养一段时间，以免给仔猪造成断奶和环境改变的双重刺激而引发疾病。

3. 断奶后要继续饲喂与断奶以前相同的乳猪料并供给充足的清洁饮水，同时避免称重、去势、注射疫苗等造成对仔猪的刺激。

4. 在饲料中增加维生素 E 的量，以提高仔猪的抗应激能力。

（三）仔猪饲养管理

1. 每日早、中、晚观察仔猪精神状态、呼吸、吃食、粪尿等情况，发现病情立即向兽医汇报，尽快治疗，并按兽医要求加强饲养管理，必要时隔离治疗。

2. 调教。使仔猪做到三定：吃、睡、排粪定地点。为使排粪尿定地点，在分栏时把仔猪粪便放在每栏定点位置。通过 3～5 天调教，基本都能做到定点排粪尿。既便于粪便清扫，又能保持猪舍干净。

3. 每日必须清扫 3～4 次栏舍，保持栏舍内干净卫生。夏天应在上午 9 时左右冲刷猪舍，每周至少消毒 1 次。

4. 注意保温。断奶仔猪适宜温度 25～26℃。复式猪舍比较容易达到该温度，单列式猪舍要采取适当的措施保温。复式猪舍应注意通风。

5. 从市场上购买的仔猪，在第十天左右注射亚硒酸钠 VE 针：1 毫升/头。

6. 对未去势的小公猪进行去势。

（四）防疫、驱虫

在断奶饲养阶段、必须完成各种传染病疫苗的防疫注射。使猪只对各传染病产生免疫力，有一个健康的体质，仔猪顺利生长，也为了以后的管理打下坚实的基础。

1. 自繁自养（或规范化猪场）都有规定的免疫程序，对未完成的免疫，按规定日期继续执行。

2. 从市场上购买的仔猪，在饲养第一周内，应立即进行猪瘟疫苗防疫，4 头份/头。1 周后再分别进行猪丹毒、猪肺疫、仔猪副伤寒苗防疫。按疫苗说明书剂量注射（口服）。为提高免疫力，也可对其他猪场购进仔猪再进行一次防疫。40 日龄进行链球菌病疫苗防疫 1 次。60、90 日龄和出栏前 1 个月进行口蹄疫苗防疫。

3. 经常进行观察，发现病猪及时隔离治疗。死亡猪只解剖后进行深埋。

4. 各疫苗防疫结束，待猪只一切正常，对猪进行驱虫，驱除体内外寄生虫。可选用阿维菌素、伊维菌素、左旋咪唑、肥猪散等。驱虫 1 次后过 1 周左右再重复驱虫 1 次，也可更换不同驱虫药。驱虫时必须及时清除粪便（或冲刷栏舍）防止排出体外的线虫和虫卵被猪吞食，影响驱虫效果。驱虫后再消毒 1 次则效果更好。

六、猪场常规免疫程序及 疫（菌）苗使用方法

（一）常规免疫程序和驱虫程序

1. 免疫种类及程序　各地养猪场应根据当地传染病发生病种及规律可以选用以下免疫种类及程序。

（1）猪瘟

种公猪：每年春、秋季用猪瘟兔化弱毒疫苗各免疫接种 1 次。

种母猪：于产前 30 天免疫接种 1 次；或春、秋两季各免疫接种 1 次。

仔猪：20～30 日龄、55～65 日龄各免疫接种 1 次；或仔猪出生后未吃乳前立即用猪瘟兔化弱毒疫苗免疫接种 1 次，55～65 日龄加强 1 次。

后备种猪：产前 1 个月免疫接种 1 次；选留作种用时立即免疫接种 1 次。

（2）猪丹毒、猪肺疫（视本场情况定，也可以不接种）

种猪：春、秋两季分别用猪丹毒和猪肺疫菌苗各免疫接种 1 次。

仔猪：断奶后合群（或上网）时分别用猪丹毒和猪肺疫菌苗免疫接种 1 次。70 日龄分别用猪丹毒和猪肺疫菌苗免疫接种 1 次。

（3）仔猪副伤寒（视本场情况定，也可以不接种）　仔猪断奶后合群时（33～35 日龄）口服或注射 1 头份仔猪副伤寒菌苗。

（4）仔猪大肠杆菌病（黄痢）　妊娠母猪于产前 40～42 天和 15～20 天分别用大肠杆菌腹泻三价灭活菌苗（K88、K99、987P）免疫接种 1 次。

（5）仔猪红痢病（视本场情况定，也可以不接种）　妊娠母猪于产前 30 天和产前 15 天，分别用红痢灭活菌苗免疫接种 1 次。

（6）猪细小病毒病

种公猪、种母猪：每年用猪细小病毒疫苗免疫接种 1 次。

后备公猪、母猪：配种前 1 个月免疫接种 1 次。

（7）猪喘气病

种猪：成年猪每年用猪喘气病弱毒菌苗免疫接种 1 次。

仔猪：7～15 日龄免疫接种 1 次。

后备种猪：配种前再免疫接种 1 次。

（8）猪乙型脑炎　种猪、后备母猪在蚊蝇季节到来前（3～4 月份），用乙型脑炎弱毒疫苗免疫接种 1 次。

（9）猪传染性萎缩性鼻炎

妊娠母猪：在产仔前 1 个月于颈部皮下注射 1 次传染性萎缩性鼻炎灭活苗；

仔猪：70 日龄注射 1 次。

（10）猪伪狂犬病　猪伪狂犬病弱毒疫苗用稀释液稀释成每

头 1 毫升。①乳猪肌肉注射 0.5 毫升，断奶后再注射 1 毫升。②
3 月龄以上猪只肌肉注射 1 毫升。③妊娠母猪及成年猪肌肉注射
2 毫升。

2. 寄生虫控制程序　常见蠕虫和外寄生虫的控制程序：

（1）首次执行寄生虫控制程序的猪场，应首先对全场猪群进
行彻底的驱虫。

（2）对怀孕母猪于产前 1～4 周内用 1 次抗寄生虫药。

（3）对公猪每年至少用药 2 次，但对外寄生虫感染严重的猪
场，每年应用药 4～6 次。

（4）所有仔猪在转群时用药 1 次。

（5）后备母猪在配种前用药 1 次。

（6）新进的猪驱虫 2 次（每次间隔 10～14 天）后，并隔离
饲养至少 30 天才能和其他猪并群。

（二）疫（菌）苗使用方法

疫（菌）苗和类毒素是属于生物药品类，用细菌制成的叫菌
苗；用病毒制成的叫疫苗；用细菌毒素制成的叫类毒素。疫
（菌）苗又分为死疫（菌）苗和活疫（菌）苗，应用于预防传染
病的发生。免疫血清是用病毒、细菌或细菌毒素多次大剂量给动
物注射，使动物体产生对这种病原微生物的抗体后所获得的血清
制品，给动物注射后能很快获得免疫力，并有治疗该病的作用。
疫苗、菌苗、类毒素和抗病血清都是特殊的生物药品，不同于普
通的化学药品。其化学成分多为蛋白质，有些制品还是活的微生
物。因此，它们一般易被光和热所破坏，保存和运输要严格遵照
生物药品厂的要求来做，一般应注意以下几点：

1. 疫（菌）苗应保存在干燥阴凉处，避免阳光照射。

2. 温度对生物制品的影响特别重要，高温容易损害疫（菌）
苗和血清的效能，一般死苗最适宜的保存温度是 2～8℃，活疫
苗（弱毒苗）和血清需要低温冷冻保存。

3. 运输活苗（疫苗、菌苗）时，应将疫（菌）苗装入有冰的广口保温瓶中，途中避免日晒和高温，尽快送到目的地，缩短运输时间，大量运输需用冷藏车。

4. 在使用以前应仔细检查瓶口及胶盖的密封程度，并检查药品名称、批号、有效日期等是否完整清楚。使用时要详细查看说明书，不得马虎大意。

5. 过期的生物药品，以及瓶内有异物、结块等异常变化的都不能使用。

6. 要按规定浓度和稀释倍数稀释活苗，稀释后必须在 4 小时内用完，用不完的要废弃，次日不得再用。

7. 在高温季节使用疫（菌）苗，要做到苗不离保温瓶，瓶不离冰。

8. 使用生物药品的器械，在使用前后都须洗净消毒。废弃的疫苗要烧掉或深埋，不能乱丢。

第六节　常见猪病及防治

一、母猪乳房炎及其防治

（一）母猪乳房炎及其预防

乳房炎是由于乳腺或乳腺间的结缔组织感染病原菌而发生的，能引发猪乳房炎的病原菌有：链球菌、葡萄球菌、大肠杆菌、坏死杆菌、棒状杆菌、结核菌等。这些病原菌的存在加上猪舍环境不良、饲养管理不当就容易发病。

预防母猪乳房炎要从改善猪舍环境、改善饲养管理、早期发现早期治疗等几方面着手：

1. 切实做好猪舍的卫生消毒工作，将可能引发乳房炎的病原菌彻底杀灭。

2. 临产前 1～2 天要给母猪减食，分娩当天不要喂食，适当静脉注射葡萄糖盐水和抗生素；分娩后要逐渐增加喂量，以免因过量饮食诱发乳房炎。

3. 分娩前用温水将母猪的乳房进行清洗、消毒、按摩，既能预防乳房炎，又能促进泌乳。母猪分娩时助产时间要短，使其尽快产完，并及时给母猪饮清水，使母猪体温下降。

4. 要防止乳猪咬伤母猪乳头，可在乳猪出生时用锐利的铁剪（骨钳）将乳猪的上下 8 枚乳隅齿和犬齿从牙根剪掉。初生乳牙并无大用，切除后可防止乳房外伤。

5. 分娩后触摸乳房，有热感，乳房可触摸到硬块，即有患局部性乳房炎的可能，要尽可能揉开并排出乳汁，可用鱼石脂加樟脑精的混合液每天涂 1～2 次。

6. 断奶前几天，如果母猪膘情好，可适当减少精料量并控制饮水，以免断奶后发生乳房炎。

（二）母猪发生产后瘫痪的原因及防治

母猪产后瘫痪的主要原因是母猪患骨质疏松症。妊娠期间，胎儿骨骼发育需要大量的钙和磷等矿物元素，这时如果妊娠母猪饲料中供给的钙和磷不足，母猪就会动员本身体内的钙和磷来满足胎儿骨骼发育的需要，随着胎儿生长发育的加快，母猪骨骼中钙和磷的丢失就越来越严重，母猪发生骨质疏松症，加之产后体质虚弱，就造成瘫痪。同时，维生素 D_3 的缺乏会影响钙和磷的吸收，因此，防止母猪产后瘫痪的主要措施是按照妊娠母猪的营养需求配制妊娠母猪料，保证妊娠母猪对钙、磷、维生素 D 等各种矿物质和维生素的需要。

二、乳猪与仔猪阶段常见疾病

乳猪腹泻是乳猪的常见病，是阻碍养猪生产的关键问题。引起乳猪腹泻的主要原因有两个：一是因乳猪消化系统发育不健全，对饲料中的某些成分产生排斥反应或因受凉产生消化不良而导致的生理性腹泻；二是由于病原微生物感染所导致的病理性腹泻。能引起乳猪腹泻的病原微生物有：大肠杆菌、沙门氏菌、猪痢疾密螺旋体等以及猪瘟、传染性胃肠炎、流行性腹泻、轮状病毒感染等病毒病均能导致腹泻。

（一）流行性腹泻

发生于寒冷季节，大小猪几乎同时发生腹泻，大猪在数日内可康复，乳猪有部分死亡。管理不当时，死亡率可达80％以上。应用猪流行性腹泻病毒的荧光抗体或免疫电镜可检测出猪流行性腹泻病毒抗原或病毒。该病疗效不明显。

防治措施：治疗对仔猪对症治疗，可减少死亡，促进早日恢复。同时要加强饲养管理，保持仔猪舍的温度（最好30℃）和干燥。让仔猪自由饮服下列配方溶液：氯化钠3.5克，氯化钾1.5克，碳酸氢钠2.5克，葡萄糖20克，常水1 000毫升。为防止继发感染，对2周龄以下的仔猪，可适当应用抗生素及其他抗菌药物，如用环丙沙星注射液肌肉注射，每千克体重10～30毫克，每天2次。也可采用非特异性免疫疗法，交巢穴注射鸡新城疫疫苗50头份，一般2天可减轻症状。

预防乳猪发生腹泻，最重要是对猪场实行严格的综合性防疫措施，包括：及时清粪保持圈舍卫生；定期消毒，消灭病原微生物；执行严格的出入场制度，切断传染途径；施行合理的免疫程序，提高猪体的免疫能力。

（二）仔猪白痢

10～30日龄仔猪常发。呈地方性流行，季节性不明显，发病率中等，病死率不高。无呕吐，排白色糊状稀粪，病程为急性或亚急性。小肠呈卡他性炎症。空肠绒毛萎缩或局部性萎缩病变。能分离出致病性大肠杆菌。抗生素和磺胺类药物对该病有较好的疗效。

治疗：可注射黄连素、痢见止、痢炎宁、泻痢灵等注射液。也可口服白痢散、痢菌净以及胍铋酶合剂等。

预防：猪舍要清洁干燥，分娩前后和哺乳时要消毒。母猪乳头常用 0.1％高锰酸钾清洗，尤其开始哺乳前更应清洗；能喝水时可给以 0.1％高锰酸钾水喝。

(三) 仔猪黄痢

一周内仔猪和产仔季节多发，发病率和病死率均高。少有呕吐，排黄色稀粪，病程为最急性或急性。小肠呈急性卡他性炎症，十二指肠最严重，空肠、回肠次之，结肠较轻。能分离出致病性大肠杆菌。一般来不及治疗。

治疗及预防：发现一头病猪，应全窝进行预防性治疗，若待发病后再治疗，往往疗效不佳。

1. 抗生素和磺胺药疗法　庆大霉素每次每千克体重 4～7 毫克，1 日 1 次，肌注。恩诺沙星，每千克体重 2.5～10.0 毫克，1 日 2 次，肌注。壮观霉素，每千克体重 25 毫克，1 日 2 次，口服。硫酸新霉素，每千克体重 15～25 毫克，分 2 次口服。

2. 其他疗法　交巢穴注射 10％葡萄糖液 5～10 毫升，或交巢穴激光治疗，均有较好疗效。

预防：平时应改善母猪的饲料质量，合理搭配饲料，保持环境卫生和产房温度。母猪临产前，对产房必须彻底清扫、冲洗、消毒，垫上干净垫草。母猪产仔后，把仔猪放在已消毒好的筐里，暂不接触母猪，再次打扫猪舍，把母猪乳头、乳房和胸腹部洗净，并用 0.1％高锰酸钾液消毒，尔后挤掉头几滴奶，再放入仔猪哺乳，争取初生仔猪尽早哺喂初乳，使仔猪迅速获得初乳抗体，增强抵抗力。或将新生仔猪喂服半支庆大霉素和半支卡那霉素。在分娩后头 3 天要每天清扫产房 2～3 次，保持清洁干燥。

大肠杆菌 K88 - K99 双价基因工程菌苗和大肠杆菌 K88、K99、987P 三价灭活菌苗，注射免疫，均于预产期前 15～30 天免疫（具体用法参见说明书）。母猪免疫后，其血清和初乳中有较高水平的抗大肠杆菌抗体，能使仔猪获得很高的被动免疫保护率。

（四）仔猪红痢

3 日龄内仔猪常发，1 周龄以上很少发病。偶有呕吐，排红色黏粪。病程为最急性或急性。小肠出血、坏死，肠内容物呈红色，坏死肠段浆膜下有小气泡等病变，能分离出魏氏梭菌。一般来不及治疗。

防治措施：本病的治疗效果不好，或来不及治疗，主要依靠平时的预防。首先要加强猪舍与环境的清洁卫生和消毒工作，产房和分娩母猪的乳房应于临产时彻底消毒。有条件时，母猪分娩前半个月和一个月，各肌肉注射仔猪红痢菌苗 1 次，剂量 5～10 毫升，可使仔猪通过哺乳获得被动免疫。如连续产仔，前 1～2 胎在分娩前已经两次注射过菌苗的母猪，下次分娩前半个月注射 1 次，剂量 3～5 毫升。另外，仔猪生下后，在未吃初乳前及以后的 3 天内，投服青霉素，或与链霉素并用，有防治仔猪红痢的效果。用量：预防时每千克体重 8 万单位；治疗时每千克体重 10 万单位。每日 2 次。

（五）猪副伤寒

2～4 月龄猪多发，无明显季节性，呈地方性流行或散发。急性型，初便秘，后下痢，恶臭血便。耳、腹及四肢皮肤呈深红色，后期呈青紫色。慢性者反复下痢，粪便呈灰白、淡黄或暗绿色。皮肤有痂样湿疹。盲肠、结肠凹陷不规则的溃疡和伪膜，肝、淋巴结、肺中有坏死灶等病变。能分离出沙门氏菌。综合治疗有一定疗效。

（六）猪痢疾

2～3 月龄猪多发，季节性不明显，缓慢传播，流行期长，易复发，发病率高，病死率较低。病初体温略高，排出混有多量黏液及血液的粪便，常呈胶冻状。大肠有卡他性出血性肠炎、纤维素渗出及黏膜表层坏死等病变。能分离或镜检出猪痢密螺旋体。早期使用痢菌净治疗有效。

（七）仔猪水肿病

仔猪水肿病也叫肠毒血症，是仔猪的一种急性致死性疾病，一年四季均可发生，且流行广泛。该病由特殊血清型的溶血性大肠杆菌在肠道内大量繁殖产生毒素被仔猪机体吸收后引起。突然发病，精神沉郁，食欲减少或完全停食，口流白沫，心跳急速，呼吸起初快而浅，后来慢而深。病猪肌肉震颤抽搐，叫声嘶哑，四肢划动作游泳状，行走时四肢无力、摇摆不稳，站立时背部弓起、发抖。体表某些部位的水肿是本病的特征，水肿常见于眼睑、头盖部、颊部、有时波及到颈部和腹部皮下。

剖检：主要见胃大弯和贲门部水肿，水肿发生在肌肉层和黏膜之间，切面呈胶冻样。胃底部及小肠有弥漫性出血。结肠系膜及大肠壁也发生水肿。淋巴水肿、充血、出血。脑水肿，头部、眼睑皮下水肿，呈胶冻样。发病率虽不很高，但死亡率很高。该病呈地方性流行，常限于某些猪场和某些窝仔猪，一般不广泛传播，在发病猪场中的发病率约为 10％～35％，主要发生于断奶仔猪，生长快、体况健壮的仔猪最为常见。

治疗：病猪一般用抗菌素口服以抑制肠道内的病原性大肠杆菌；用盐类泻剂排除肠道内的细菌；用葡萄糖、氯化钙、甘露醇等药物静脉注射，安钠咖皮下注射、利尿素口服，以强心、利尿、解毒，有一定的疗效。可用以下几种方法治疗：

1. 25 万国际单位/毫升的卡那霉素 2 毫升、5％碳酸氢钠 30

毫升、25％葡萄糖40毫升混合后1次静脉注射，每日两次。同时腹腔注射10％的磺铵嘧啶10毫升，将芒硝20克、土霉素片50毫升/千克体重同时灌服，1日1次。

2. 庆福0.3毫升/千克体重或消肿王0.2毫升/千克体重或复方治菌璜0.3毫升/千克体重肌肉注射，一日2次，连续3天。同时内服纯土霉素碱40毫克/千克体重，每日1次，连服5日。每头猪1次肌肉注射亚硒酸钠VE针剂3～4毫升/头。同时按每千克体重40毫克内服纯土霉素碱，每日1次，连服5天。

三、猪场常见传染病及其防治

（一）猪瘟

猪瘟是猪的一种急性接触性传染病，其临床特征为稽留热、死亡率高，由于毛细血管变性引起出血坏死梗死性病理变化，在后期常受细菌侵害引起并发症，猪瘟根据其表现分为急性、慢性和非典型性三种。急性型猪的症状很明显，病死率极高。慢性型症状较轻，有反复，病程相当长。

临床症状及病理变化：潜伏期5～7天。病猪高度沉郁、体温持续升高至41℃左右先便秘，粪干硬呈球状，带有黏液或血液，随后下痢。急性猪瘟呈现以多发性出血为特征的败血病变化。在皮肤、浆膜、黏膜、淋巴结、肾、膀胱、喉头、扁桃体、胆囊等处都有程度不同的出血变化。淋巴结肿大，切面呈弥温性出血或周边性出血，如大理石样外观，多见于腹腔淋巴结和颌下淋巴结。肾脏土黄色，表面有数量不等的小出血点。脾脏的边缘常可见到紫黑色突起（出血性梗死），这是猪瘟有诊断意义的病变。慢性猪瘟有许多的轮层状溃疡（纽扣状溃疡）。

猪瘟使用免疫程序：

1. 仔猪20日龄进行首免，60日龄进行二免（同时注射猪丹毒及猪肺疫疫苗），免疫剂量为 2 头份。

2. 乳前免疫。在经常发生仔猪猪瘟的场，初生仔猪在产后擦干身体时立即注射 1 毫升猪瘟疫苗（或 1～1.5 头份）如能保证足量 1 毫升可不加大量，注射 1.5～2 小时后固定乳头吃初乳。乳前免疫必须做好记录，如发现有漏注的，须在 20 日龄补免。

3. 成年公、母猪每半年进行一次猪瘟免疫（即春秋两季免疫注射猪瘟、猪丹毒、猪肺疫疫苗）。如发现有疫苗过敏时要立即注射肾上腺素或地塞米松脱敏。

（二）急性猪丹毒

多发生于夏天，病程短，发病率和病死率比猪瘟低。体温很高，但仍有一定食欲。皮肤上有规则的菱形或正方形红斑，指压褪色，病程较长时，皮肤上有紫红色疹块。眼睛清亮有神，步态僵硬。死后剖检，胃和小肠有严重的充血、出血、脾肿大，呈樱桃红色，淋巴结和肾淤血肿大。青霉素类治疗有显著疗效。

（三）最急性猪肺疫

气候和饲养条件剧变时多发，发病率和病死率比猪瘟低，咽喉部急性肿胀，呼吸困难，口鼻流血样泡沫，皮肤蓝紫，或有少数出血点。剖检时，咽喉部肿胀出血，肺充血水肿，颌下淋巴结出血，切面呈红色，脾不肿大，抗菌药治疗及时有一定效果。

（四）败血性链球菌病

本病多见于仔猪。除有败血症状外，常伴有多发性关节炎和脑膜炎症状，病程短，抗菌药物治疗有效，剖检见各器官充血、出血明显、心包液增量、脾肿大。有神经症状的病例，脑和脑膜充血、出血，脑脊髓液增量、浑浊，脑实质有化脓性脑炎变化。

治疗：用阿莫西林0.5克连用3~5天或复方磺胺六甲氧嘧啶20~30千克猪肌肉注射5毫升连用3~5天。

(五) 弓形虫病

弓形虫病也有持续高热、皮肤紫斑和出血点、大便干结。

治疗：

1. 磺胺6-甲氧嘧啶5份加磺胺增效剂1份混合后每日每千克体重40~50毫克，连服3~5天。

2. 增效磺胺5-甲氧嘧啶20~30千克猪肌肉注射5毫升连用3~5天。

3. 甲氧苄胺嘧啶（TMP）每日每头口服0.1克，连用3天。

4. 预防：定期消毒灭鼠，清理环境卫生。生产区内禁止养猫。

(六) 口蹄疫及其防治

口蹄疫是偶蹄动物的一种急性发热高度接触性传染病，以蹄冠、口腔、乳房等处的皮肤或黏膜出现水泡或溃烂为特征，是偶蹄家畜共患的传染病。

防治：扑杀和淘汰病猪、隔离、封锁、消毒、疫苗接种等。

预防接种：按农业部推广的免疫程序，用口蹄疫灭活苗进行免疫。

(七) 猪繁殖与呼吸道综合症的防治

猪繁殖与呼吸道综合症又称兰耳病，是一种新的高度接触性传染性的疾病，以母猪发热、厌食和流产、死产、木乃伊、弱仔等繁殖障碍以及仔猪呼吸症状和高死亡率为特征。该病目前在世界各地广泛传播，我国一些地区的猪群也开始流行，给养猪业造成严重损失，必须重视防治工作。

该病病原是繁殖与呼吸道综合症病毒，可经胎盘垂直传播，也可经呼吸道和消化道水平传播。公猪在急性感染期间精液带病毒，可经配种传播此病。此病在临床症状消失后，至少在两个月内仍有传染性。目前对此病尚无特效疗法，但 30 千克以上猪使用阿斯匹林 3 克/次，可以减少此病的死亡率。可以用哈尔滨兽医研究所生产的灭活疫苗预防，公、母猪一年 2～3 次，每次 4 毫升。

（八）猪伪狂犬病及其预防

猪伪狂犬病是由伪狂犬病毒引起的急性传染病，特征为脑脊髓炎。该病呈散发性或地方性流行。猪的发病是由于与病猪的直接接触。鼠类是病毒的主要带毒者和传染媒介，猪感染多由于吃了被鼠污染的饲料。

防治：

1. 检疫淘汰阳性猪。

2. 预防接种：发病猪群可用哈尔滨兽医研究所生产的弱毒苗紧急接种，间隔 4 周后重复 1 次。种猪群每年做两次接种。临产前做一次加强免疫。所产的仔猪 2 周后再进行一次免疫。如果母猪未做免疫，所产的仔猪可在 1～8 日龄进行免疫。

3. 严格消毒制度，粪便堆积发酵。加强灭鼠工作，饲料库做到每季度灭鼠 1 次。

图书在版编目（CIP）数据

农村种养新技术／白朴主编．—北京：中国农业出版社，
2007.6
农民培训教材
ISBN 978-7-109-11658-0

Ⅰ.农… Ⅱ.白… Ⅲ.农业技术－技术培训－教材
Ⅳ.S

中国版本图书馆 CIP 数据核字（2007）第 074633 号

中国农业出版社出版
（北京市朝阳区农展馆北路 2 号）
（邮政编码 100026）
责任编辑　张　利

北京通州皇家印刷厂印刷　　新华书店北京发行所发行
2007 年 7 月第 1 版　　2012 年 3 月北京第 3 次印刷

开本：850mm×1168mm1/32　　印张：9.5
字数：235 千字　　印数：12 001～16 000 册
定价：15.00 元
（凡本版图书出现印刷、装订错误，请向出版社发行部调换）